规模化牧场奶牛保健与疾病防治

侯引绪 著

中国农业科学技术出版社

图书在版编目(CIP)数据

规模化牧场奶牛保健与疾病防治 / 侯引绪著 .—北京：中国农业科学技术出版社，2017. 6

ISBN 978-7-5116-3006-3

Ⅰ . ①规…　Ⅱ . ①侯…　Ⅲ . ①乳牛 – 饲养管理　②乳牛 – 牛病 – 防治　Ⅳ . ① S823.9　② S858.23

中国版本图书馆 CIP 数据核字（2017）第 048039 号

责任编辑　张国锋
责任校对　李向荣

出 版 者　中国农业科学技术出版社
北京市中关村南大街 12 号　邮编：100081
电　　话　（010）82106636（编辑室）（010）82109702（发行部）
（010）82109709（读者服务部）
传　　真　（010）82106631
网　　址　http://www.castp.cn
经 销 者　各地新华书店
印 刷 者　北京富泰印刷有限责任公司
开　　本　710mm × 1 000mm　1 /16
印　　张　20　**彩　插**　12 面
字　　数　398 千字
版　　次　2017 年 6 月第 1 版　2017 年 6 月第 1 次印刷
定　　价　48.00 元

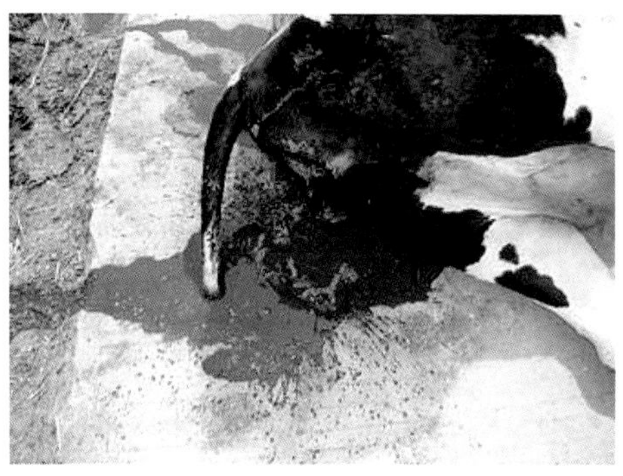

彩图 1　奶牛梭菌病子宫内流出的暗红色并混有豆腐渣样腐烂物的恶臭液体

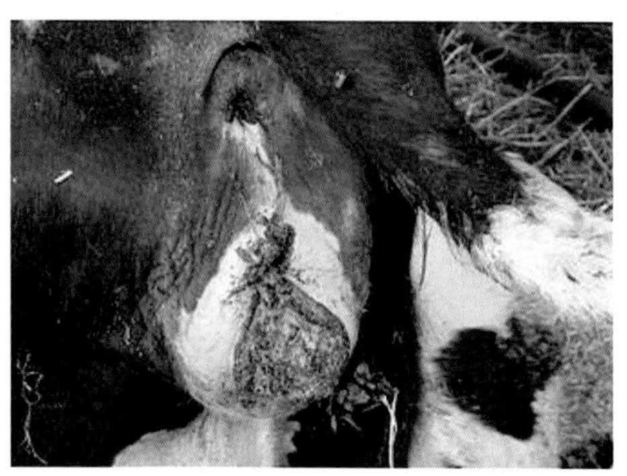

彩图 2　奶牛梭菌病由于子宫坏死、宫内液体大量蓄积导致的外阴向外突起

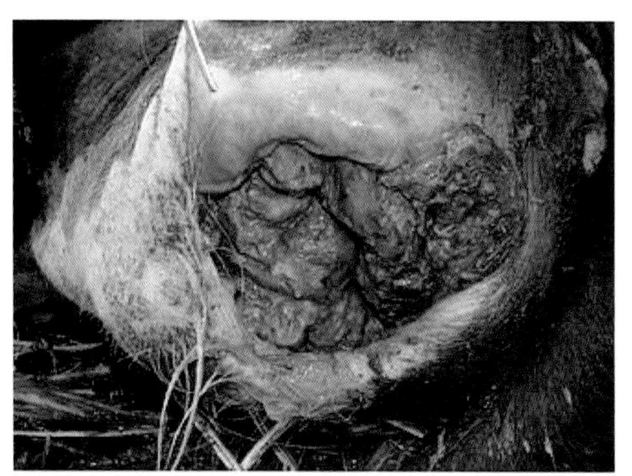

彩图 3　奶牛梭菌病引起的子宫颈糜烂

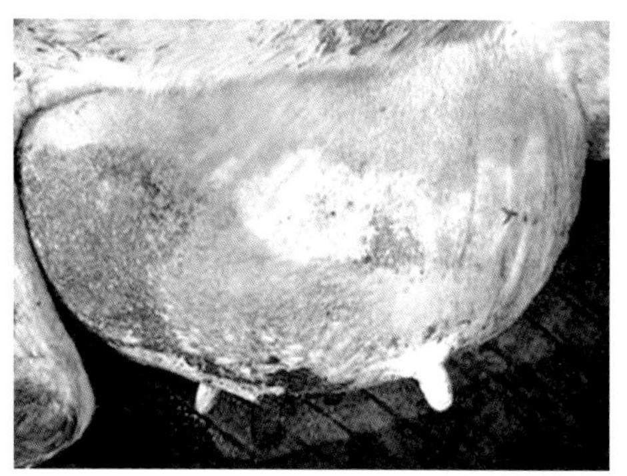

彩图 4　奶牛梭菌病引起的乳房紫黑色坏死性病理变化

彩图 5　奶牛副结核病引起的下颌水肿

彩图 6　奶牛副结核病引起的肠黏膜脑回状增生、变厚

彩图 7　奶牛支原体肺炎病牛临床表现

彩图 8　奶牛支原体肺炎的下颌水肿

彩图 9　奶牛支原体肺炎患牛的角膜、结膜炎症状

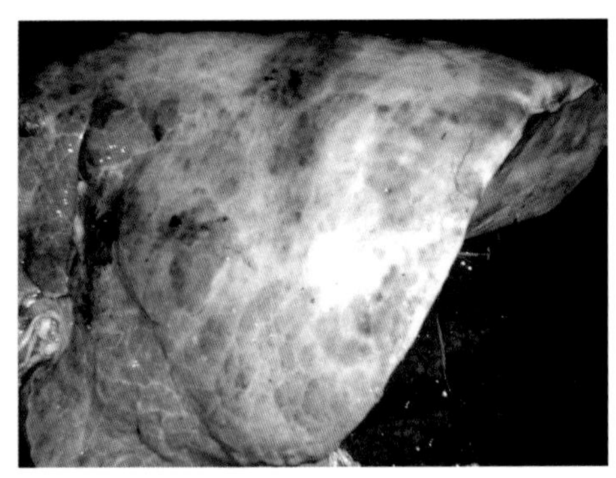

彩图 10　奶牛支原体肺炎呈现的纤维素性肺炎病理变化

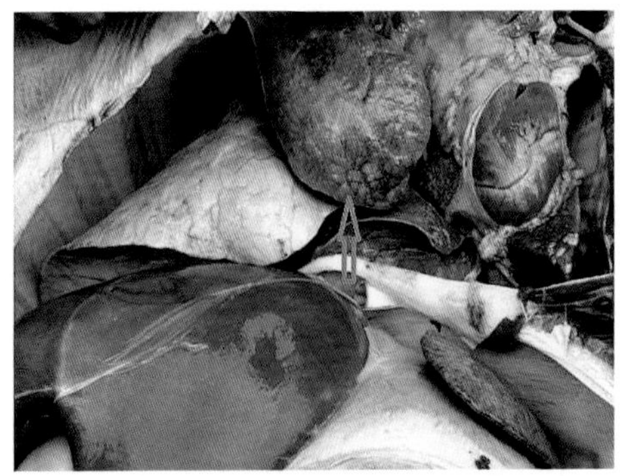

彩图 11　奶牛支原体肺炎呈现的肝肉变

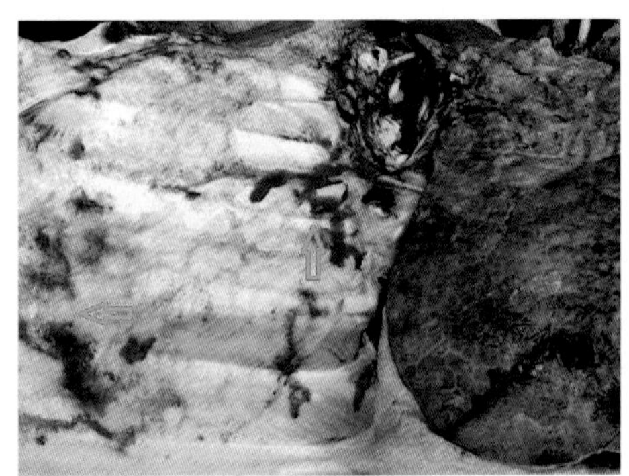

彩图 12　奶牛支原体肺炎呈现的肺肝样肉变并与胸膜粘连

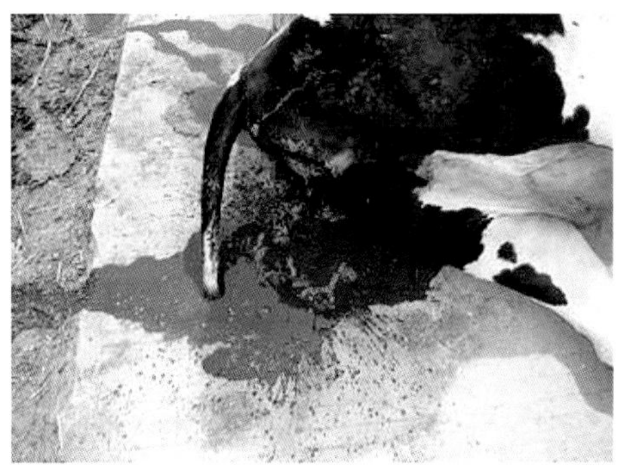

彩图 1　奶牛梭菌病子宫内流出的暗红色并混有豆腐渣样腐烂物的恶臭液体

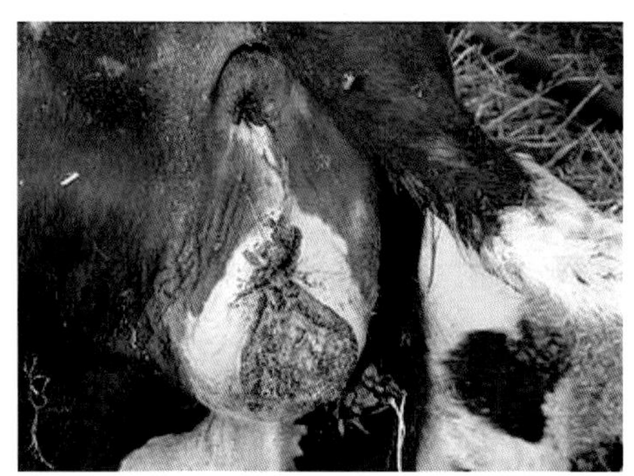

彩图 2　奶牛梭菌病由于子宫坏死、宫内液体大量蓄积导致的外阴向外突起

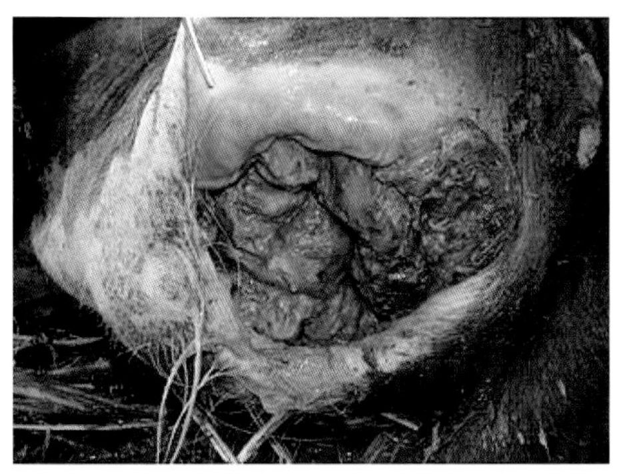

彩图 3　奶牛梭菌病引起的子宫颈糜烂

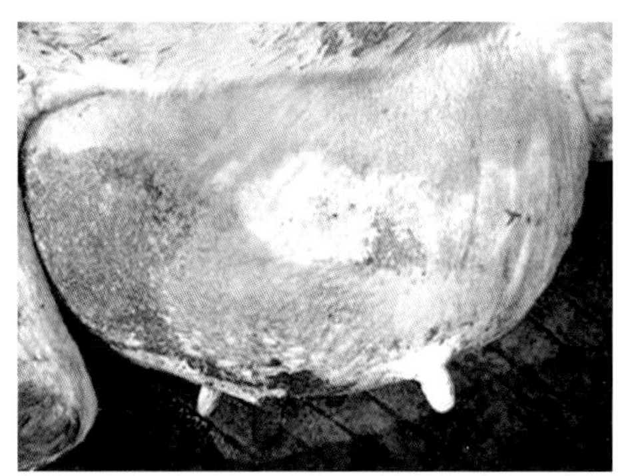

彩图 4　奶牛梭菌病引起的乳房紫黑色坏死性病理变化

彩图 5　奶牛副结核病引起的下颌水肿

彩图 6　奶牛副结核病引起的肠黏膜脑回状增生、变厚

彩图 7　奶牛支原体肺炎病牛临床表现

彩图 8　奶牛支原体肺炎的下颌水肿

彩图 9　奶牛支原体肺炎患牛的角膜、结膜炎症状

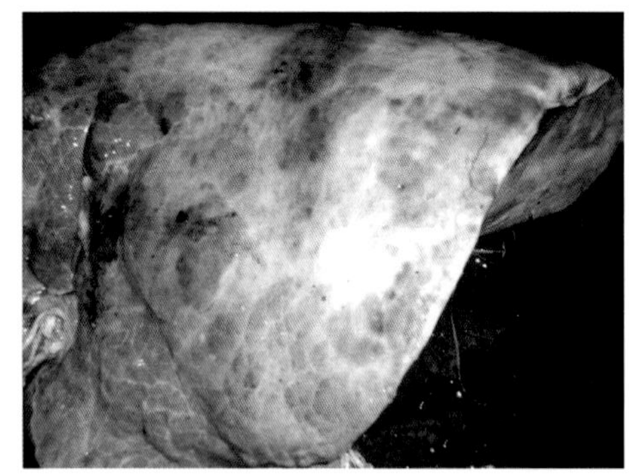

彩图 10　奶牛支原体肺炎呈现的纤维素性肺炎病理变化

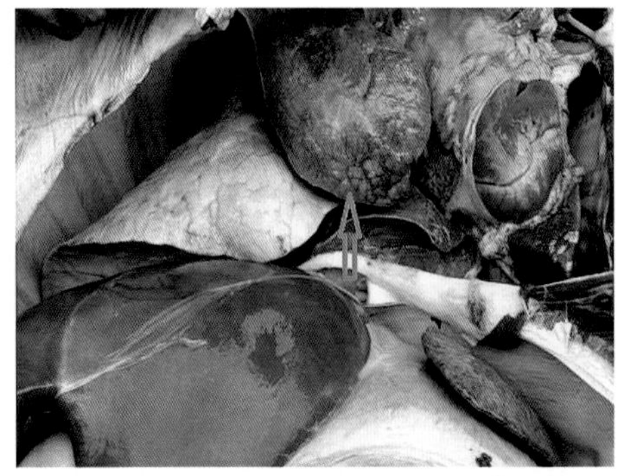

彩图 11　奶牛支原体肺炎呈现的肝肉变

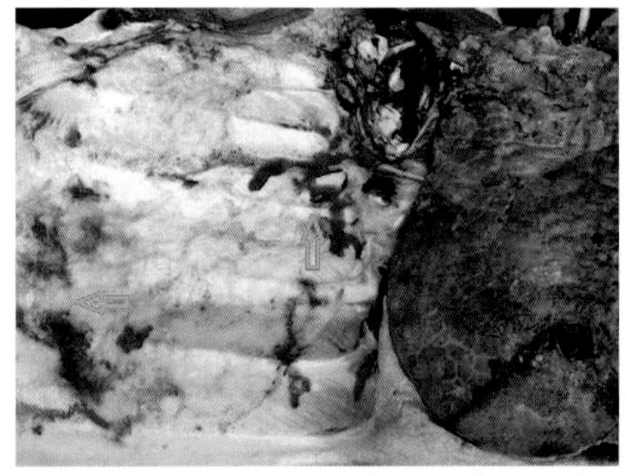

彩图 12　奶牛支原体肺炎呈现的肺肝样肉变并与胸膜粘连

彩图 13　口蹄疫病牛流涎症状

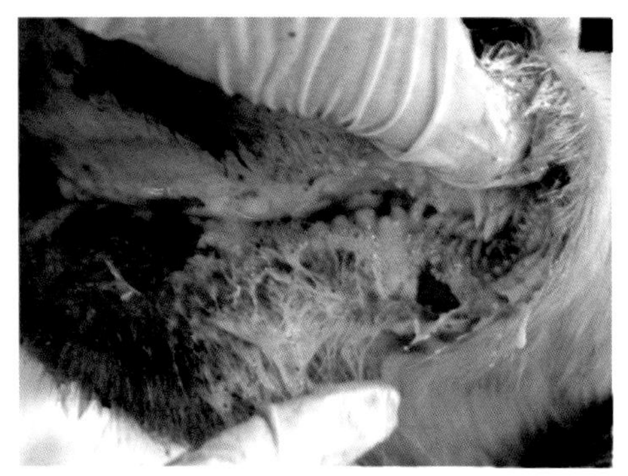

彩图 14　口蹄疫导致的唇内黏膜破溃糜烂

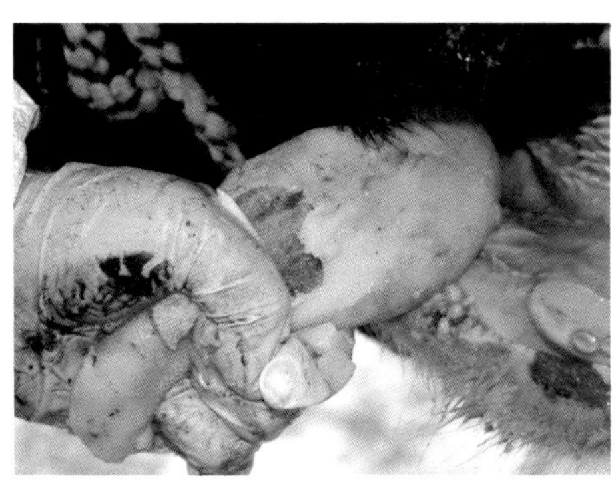

彩图 15　口蹄疫引起的舌溃烂及黏膜坏死、脱落

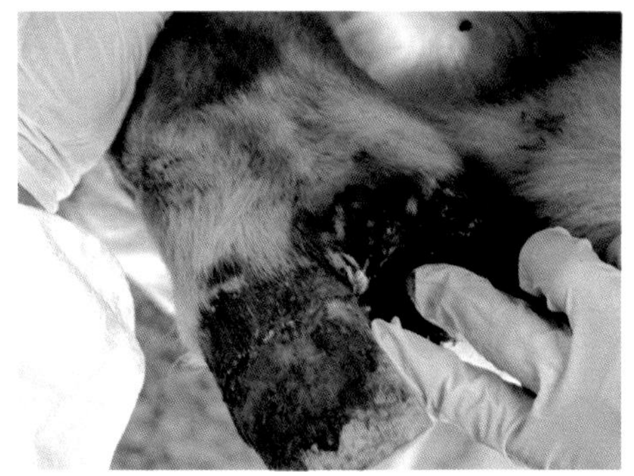

彩图 16　口蹄疫导致的趾间坏死

彩图 17　口蹄疫所致的蹄部感染坏死

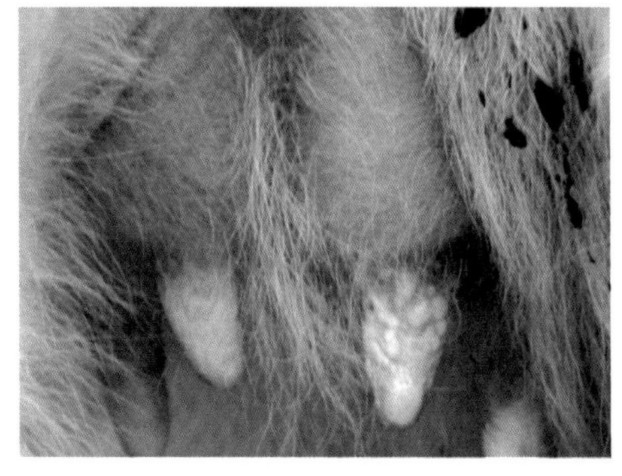

彩图 18　口蹄疫病牛乳头上形成的水泡

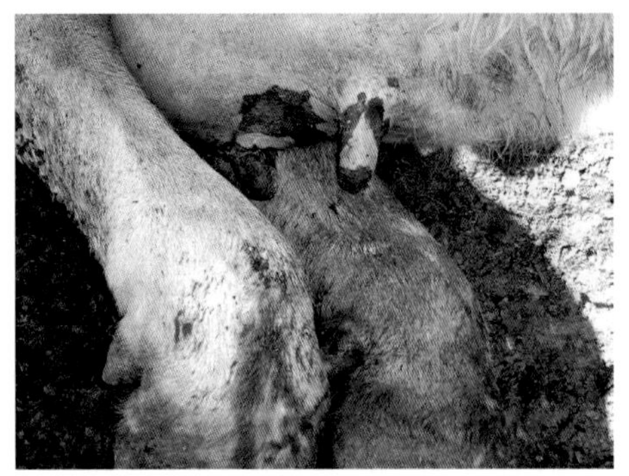

彩图 19　口蹄疫病牛乳房及乳头上的皮肤溃烂

彩图 20　奶牛巴氏杆菌病牛呈现的伸颈、喘息、张口呼吸症状

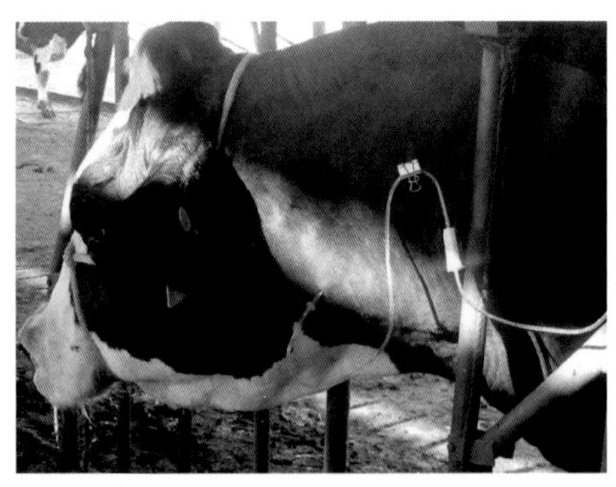

彩图 21　奶牛巴氏杆菌病病牛颈、喉、前胸的皮下炎性水肿

彩图 22　奶牛流行热病牛鼻孔流含血液鼻涕

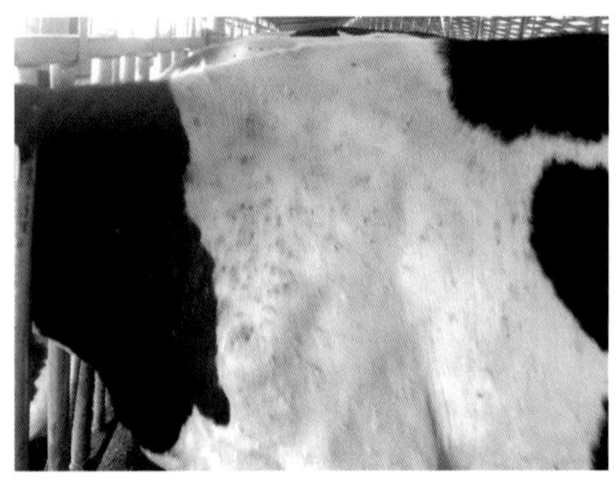

彩图 23　奶牛传染性皮疣

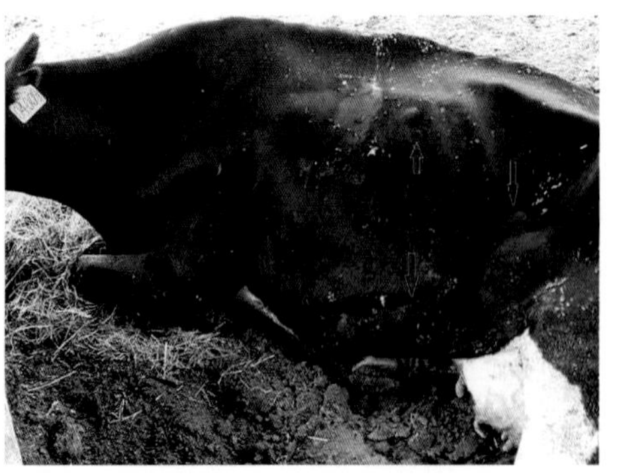

彩图 24　奶牛白血病

彩图 25　奶牛钱癣

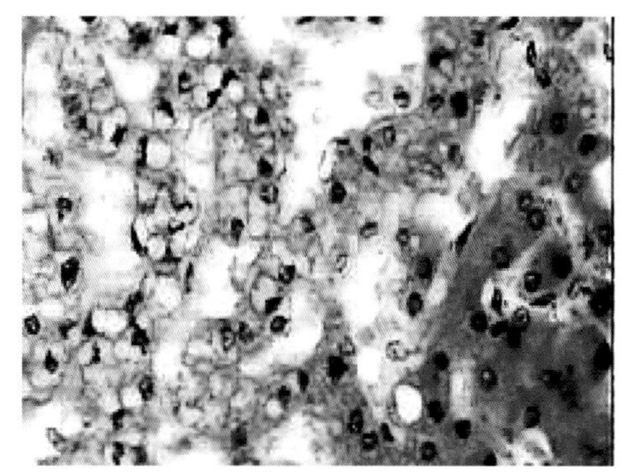

彩图 26　肝细胞脂肪变性、细胞质内出现空泡样脂肪

彩图 27　奶牛产后瘫痪

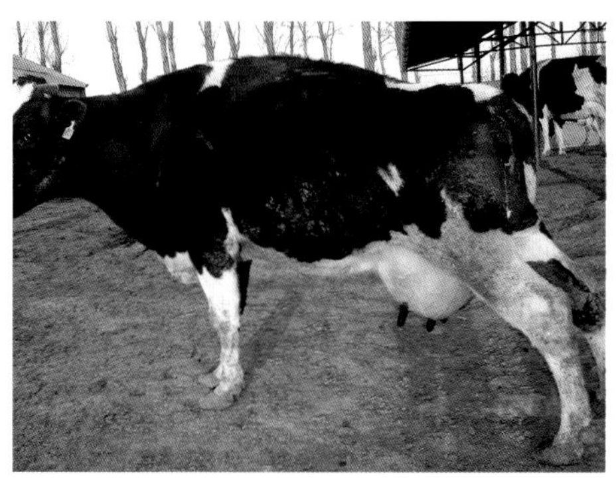

彩图 28　奶牛骨质疏松症弓腰拉胯姿势

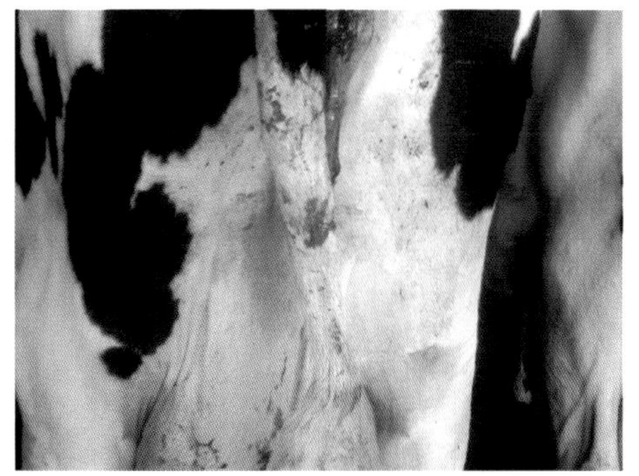

彩图 29　奶牛尾椎变形

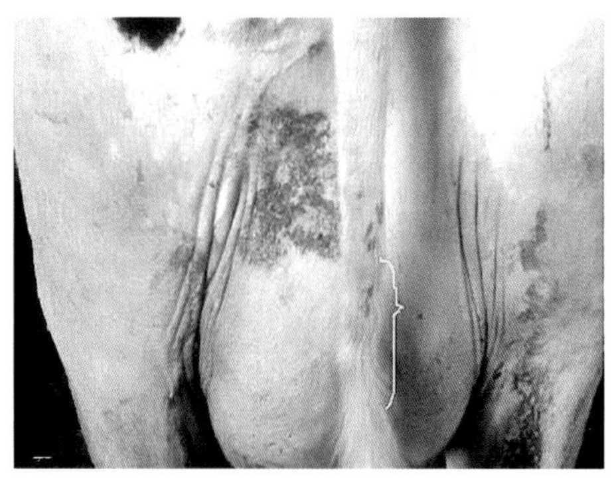

彩图 30　骨质疏松导致的奶牛尾椎变形

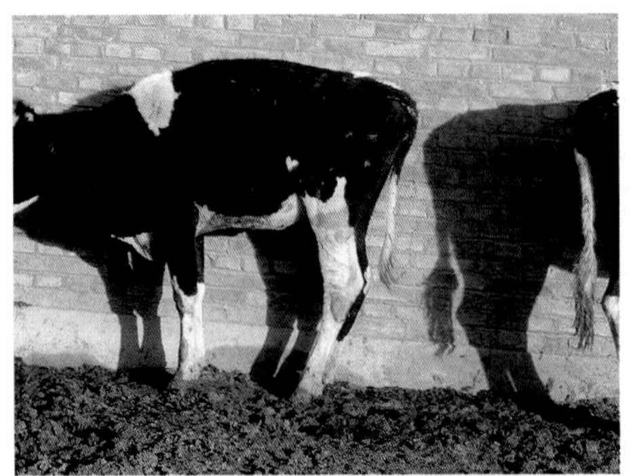

彩图 31　奶牛缺水症

彩图 32　奶牛缺水症牛啃舔地结冰

彩图 33　奶牛缺水症鼻镜干裂

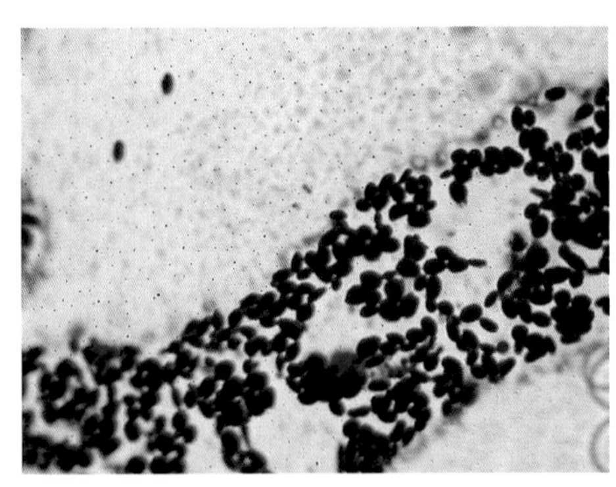

彩图 34　从乳房炎乳中培养分离出的酵母类真菌孢子

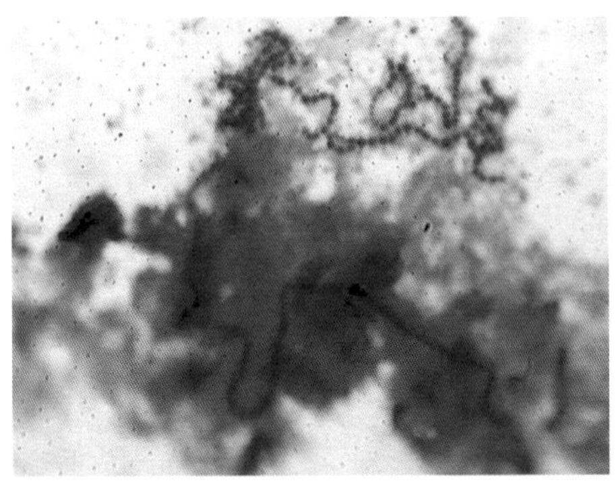

彩图 35　乳房炎乳中培养分离出的癣菌

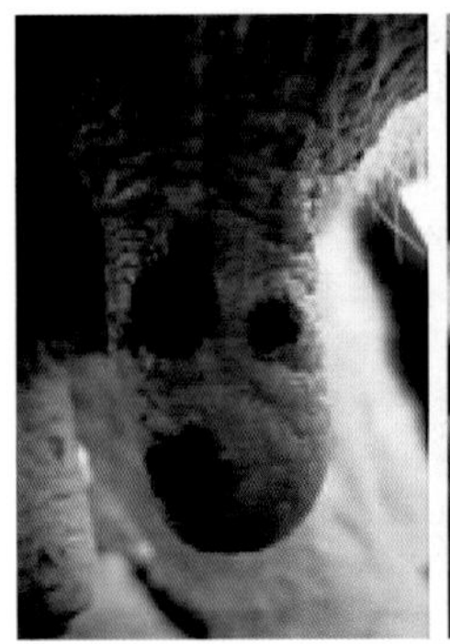

彩图 36　奶牛伪牛痘

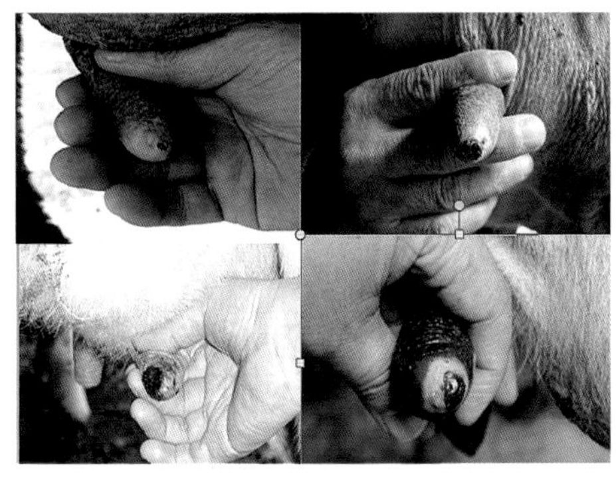

彩图 37　冻伤性乳房炎的乳头冻伤

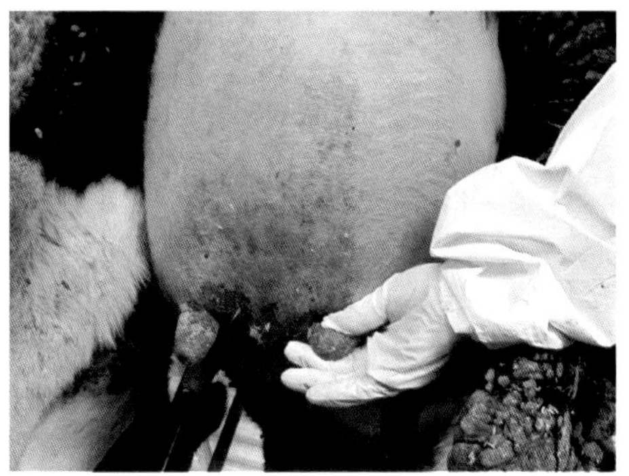

彩图 38　冻伤性乳房炎

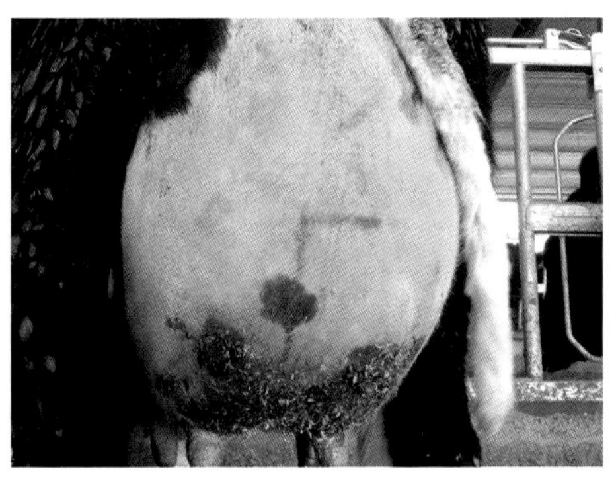

彩图 39　冻伤性乳房炎

彩图 40　后备牛吮吸乳房现象

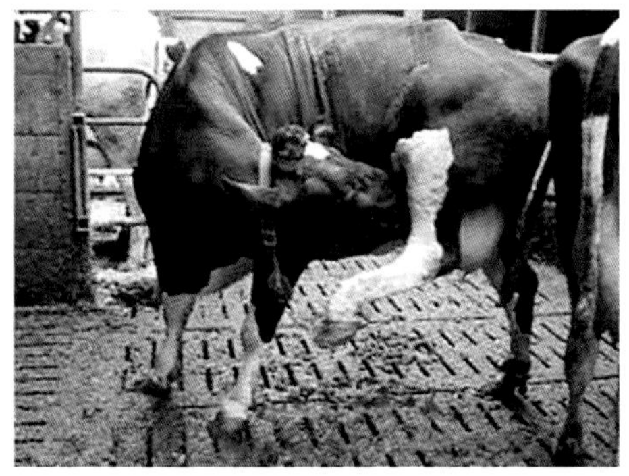

彩图 41　青年牛自己吮吸自己乳头现象

彩图 42　奶牛子宫换捻转翻治疗方法

彩图 43　奶牛腕前皮下黏液囊炎

彩图 44　两前蹄内侧指患蹄底溃疡时的交叉站立姿势

彩图 45　趾间皮炎

彩图 46　两后肢蹄叶炎病牛呈现的特殊站立姿势

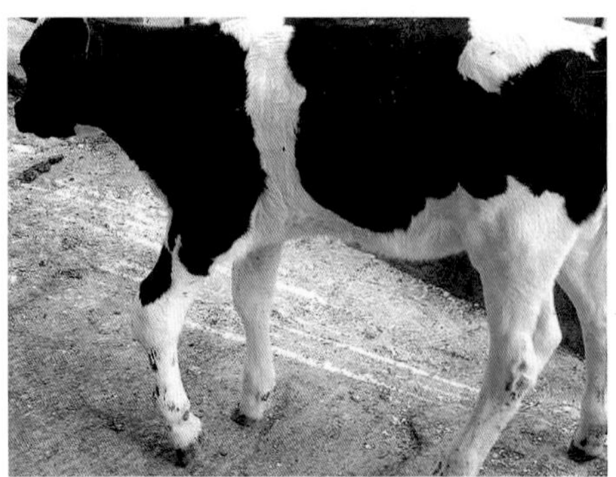

彩图 47　犊牛副伤寒腕关节肿大

彩图 48　一胎牛产后副伤寒呈现的腕关节肿大感染

彩图 49　犊牛坏死性喉炎的流涎症状

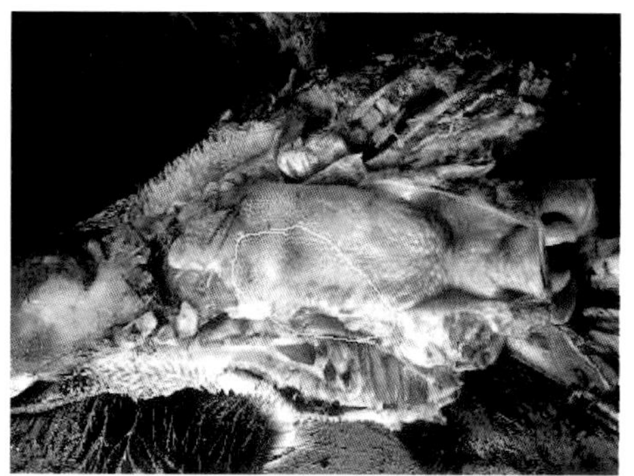

彩图 50　犊牛坏死性喉炎舌表面的坏死、溃疡灶

彩图 51　犊牛坏死性喉炎喉部淋巴结化脓坏死

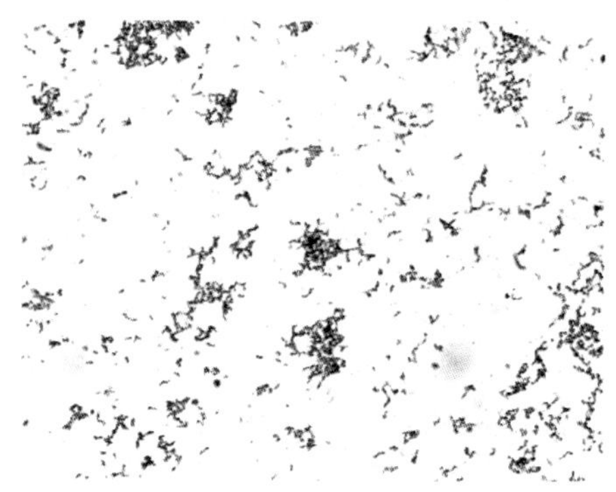

彩图 52　化脓性隐秘杆菌革兰氏染色

彩图 53　犊牛隐秘杆菌病在肺上形成的大小脓包

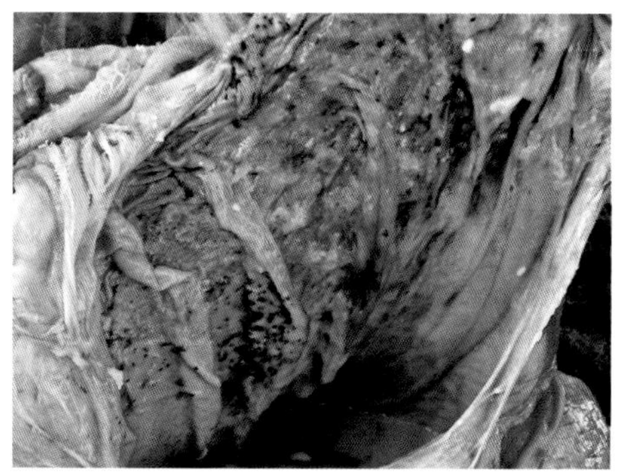

彩图 54　犊牛真胃溃疡

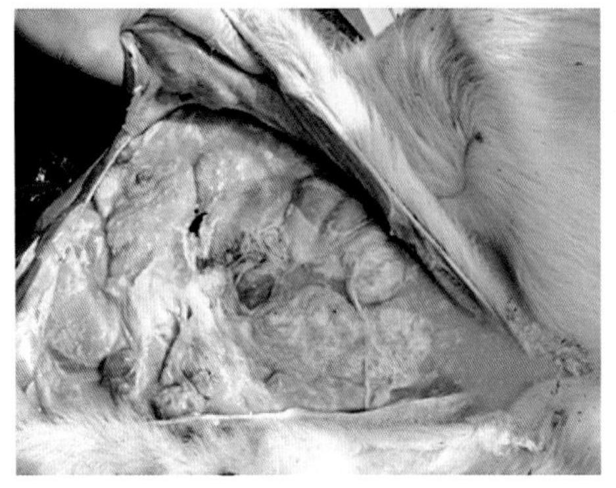

彩图 55　犊牛真胃穿孔引起的广泛性腹膜炎

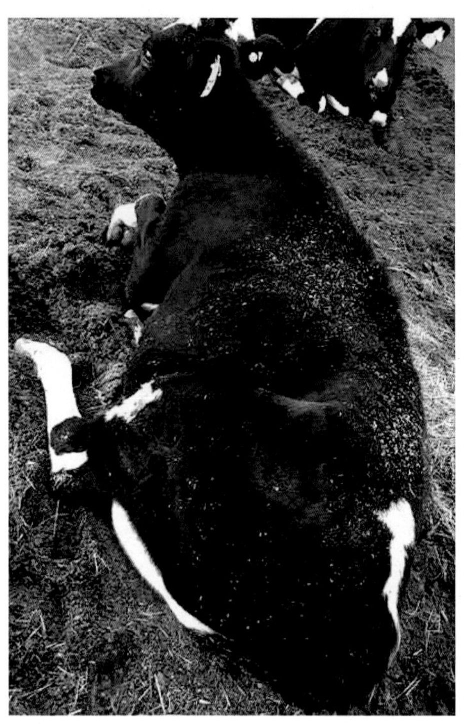

彩图 56　产后截瘫

彩图 57　产后截瘫

彩图 58　患创伤性心包炎牛的沉郁、痛苦神情

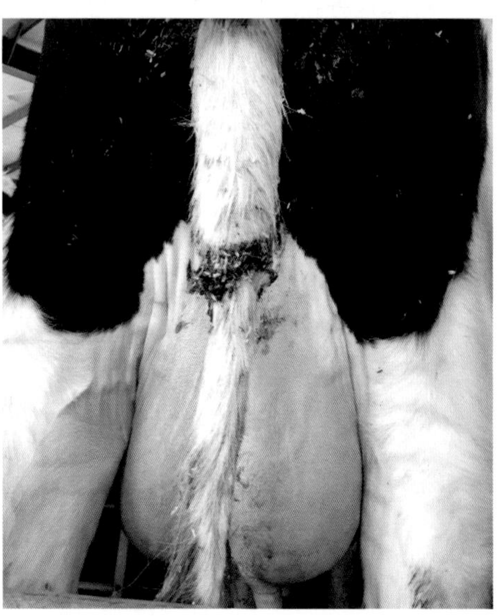

彩图 59　尾椎外伤感染

序 言

看到侯引绪教授的又一力作《规模化牧场奶牛保健与疾病防治》一书问世，欣喜异常，谨向作者表示祝贺。

侯引绪教授于1989年毕业于西北农业大学兽医系兽医专业，同年分配到北京市农场局（如今的三元集团）下属的长阳农场四大队奶牛场工作，任牛场兽医。其时，我也在该场当兽医，我们自然就成了同事。

时光荏苒，白驹过隙，二十八个春秋转眼而逝。侯引绪教授也从一名初出校门的青年成了著书等身、业界著名的学者教授。

20多年来，侯引绪教授做过牛场兽医、技术副场长、中等及高等农业院校教师、专业主任等不同工作。但不论角色如何转换，他初心不改，本色仍是一名兽医——奶牛兽医。在这个行业中，他肯于吃苦、勇于实践、刻苦钻研、秉笔勤书，发表出版了大量论文和著作，为我国的奶牛疾病防治做出了突出贡献。

就本书而言，是侯引绪教授20多年在奶牛疾病防治方面的精心之作。全书30多万字，共14章，全由侯引绪教授一人完成。其中不乏作者诊疗方面的真知灼见和得失领悟。这对生产一线的专业人员是宝贵的知识，对奶牛疾病的防治是珍贵的材料。

纵观全书，并非按传统方法写成，而是进行了精心取舍。其中许多奶牛的重要疾病，是困扰奶牛生产的大问题，如布鲁氏杆菌病。作者从病原、流行病学、症状、剖检、诊断、防控、净化、根除等各个方面予以叙述，极尽其详，而有的疾病则略而不载。这样，既节省了篇幅，又突出了重点；既为生产提供了急需的材料，又避免了和同类书籍的内容相重复。

奶牛乳房疾病和肢蹄病是奶牛的多发病，也是经常引起重大经济损失的疾病。本书这两部分材料丰富，有较高的参考价值。

希望本书的出版能为奶牛场送来新知识、新技术；为教学和科研提供新材料；为奶牛业的发展做出新贡献。

忠作者所托，率笔而为，文不尽意，是为序。

2017 年 3 月 4 日于中国农业大学

前言

消费者最关心的是乳品质量安全，奶牛人最关心的是奶牛疫病；奶源质量安全是乳业健康可持续发展的关键，没有健康的奶牛就没有高质量的生鲜乳；我们给奶牛健康，奶牛还人类健康。随着奶牛生产性能大幅提升和养殖模式发展变化，奶牛乳房炎、代谢病、繁殖疾病、蹄病增多；随着民众对公共卫生安全的敏感性升高，奶牛场面对的奶牛传染病防控压力不断增大，做好奶牛保健和疾病防治工作是我国现代化乳业面临的一项十分重要的工作。

新常态下，降低千克奶成本、提升奶牛场环保水平，已成为我们面临的主要挑战，精细化饲养管理和精准化奶牛疾病防治是我们在新常态下降本增效、提升牛场环保水平的一个重要技术途径。《规模化牧场奶牛保健与疾病防治》就是针对当前奶牛养殖者在奶牛保健与疾病防治方面的需求而编写的。全书共十四章，包括奶牛疾病防控“养、防、治一体化”理念、奶牛场的免疫与检疫、奶牛疾病防治用药原则及注意事项、奶牛围产后期健康监控技术、奶牛产后灌服保健技术、奶牛产后分娩应激缓解技术、犊牛保健与疾病防治要点、奶牛场寄生虫病防控技术、奶牛修蹄技术、奶牛传染病、奶牛代谢病、奶牛乳房疾病、奶牛繁殖疾病、奶牛肢蹄病、犊牛疾病、其他疾病及临床治疗技术。

本书以笔者多年的临床研究和经验为主，以奶牛场当前面对的多发性、共性、难点性疾病防治问题为主线，以理论知识够用为原则，重点介绍了奶牛疾病临床防治方面的新成果、新疾病和数量可观的疑难病症。力图为奶牛养殖一线的技术人员在奶牛保健、疾病防治方面提供科学实用、针对性强、与时俱进的新知识、新技术、新内容，为奶牛保健及疾病防治提供技术服务。

在撰写过程中，力求文字通俗易懂、内容实用科学，本书彩色图片与黑白插图相结合，为读者提供了自己多年来收集的59张珍贵的临床病例彩色照片。

鉴于笔者水平不高，在奶牛医学及奶牛饲养管理方面的知识和实践局限，书中的错误与不足在所难免，敬请读者和行业专家指正。

在本书的写作过程中，得到了我国著名奶牛疾病防治专家齐长明教授的悉心指导，得到了华秦源（北京）动物药业有限公司技术团队的大力帮助，得到了北京中地乳业控股有限公司的大力支持与帮助，得到了奶牛产业技术体系北京市创新团队专家和同仁的协助指导，得到了北京农业职业学院张凡建副教授、孙健讲师的大力协助，在此表示衷心感谢！感谢祖国乳业给我一个学习和工作平台！祝福中国奶业更加兴旺发达！祝福养牛人一生康乐！

侯引绪
2016年12月

目 录

第一章

奶牛疾病防控“养、防、治一体化”理念

乳品质量安全是乳业健康发展的核心，奶源安全是乳品安全的关键，牛体健康是生鲜乳优质、安全的前提和保障，我们给奶牛健康，奶牛还人类健康。疾病对奶牛养殖所造成的危害最为直观，不少人对此都有过切身之痛，疾病不仅会使奶牛的生产性能受到严重影响，还会危及到奶牛的生命安全，甚至会对奶牛场造成毁灭性打击。因此，做好奶牛疾病防控工作是实现健康养殖、生产绿色牛奶、有机牛奶、奶牛场经营目标，防止或减轻环境污染的核心内容之一。

在奶牛疾病防治工作中，相当一部分人更多地将目光盯在了具体疾病的诊断和治疗上，疏忽或淡化了饲养和预防在疾病防控上的重要性，没有树立起“养、防、治一体化”理念，甚至将二者割裂起来看待。从而导致奶牛健康状况难以提升，生产性能难以得到充分发挥，奶牛发病率居高不下，饲养日药费居高不下等问题。笔者在奶牛疾病防治一线工作近 30 年，深深体会到转变观念的重要，欲更好地提升奶牛健康养殖水平就必须树立“养、防、治一体化”疾病防控理念。

一、“养”是基础

1. 良好的饲养是培植奶牛免疫力的基础

任何疾病的发生都是有原因的，没有原因的疾病是不存在的。奶牛是否会患病决定于两个方面，一是致病因素的致病力强弱，二是自身的免疫力水平高低，这二者的力量对比变化是奶牛是否患病的决定性因素；在同等致病因素作用下，机体的免疫力高则发病率低，机体免疫力低则发病率高。奶牛作为一个有机整体，全身的免疫水平会表现在局部器官上，从而导致了乳腺、生殖器官、蹄病、肝脏等器官的免疫力下降而发病。

奶牛免疫力高低或正常与否，与饲养管理有十分密切的关系。要让机体维持较高的免疫水平，对致病因素有较高的抵抗力，就必须给机体提供充足、科学搭配的营养物质，让机体细胞保持正常的生理代谢功能。例如，日粮中蛋白质水平低下，就会导致抗体生成障碍、免疫球蛋白合成不足；饲料中碳水化合物不足就会导致细胞生理功能下降；饲料中维生素 A 缺乏就会影响到上皮细胞的分泌和体液调节功能；饲料中 Cu^{2+} 缺乏会影响机体的免疫水平和细胞的体液调节功能。另一方面，日粮中蛋白质水平过高又会导致奶牛酮病、痛风、妊娠毒血症等疾病发生；干奶牛日粮中 Ca^{2+} 过高会促进产后瘫痪发生。所以，丰富而搭配科学的日粮是培植奶牛免疫力的前提和保障；让机体维持较高的免疫力，对致病因素有较强的抵抗力，是防止疾病或减少疾病发生的关键所在。

长期以来，在落后的饲养观念和经济条件限制下，奶牛养殖者难以走出有啥喂啥、低投入低产出的饲养误区，奶牛产奶量提升较慢，牛奶质量难以保证，奶牛发病率较高，这些严重限制了奶牛养殖效益的快速提高。

2. 许多奶牛疾病是人养出来的

在规模化饲养条件下，奶牛已经从自然界的野生物种变成了人类谋取经济利益的机器，他们不再自食其力、自由选食，舍饲使奶牛的采食完全变成了养殖者的生产活动，奶牛的食谱受到饲养者经济实力、当地饲料资源、日粮配制技术、管理水平等因素的限制，饲养者给奶牛提供什么，奶牛只能吃什么。另外，舍饲使奶牛的生长、发育、发情、配种、妊娠、分娩、泌乳、干奶等过程完全处在人为掌控之中，牛群的健康与高产很大程度上是由人来决定的。喂的好，奶牛就高产，奶牛就健康；喂的不好，奶牛就低产，奶牛就发病。由此可见，人喂牛，牛吃草，人造病，牛得病；奶牛的疾病是人喂出来的，也是人养出来的。

养牛应该重点养什么呢？养鱼先养水，养牛先养胃。奶牛所吃的东西主要是在瘤胃中消化，所以，我们在日粮配制时一定要充分考虑瘤胃的生理特性和生理功能，让瘤胃保持健康的功能才能充分发挥饲料的利用率，才能充分保证奶牛健康。从养着手来防控疾病，将疾病防治延伸到饲养管理过程之中，这是对疾病防治理念的科学延伸，良好的饲养是预防奶牛病发生的前提条件。

二、“防”是重点

在提高奶牛养殖效益的任何计划中，牛群防疫保健工作占有十分重要的意义。“预防为主”是动物防疫防控工作的基本方针。《中华人民共和国动物防疫法》第五条规定：“国家对动物疫病实行预防为主的方针。”这一基本方针不仅适用于传染病，也适用于奶牛的一般内科病、外科病、产科病和代谢性疾病，预防是奶牛疾病防控工作的重点。

（一）现代兽医工作者必须学习掌握预防兽医学的基本内容

现代兽医学按其研究的范畴可划分为基础兽医学、临床兽医学和预防兽医学三大部分。

现代兽医工作者必须掌握基础兽医学的基本知识和临床兽医学的基本技能；不能仅仅是一名临床兽医师，只注重于单个动物疾病的治疗；还应该是一名预防医学技术应用方面的优秀工作者；必须与时俱进的学习、掌握预防兽医学的基本理论和技术，坚持“预防为主、防重于治”这一原则。

对于奶牛场来说，提高牛群整体健康水平、防止外来疫病传入牛场，控制与净化群体中已有疫病，防止或减少一般性疾病发生，将疾病消灭在萌芽之前，才是保证奶牛场健康发展和最大限度实现经营效益的科学之路。事实证明，用于奶牛疾病预防的开支总低于治疗疾病所需要的开支。

（二）传染病和奶牛四大疾病是奶牛场疾病预防的主要内容

在奶牛场的疾病预防过程中，应该重点做好奶牛传染病、乳房疾病、繁殖疾病、肢蹄病和代谢病的预防工作。在奶牛疫病预防上要从消灭病原、防止病源传入、切断病源传播途径、提高奶牛免疫力四个方面进行进重点防控。在奶牛四大疾病的预防工作中，要坚持“一个中心，四个基本点”，以养好奶牛瘤胃为中心，做好乳房、繁殖器官、肢蹄和肝脏这四个方面的健康保健工作。

三、“治疗”是一种补救性措施

虽然治疗对于挽救个体病牛是至关重要的，但对于挽救整个奶牛场生产来说，预防则更为重要。治疗是一种补救性措施，它是在各种各样的生产损失已经发生

后，被迫采取的一种补救性措施。

在奶牛场疾病防控方面，千万不要将工作重点放在单一的治疗上，这是一种极其短视的做法，也是一种治标不治本的做法，甚至会导致越治病越多的局面，最终会影响到奶牛养殖业健康可持续发展。

在做好奶牛疾病防控和保障奶牛健康方面，“养、防、治”这三个方面密切关联，互相依赖，不能单纯的重视防治，而忽视了良好的饲养管理在疾病防治上的重要作用，应该将奶牛“养、防、治一体化”理念认真落实到奶牛养殖的每一个环节中，这样才能更好地保障奶牛健康，才可实现奶牛养殖业健康、高产、优质、可持续发展，“养、防、治一体化”是有效防控奶牛疾病的根本出路。

四、饲料调控技术在奶牛疾病防控上的应用

例 1：饲料调控技术在防控奶牛妊娠毒血症上的应用

奶牛妊娠毒血症主要是由于干奶期精料喂量过高或日粮能量过高、蛋白质过高、奶牛过肥等引起的消化、代谢、生殖等机能失调的综合表现。与奶牛妊娠毒血症发生相关的饲料因素为：

① 日粮精料喂量过高。

② 日粮能量或蛋白质含量过高。

③ 过瘤胃脂肪添加量过大。

下面是某进口奶牛场青年牛和围产前期牛的精料配方（表 1–1）和日粮构成（表 1–2）。在这种日粮供给情况下，奶牛产后妊娠毒血症发病率高达 17%，死亡率高达 30%。

表 1–1　精料配方　　单位：%

玉米	豆粕	棉粕	菜粕	玉米胚芽	玉米蛋白粉	DDGS	麸皮	预混料	甜菜丝	小苏打	XP	盐	石粉
48	10	8.5	4	5	2	5	9.5	1	5	0.4	0.6	0.5	0.5

表 1–2　日粮组成　　单位：kg/d

饲养阶段	羊草	混合精料	青贮	酒糟
青年牛	5	3.5	20	2
围产前期牛	6	4	13	2

这是一个十分典型的由于日粮蛋白质饲料过高，而导致的一起产后妊娠毒血症发病案例。通过调整日粮中蛋白质含量、日粮组成配比；并针对脂肪肝、高血酮症进行治疗，很快就解决了该牛群妊娠毒血症高发的问题。

例 2：饲料调控技术在防控奶牛异食癖上的应用

奶牛异食问题在犊牛和泌乳牛群均有表现。其直接危害是：

① 导致犊牛发育不良。

② 导致成乳牛幽门阻塞、真胃积沙、胃溃疡等疾病发生。

③ 生产性能下降。

诱发奶牛异食癖的饲料因素主要有：

① 日粮不平衡是导致奶牛异食癖的主要原因之一。

② 微量元素及维生素供给不足或食盐供给不足是导致奶牛异食癖的又一重要原因。

饲料调控措施：采用补充微量元素，或设置食盐补饲槽，或日粮中补充维生素；调整日粮营养成分的措施就可使奶牛异食问题得到改善。

例 3：饲料调控技术在奶牛蹄病防控上的应用

蹄病是奶牛的四大疾病之一，有效预防蹄病是奶牛场最为棘手的问题之一。常见多发的奶牛蹄病中主要有：蹄底滞溃疡、指（趾）间皮肤增殖、蹄叶炎、指（趾）间蜂窝织炎、疣性皮炎、变形蹄等。

促进奶牛蹄病发生的主要饲料因素有：

①精料不全价、精粗比例不当、精料过多或粗饲料品质低劣。

②日粮蛋白质含量过高。

③饲料中锌缺乏或不足。

饲料调控措施：饲料中添加锌［2~4g/（头·天）］，饲料中添加瘤胃缓冲剂（碳酸氢钠 1.5% 或氧化镁 0.8%）缓解组胺和内毒素吸收，就可使牛群蹄病发病率下降。

例 4：饲料调控技术在防控奶牛胎衣不下上的应用

奶牛在分娩后 12h 内胎衣没有排出就叫胎衣不下，在我国奶牛群中的发病率高达 10%~30%，对奶牛繁殖性能影响巨大。

促进奶牛胎衣不下发生的主要饲料因素有：

① 日粮中硒、维生素 E、维生素 A 缺乏或不足。

② 奶牛干奶期日粮能量、蛋白质水平过高。

饲料调控措施：饲料中添加硒、维生素 E、维生素 A；或给干奶牛注射硒和

维生素 E 或补饲胡萝卜；干奶期限制日粮能量、蛋白质水平及精料总量，或增加优质干草数量。这样就可以使胎衣不下发病率下降。

例 5：饲料调控技术在防控奶牛卵泡囊肿上的应用

奶牛卵泡囊肿以无规律长时间发情或连续发情为特征，卵巢上卵泡持续存在而不排的一种卵巢疾病。

促进奶牛卵泡囊肿的主要饲料因素有：

① 饲料单一，维生素 A 缺乏或不足。

② 饲喂发霉玉米（含玉米赤霉烯酮）或饲料中含有霉菌毒素。

③ 日粮钙磷比例过高。

④ 饲草中含有雌性激素。

饲料调控措施：日粮中添加维生素 A 或补饲一定数量胡萝卜；对日粮进行检测分析，确保日粮中钙磷比例在正常范围内，不使用含有霉菌毒素的饲料，不饲喂含雌性激素的牧草等。这样就可以使奶牛卵泡囊肿发病率下降。

第二章

奶牛场的免疫与检疫

随着社会进步及人类健康意识的不断提升，人类对畜产品质量安全的重视前所未有，兽医及动物防疫员的重要性得到了进一步提高。牛场兽医及防疫员不仅是奶牛健康的守卫者，也是人类健康的保卫者。牛奶是一个特殊食品，奶牛健康与人类健康之间有着十分重要的关联性，牛布鲁氏杆菌病、牛结核病、疯牛病等多种疫病属于人畜共患传染病，防疫检疫缺失会对民众健康造成危害，奶牛场兽医、防疫员是牛奶安全生产环节上的一个重要角色。做好日常防疫工作是提高和实现奶牛场经济效益的一个重要技术保障，防疫、免疫人员的工作在牛场生产中占有十分重要的地位。

一、奶牛传染病分类

按传染病的危害程度，国际兽医局（OIE）将动物传染病分为A类、B类两大类；我国将动物疫病分为一类疫病、二类疫病、三类疫病。A类疫病和B类疫病基本与我国的一类、二类疫病相对应，三类疫病是指对养殖业危害较大的疫病。

（一）一类疫病

一类疫病指超越国界，具有快速传播能力，能引起严重的社会和公共卫生安全后果，并对动物或动物产品的国际贸易有重大影响的传染病；其特点是危害大、暴发性强、传播快、扑灭难度大。

对一类疫病需要采取紧急、严厉的强制预防、控制、扑灭等措施。

奶牛的一类传染病为：口蹄疫、牛瘟、牛传染性胸膜肺炎、疯牛病、蓝舌病。

牛瘟，1955 年牛瘟在我国范围内被肃清，2008 年我国获得无牛瘟 OIE 认证，2010 年 10 月 14 日，联合国粮食及农业组织宣布这种病毒已经绝迹。这是自天花绝迹以来，人类史上消灭的第二个病毒性疾病，被称为是人类兽医史上最大的成就之一。

牛传染性胸膜肺炎（牛肺疫），1949 年后，我国在全国范围内启动了疫苗免疫、隔离、扑杀等综合性防控措施，终于有效控制住了牛传染性胸膜肺炎疫情。1996 年，我国宣布消灭了牛传染性胸膜肺炎。2011 年 5 月 24 日，世界动物卫生组织（OIE）第 79 届年会通过决议，认可中国为无牛传染性胸膜肺炎国家，中国成为继美国、澳大利亚、瑞士、葡萄牙、博茨瓦纳和印度等国之后的第 7 个获得 OIE 承认的无牛传染性胸膜肺炎的国家，这也是我国获得的第二个 OIE 无疫认证。

疯牛病是近年来新出现的一个人畜共患病，我国海关及相关部门对疯牛病有严格的检疫和防控措施。目前，疯牛病主要存在于欧美等国家，我国尚无此病。

蓝舌病是反刍动物感染蓝舌病毒而引起的一种严重传染病，此病主要感染绵羊，牛很少感染此病，相对而言肉牛的感染率高于奶牛。

由此可见，我国在一类疫病的防控上主要面对的是口蹄疫，口蹄疫就成了奶牛场需要高度重视，严格免疫、监控、扑灭的一个疫病。

（二）二类疫病

二类疫病指对本国社会经济或公共卫生安全具有明显影响，并对动物或动物产品国际贸易有很大影响的传染病或寄生虫病。对二类疫病需要采取严格控制、扑灭措施。

牛的二类传染病为：牛传染性鼻气管炎、牛恶性卡他热、牛白血病、牛结核病、炭疽病、布鲁氏杆菌病、牛出血性败血病、牛焦虫病、日本吸血虫病、牛椎虫病、副结核病、弓形体病、棘球蚴病、钩端螺旋体病、牛椎丝虫病。

结合我国奶牛场面对疫病威胁的实际情况，对于二类疾病而言，目前奶牛场主要面对的防控压力来自布氏杆菌病、牛传染性鼻气管炎、牛结核病、副结核病、炭疽病、牛出血性败血病、牛焦虫病。

（三）三类疫病

三类疫病指对生产危害较大的疫病。对三类疫病需要采取相应的控制、净化措施。

奶牛的三类传染病主要为：牛流行热、牛病毒性腹泻—黏膜病、牛生殖器官曲杆菌病、毛滴虫病、牛皮蝇蚴病。

结合我国奶牛场面对疫病威胁的实际情况，对于三类疫病而言，目前的主要防控和净化对象为牛流行热、牛病毒性腹泻—黏膜病。

随着科技不断进步，抗生素及防控寄生虫新药的不断出现，人畜共患病对人体健康影响程度也在发生变化，总体而言，人畜共患病对民众健康的不良影响在明显下降。但随着民众健康观念、幸福观念的不断提升，民众对人畜共患传染病变得更加敏感、更加重视，对人畜共患病的防控提出了更高的要求，兽医工作者必须把人畜共患病的防控工作放在第一位。

其次，随着全球一体化水平快速提升，由于一些非人畜共患病对养殖业危害巨大，对国际贸易及人员交流影响巨大。所以，对传播速度快、扑灭难度大、传染性强的奶牛疫病，尽管其不属于人畜共患病，我们也要高度重视，不断提升我们的监控和扑灭能力。

另外，奶牛疫病的分类也随着科技进步及发病情况变化而变化，并不是一成不变的，也不要教条、机械地理解牛传染病分类。

二、奶牛场的免疫接种

免疫接种是给动物接种免疫原（菌苗、疫苗、类毒素）或免疫血清（抗细菌、抗病毒、抗毒素），使机体自身产生特异性免疫力或被动获得特异性免疫力，以预防和治疗传染病的一种手段。有组织有计划地进行免疫接种，是预防和控制动物传染病的一个重要措施。

疫苗接种是预防奶牛发生传染性疾病的一个重要措施，尽管针对不同奶牛场及不同年龄阶段的牛群来说，免疫程序不尽相同，但奶牛场日常进行的免疫内容在主体上存在相似性或一致性。我们应该结合奶牛场的具体情况、周边疫情等因素制定出适合本场情况的免疫程序，切不可生搬硬套；适合于任何地方的万能免疫措施是不可能存在的。现将奶牛场例行的主要免疫内容介绍如下，供奶牛场参考。

（一）口蹄疫

口蹄疫属于一类疫病，是奶牛场要重点防控的重要疫病，此病为强制免疫的疫病，必须采取紧急、严厉的强制预防、控制、扑灭等措施。用于口蹄疫免疫的疫苗有 A 型、O 型、亚洲 I 型单联疫苗和相应的二联疫苗、三联疫苗。

传统的免疫方法是对3月龄以上犊牛在每年春季、秋季各进行一次免疫接种。在选定疫苗时可根据相应的感染类型选用A型单联疫苗或0型单联疫苗或亚洲I型单联疫苗或二联疫苗或三联疫苗。接种疫苗后7~21d产生抗体，免疫保护期一般为2~6月，可通过相应的抗体检测，衡量免疫效果。

受口蹄疫威胁地区可每年注射3~4次疫苗进行预防。

奶牛场周边地区发生口蹄疫时，应该立即进行紧急接种预防。

1. 注意事项

① 免疫程序需要根据当地具体情况来制定。有些国家成年牛群每年免疫一次，后备牛每6个月免疫一次。另一些国家和地区，如南非和沙特阿拉伯国家至少每4个月免疫一次。

② 所选定疫苗应与疾病暴发的病毒株或血清型要同型或同源。

③ 利用新毒株制备的疫苗，应当针对分离出新毒株亚型的地区来生产使用，不可盲目的全面使用。

2. 建议

① 我国是一个季节变化较为明显的地区，从历史记录来看，夏季我国很少有奶牛发生口蹄疫的记录。所以，根据具体情况夏季可以不做口蹄免疫接种，这样可以减少因疫苗应激对奶牛造成的不良影响，也节省资源；也可以将一年4次免疫减少为一年3次免疫。

② 用口蹄疫疫苗免疫后，不要盲目地进行加强免疫，应该以免疫后的抗体抽样检测为依据，免疫效果并不与免疫接种次数成正比。频繁的免疫接种及强化免疫会对奶牛的免疫系统造成损害，导致免疫系统抑制，当然也会对奶牛的生产性能造成不良影响。

（二）炭疽病

炭疽是由炭疽杆菌引起的一种人畜共患的急性、烈性传染病，以发病快、死亡率高为特点，对牛和人类危害巨大。此病被列入二类疫病，必须采取严格的控制措施，定期进行疫苗预防注射。

每年春季或秋季用炭疽芽孢2号苗或无毒炭疽芽孢苗预防注射1次，不论奶牛大小，一律皮下注射1mL，7~14d产生免疫力，免疫保护期为1年。

注意事项

炭疽病一般发生于多雨季节，虽然可以在春季或秋季进行免疫，但各地区可以根据本地的降水情况，确定是在春季或秋季进行免疫。对于北方地区来说，一般夏季多雨水，免疫就可以选择在多雨季节来临前的春季进行，这样免疫更为科学。

新中国成立后，随着社会、经济、环境等因素的不断改善，此病得到了很好的控制。目前，此疫病在我国个别地区偶尔发生，或几乎难以看到，但本病是一种人畜共患的急性、烈性传染病，对民众生命安全和健康影响巨大，对社会安定影响巨大；在美国的反恐与恐怖战斗中，“炭疽”已被作为一种生化武器；全球对动物炭疽病的防控、扑灭要求的严厉程度远高于对口蹄疫的防控扑灭要求。因此，奶牛场应当持之以恒的做好此病的免疫、防控工作，且不可对此病放松警戒，应该把在我国区域内清除此疫病作为最终目标，否则会给奶牛场带来毁灭性打击。

我国研制生产的动物用炭疽疫苗安全、高效、毒副作用小，保护其为 1 年，为我国有效防控此疫病提供了良好的技术保障。近年来，由于此病在我国几近消失，有个别牛场对此病的防控重视度有所淡化，此病免疫在相当数量奶牛场的例行免疫计划中已被删除，这是一种潜在重大风险的做法，应该引起高度重视。

（三）奶牛梭菌病

奶牛梭菌病由产气荚膜梭菌等引起，是引起成年牛和育成牛突然死亡的一种散发性疾病，在个别地区呈地方性流行。该病前期的临床症状较少，多数当发现时已到濒死期或已经死亡；牛梭菌病在临床上还有引起局部坏死的特殊情况。存在此病的奶牛场应该注射梭菌疫苗进行免疫预防。

一般来说，梭菌病疫苗是将福尔马林灭活的细菌吸附于氢氧化铝上制备而成的类毒素疫苗。常用剂量为 2mL，皮下注射，保护期为 6 个月。

对于存在此病的奶牛场来说，应该每年用梭菌病疫苗免疫两次。无此病的奶牛场则不必进行免疫注射。

（四）破伤风

破伤风是由破伤风杆菌经伤口侵入而引起的一种急性、中毒性人畜共患传染病，此病也叫“锁口风”，以全身肌肉持续性强直性收缩、瞬膜突出、四肢僵硬，兴奋性升高，死亡率高为特点。

破伤风多发地区应做破伤风免疫接种预防，无此病的奶牛场则不必进行免疫注射。破伤风疫苗是由纯化的破伤风毒素用福尔马林转化成类毒素后吸附于磷酸铝上制备而成的，称为破伤风类毒素疫苗，免疫保护期为 1 年（新研制的破伤风类毒素疫苗首免后的免疫力可持续 3 年），以后每年预防注射 1 次，幼畜皮下注射 0.5mL，成乳牛皮下注射 1mL，3 周后产生免疫力，可选择在每年的春季或秋季进行免疫注射。

另外，奶牛传染性鼻气管炎（IBR）、牛病毒性腹泻（BVD）、牛副结核也是奶牛场面对的重点疫病，由于我国目前还没有研制出相应的疫苗，所以，对这两个病来说控制、净化应该是奶牛场的主要防控措施。

三、奶牛场的检疫

防疫是奶牛场全年一刻也不能放松的工作，树立全年防疫意识对保护奶牛健康及正常生产至关重要。检疫是牛场防疫内容的一部分，检疫一般在每年的春、秋两季完成，通过检疫可以了解牛群是否感染了某种特定传染病及感染程度，也可以为净化特定传染病提供诊断依据。奶牛场检疫主要针对的是对奶牛生产危害严重的传染病和人畜共患传染病。

（一）奶牛布鲁氏杆菌病检疫

奶牛布鲁氏杆菌病是一种人畜共患病，对公共卫生安全威胁巨大，被国家列入二类疫病，必须进行检疫等净化措施，布鲁氏杆菌病检测工作由相应的动物疫病预防控制中心或动物疫病监督管理单位完成，每年春季和秋季采血化验一次，布病阳性奶牛一律及时进行深埋或焚烧处理。目前，有些地区也在尝试疫苗防控，较常用的奶牛布鲁氏杆菌病检疫方法有以下几种。

1. 试管凝集反应

此诊断法是我国现行的法定诊断方法，奶牛的判定标准为凝集价大于 1∶100 以上为阳性，布鲁氏杆菌病在慢性期的阳性检出率较低。可疑反应的牛应该在 10~25h 后重复检查一次。此诊断方法适合于实验室操作。

2. 琥红平板凝集试验

此方法简单快捷，4min 内观察反应结果。凝集者为阳性，不发生凝集者为阴性。此方法可作为阳性牛的初步筛选方法，对初检阳性牛最后再进行试管凝集合反应确定。

3. 奶牛布病快速诊断试纸条

这是我国最新研发的新型快速诊断方法，也叫胶体金法快速诊断试纸，此方法简单、快速、特异性高，与试管凝集试验的符合率高达 97.6% 以上。奶牛场防疫员可用该诊断方法进行牛群布病的随时初检。具体操作方法如下。

取生理盐水 3.9mL，向其中加入待检牛血清 0.1mL。取出奶牛布病快速诊断试纸条，将箭头端浸入其中，浸入深度不可超过试纸条上所画的标记线，当看到水印向上伸延时，将试纸条取出进行观察。3~5min 内，如果试纸条中间的白色反应区内出现两条红色反应线，则说明此待检牛为布氏杆菌病阳性，反之为阴性。

4. ELISA 检测法

此方法虽然不是我国的法定诊断方法，但此方法以量化的 OD 值来判断奶牛是否感染布鲁氏杆菌，结果判定简单、直观，误差小，是一种准确率较高的诊断方法。

ELISA 抗体检测法相对于试管凝集反应诊断、琥红平板凝集试验而言，在阳性和阴性牛的判定上更加客观，降低了以人为肉眼观察判定的不确定性和因人而异的随机性，是一种实用、高效、准确的诊断方法。

（二）奶牛结核病检疫

牛结核病是一种人畜共患病，对公共卫生安全威胁巨大，被国家列入二类疫病，必须采取行严格的检疫、净化措施，奶牛结核病检测工作由相应的动物疫病控制中心或牛场兽医完成，检出的阳性牛在 2d 内送隔离场或者屠宰，可疑反应的牛进行隔离复检。牛场兽医必须深刻理解、准确掌握牛结核病的检疫方法。牛结核检疫的方法步骤如下。

1. 检测部位

牛的颈中上部是本病检疫的注射部位，3 月龄以内的犊牛可选择肩胛部。注射部位先剃毛或除毛，面积一般为直径 10cm 大小，具体部位见图 2-1。目前，一些大型奶牛场将奶牛尾根腹侧面无被毛处作为此病检疫部位，可节省人力、降低工作强度。

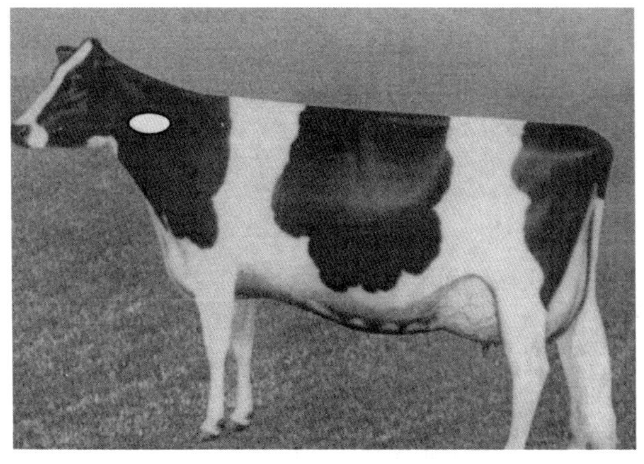

图 2-1　奶牛结核检疫注射部位示意图

2. 测皮厚

剃毛后将皮肤捏提成一双层皱褶用游标卡尺测量皮厚，并做好记录。

3. 注射牛提纯结核菌素（PPD）

不论大小，用酒精棉球对注射部位进行擦拭后，一律皮内注射 10 000IU 牛提纯结核菌素，一般将其稀释成 100 000IU/mL 溶液，皮内注射 0.1mL。皮内注射后 72h 用游标卡尺测量皮厚，并观察结果。

4. 结果判定

① 注射部位出现明显的红、肿者判定为阳性（+）。

② 注射部位 2 次皮厚差大于 4mm 者判定为阳性（+），进口牛皮厚差大于 2mm 者判定为阳性（+）。

③ 皮厚差在 2.1~3.9mm 间者判定为可疑。

④ 无炎症反应，皮厚差在 2mm 及 2mm 以下者判定为阴性（–）。

⑤ 凡判定为可疑反应的奶牛，在第一次检疫 30d 后进行复检，第二次结果为阳性者则判定为阳性，仍然为可疑也判定为阳性，阴性者判定为阴性。

5. 注意事项

① 注射牛提纯结核菌素前后的两次皮厚测量工作应该由同一人操作完成，这样可以减少操作误差。

② 对结核阳性牛一定要果断地按照相关规定处理，千万不可姑息。

③ 注射剂量要足够，严禁打空针。

④ 注射为皮内注射，一定要注射到皮内，如果注射在皮下则检测无效。

（三）牛副结核检疫

牛副结核病又叫副结核性肠炎，是由副结核杆菌引起的一种慢性接触性传染病，其病程漫长，尚无有效的治疗方法，死亡率为 100%。

20 世纪 90 年代我国大型牛场已经开始了对本病的检疫净化工作，获得了良好的防控效果。近年来由于奶牛流动性加大，人们对此病的危害有所淡化，从而导致本病有所抬头。

以前对此病的检疫采用的是牛副结核菌素皮内反应法，其方法与牛结核检疫基本相同，所不同的是皮内注射的为副结核菌素而不是牛结核菌素，可以和结核检疫同时进行，每年春秋各检疫一次。

目前，牛场应该高度重视牛副结核病的检疫和净化工作。可用变态反应或酶联免疫吸附试验进行检疫，每年检疫 4 次（1 次 /3 月），阳性者立刻淘汰，连续 3 次检疫不出现阳性牛时可视为无副结核健康牛群，单独饲养，不要与感染牛群混养；对于有临床症状的患病牛要果断的淘汰。另外，奶牛场在净化此病时也可以参照这一方式。

四、奶牛场免疫、检疫注意事项

牛场根据自己的情况应将病毒性腹泻—黏膜病、传染性鼻气管炎病、白血病等逐步列入每年的常规检疫内容，检出的阳性牛按相关规定处理。

疫苗接种预防要坚持“一严、二准、一不漏”，即严格执行预防接种制度；接种疫苗剂量要严格、部位要准确；一头不漏。

每次检疫结束后，应立即对牛舍内外及用具等进行一次大消毒。

做好奶牛的防疫、检疫工作不但对保护牛体健康、提高经济效益有重要意义，而且对保护人类自身健康、保护环境意义重大。随着空气质量、环境质量的恶化，人类深刻地体会到“人类与环境是息息相关的共同命运体”。

奶牛的主要产品是牛奶，牛奶不耐高温，牛奶的消毒过程时间短、温度低；奶牛饲养过程中人和牛直接接触时间长，这就大大增加了牛、人畜共患病相互传染的机会，牛的布鲁氏杆菌病、结核病等对人类有巨大的危害。另外，我国牛奶的主要消费对象是老人、儿童、体质较差的人群，这就要求奶牛养殖都必须肩负更多、更重的社会责任——我们给奶牛健康，奶牛给人类健康。

第三章

奶牛疾病防治用药原则与注意事项

在中国现代化乳业产业链上，消费者最关心的是乳品质量安全，奶牛养殖者最关心的是奶牛疾病，奶牛得了病必须进行治疗（重大人畜传染病例外），治疗牛病就得用药，用药就会存在公共卫生安全和经济效益方面的问题，不科学的用药会带来更大的生产损失和公共卫生安全危害。因此，在奶牛疾病防治上我们必须深刻认识药物残留的危害，深刻认识不科学用药对牛病治疗的危害，科学掌握奶牛疾病临床防治用药原则与注意事项。

一、药物滥用及残留的危害

做好生鲜乳中抗生素残留控制、防止有害的非抗生素类物质残留（例如：激素、硫代硫酸钠、驱虫药等）是每个奶牛场必须面对的问题。乳中抗生素残留及有害的非抗生素类成分残留是严重危害人类健康及环境安全的一大公害。

（一）乳中药物残留对公共卫生安全的危害

（1）乳中药物残留可导致人体过敏　例如：青霉素、链霉素、左氧氟沙星、头孢噻呋、西咪替丁、黄色素等可引发人体过敏。

（2）持续食入乳中的残留药物可对人的肾脏、肝脏、神经等组织器官造成损害　例如：庆大霉素有肾毒性、耳毒性，卡那霉素有肾毒性、第 8 脑神经毒性，氯霉素有抑制骨髓造血功能的毒副作用，关木通（中药材）、龙胆泻肝丸可引起肾脏损害（肾衰）。

（3）乳中药物残留可导致机体代谢紊乱　例如：地塞米松等肾上腺皮质激素可影响到人体的糖代谢和脂肪代谢。

（4）乳中药物残留对幼儿发育会造成不良影响　例如：甲硝唑可导致胎儿畸形，土霉素、四环素可造成胎儿短肢畸形、先天性白内障。

（5）持续食入乳中残留的抗生素可导致二重感染　例如：持续食入含抗结核类药物可引发真菌感染。

（6）乳中的激素类药物可导致生长发育异常及致癌　例如：雌激素、孕激素就有致癌和影响人体正常发育的副作用。

（7）乳中的抗生素可使细菌产生耐药性、产生超级细菌　动物体内的耐药病原体及耐药性可以通过动物原性食品向人体转移，从而影响到急重感染病人的治疗。

（8）奶牛体内的药物可通过粪尿污染土壤、水源等，对环境造成不良影响，从而对生态及人体健康造成间接危害　例如：含氯离子的消毒剂、驱虫药等。

（二）不合理的兽医临床用药对奶牛养殖业的危害

药物的治疗作用是通过引起机体的生理功能加强（兴奋）或减弱（抑制）这一方式来达到清除侵入机体内的病原体或有害物质来实现的。同时，药物的作用又具有两重性，在起治疗作用的同时，也会产生一定的毒副作用或其他不良反应，也会影响奶牛养殖效益。不科学的临床用药对奶牛养殖业所造成的副作用主要表现在以下几个方面。

① 延误奶牛疾病治疗。

② 促生耐药菌株产生。

③ 对奶牛心血管、神经、消化系统、呼吸系统器官造成毒害（包括急性毒害和蓄积性毒害）。

④ 导致繁殖机能紊乱或障碍。

⑤ 饲养日药费增加。

⑥ 生鲜乳因药物残留被拒收，造成重大经济损失。

因此，作为一个临床兽医工作者，必须深刻认识抗生素等药物残留对畜牧业及对民族健康的危害；健康是幸福的载体，身体健康与否是决定生活质量高低的最重要元素，生鲜乳生产过程中的不科学用药会对我国现代化乳业的健康可持续发展造成严重危害。

二、奶牛临床科学用药原则及注意事项

牛患了病就得治，治病就得用药，药到才能病除。不科学的用药会带来相应的问题和危害，解决这一问题的关键就是要科学用药。

1. 正确的诊断是科学用药的前提条件

对奶牛疾病不认识、不了解，对奶牛疾病的发展过程认识不清楚，这种情况下的药物治疗就是无的放矢或盲目治疗，诊断错误必然会导致用药错误或滥用，就谈不上不上科学用药。在这种情况下，不但会耽误治疗、浪费资源、也会导致药物滥用，从而危害公共卫生安全和奶牛健康。

所以，兽医要重视临床诊断水平的不断提高，与时俱进的更新知识、更新观念，兽医人员必须树立终生学习理念，不断提高诊断、治疗水平。

2. 在牛病治疗方案的制订上要坚持“标本兼治”

对因治疗就是我们所说的“治本”，是针对致病因素进行的治疗。例如：用抗生素杀灭、清除体内相应的病原因微生物；用解毒药物消除或中和体内的毒物等。

对症治疗就是我们所说的“治标”，是针对疾病的临床表现所采取的治疗。

例如：针对疼痛进行的镇痛治疗，针对发烧进行的解热治疗，针对心力衰竭进行的强心治疗等。

治标和治本一样重要，治病必求其本，根据患病动物的具体情况我们在临床治疗时必须坚持“急则治其标、缓则治其本、标本兼治”的原则。这样才能用相应的药物获得理想的治疗效果。

3. 临床科学用药剂量原则

（1）兽药剂量　指药物产生治疗作用所需要的剂量。

（2）最小有效量　当剂量增加至开始出现治疗作用的剂量。

（3）极量　治疗量达到最大的治疗作用，但并不引起毒性反应的剂量。

（4）治疗量（有效量）　最小有效量到极量之间的剂量。

要对疾病产生治疗作用，就必须给予一定的剂量，药物用量小于最小有效量起不到治疗作用；药量在治疗量这一范围内剂量越大，防治作用就越强；但如果用量超过极量，就会对奶牛导致毒害作用。青霉素和链霉素是大家非常熟悉的药物，在此就以这 2 种药为例，介绍一下不按规定剂量用药可产生的危害。

例 1：治疗奶牛疾病时，青霉素的肌内注射规定用量为每千克体重 4 000~8 000IU。对于体重 500kg 的奶牛来说，其总用量为 200 万 ~400 万 IU，如果肌内

注射青霉素的量小于200万IU则起不到治疗作用，而且还可以使细菌产生耐药性；如果治疗用量高于400万IU就会对病牛产生相应的毒害作用或副作用；用药量在200万~400万IU，随着剂量增大，治疗作用也随之增强。

另外，由于每100万IU青霉素钾中含有钾离子66.3mg，如果过量使用青霉素钾来治疗奶牛疾病，会对奶牛心脏功能造成不良影响。

例2：奶牛大剂量静脉注射链霉素可引起阵发性惊厥、呼吸抑制、肢体瘫痪和全身无力。如果我们在治疗奶牛产后瘫痪时，错误的配合使用大剂量的链霉素，就可能会导致病牛产后瘫痪症状加重、效疗下降。

4. 临床科学用药的疗程原则

大多数疾病必须按一定的剂量、时间间隔给药一段时间才能达到治疗效果，这就是疾病治疗的疗程。

在使用抗生素类药物治疗奶牛疾病时，必须保证疗程正确，这样才能发挥药物的治疗作用。大多数疾病我们不能在给药1~2次，见到一点效果就停药。这样不但易引起疾病反复，还可促使病源微生物产生耐药性。

用抗生素药物治疗奶牛疾病的疗程一般为：2~3d。

用磺胺类药物治疗奶牛疾病的疗程一般为：3~5d。

如果治疗效果不佳，应该在下一个治疗疗程内调整剂量或更换药物。如果治疗有效，一般在症状消失后再巩固治疗2~3d，然后结束治疗。

5. 联合用药的注意事项

在兽医临床上同时使用两种以上药物治疗疾病称为联合用药。

在联合用药时，要充分了解药物的药理作用，联合用药如果忽视药物之间的相互作用，可能会导致疗效下降，还不如用单一药物进行治疗。

如果能了解药物的理化性质、药理作用，科学的联合用药就可以起到协同作用、减少副作用、提高治疗效果。

（1）抗生素类药物的分类和配伍原则

① 抗生素类药物可分为四大类。

第一类：繁殖期杀菌剂或速效杀菌剂（青霉素、头孢类等）。

第二类：静止期杀菌剂或慢效杀菌剂（氨基糖苷类、多黏菌素类）。

第三类：速效抑菌剂（四环素类、大环类酯类、氯霉素类等）。

第四类：慢效抑菌剂（磺胺类等）。

② 抗生素类药物的配伍原则。

第一类和第二类合用一般可获得增强作用。

第一类和第三类合用，可出现拮抗作用。

第二类和第三类合用常表现相加作用或协同作用。

第一类和第四类合用一般无明显影响 。

（2）临床用药注意事项

① 葡萄糖中加入磺胺会出现结晶。

② 解磷啶与碳酸氢钠注射液配伍可产生微量氰化物 。

③ 泰妙菌素与盐霉素同时用会出现中毒 。

④ 碳酸氢钠与氯化钙合用会出现沉淀。

⑤ 磺胺药物不宜与维生素 C 混合用。

⑥ 诺氟沙星、恩诺沙星、氧氟沙星不能与钙、镁等金属离子混用，会发生络合反应。

⑦ 氯化钙不要与安钠咖同时用，会对心脏功能造成不良影响。

对于不清楚是否有拮抗作用、是否会发化学反应的药物，建议均采取单独注射的方式使用 。

（3）具体病例治疗过程中的联合用药思路　随着奶牛生产水平、生产模式的不断变化，随着疾病因素的复杂性提升，为了提高治疗效果，针对具体的疾病治疗，在联合用药思路上应该充分发挥相应器官的协同作用，不能简单的缺糖补糖、缺钙补钙。在此以奶牛酮病治疗为例，阐述一下具体病例治疗过程中的联合用药思路。

奶牛酮病的主要病理表现是低血糖、高血酮。为缓解这一病理变化，兽医一般都会给奶牛静脉输注葡萄糖注射液、灌服丙二醇。静脉输注葡萄糖可有效缓解患病牛由于低血糖所引起的一系列临床表现；同时，灌服一定量的丙二醇为病牛提供了相应的生糖物质，丙二醇可在瘤胃中转化为丙酸，丙酸通过奶牛肝脏的糖合成作用转变成了相应的葡萄糖，从而起到了升高血糖作用，减少了通过脂肪分解而产生大量酮体的副作用，这一治疗思路是恰当的。但如果其治疗思路只停留于此，就属于一种在治疗过程中未能系统性促进相应器官功能提升的简单治疗。

在由丙二醇转化为葡萄糖的过程中，肝细胞需要维生素 B_{12} 参与其中，如果维生素 B_{12} 不足，这一转化过程就会受到严重影响，所以，为了提升患病牛肝脏合成葡萄糖的能力，应该在治疗过程中注射一定数量的外源性复合维生素 B，还可以在治疗处方中添加入一定数量的硫酸钴，因为钴是机体合成维生素 B_{12} 的一个重要元素。另外，患酮病的奶牛往往可能存不同程度的脂肪肝问题，脂肪肝会降低奶牛肝脏糖原合成和糖原分解的功能，所以针对这一问题，在治疗过程中再添加一定量的氯化胆碱就可以达到进一步提升奶牛肝细胞的糖原合成和分解能力的目的。这一综合治疗思路就很好地体现了具体病例治疗过程中的联合用药思路，有利于治疗效果的提升。

6. 口服抗生素治疗奶牛疾病的原则

瘤胃是奶牛消化饲料、饲草的重要器官，瘤胃的消化功能依赖于其中的众多微生物及瘤胃微生物区系平衡。4 月龄前犊牛的瘤胃发育尚未完善，真胃承担着主要的消化功能，因此，4 月龄以前犊牛可口服抗生素进行疾病治疗。

4 月龄以上的牛及成母乳牛瘤胃结构及微生物区系已经完善，食入的饲料、饲草主要靠瘤胃消化，因此，不能采用口服抗生素的方式进行疾病治疗，口服抗生素会严重影响到瘤胃中的微生物区系平衡，甚至可导致抗生素中毒。

奶牛围产后期健康监控技术

奶牛保健技术是规模化牧场提升牛群健康，预防奶牛疾病发生，提高生产性能的一个重要手段；也是奶牛精细化管理中的一个重要内容。随着牛群规模增大、饲养模式变化、奶牛泌乳性能不断提升，群体性保健技术在规模化奶牛养殖场中受到普遍重视。

一、奶牛围产后期健康监控的意义

奶牛围产后期是指奶牛产后 0~21d 这一阶段或时期。

在奶牛精细化饲养管理过程中，围产后期是成乳牛饲养管理的重点内容。围产后期的奶牛健康不仅决定着胎次产奶量，也是决定奶牛场能否实现经营目标的关键时期，其重要性主要体现在如下几个方面。

1. 围产后期是决定泌乳赢利期赢利多少的一个核心阶段

生产统计表明，奶牛在一个正常泌乳期中，产后 1~170d 属于盈利期，170~250d 为收支平衡期，250d 以后属于亏损期，其中泌乳早期（21~100d）产奶量占到整个泌乳期产奶量的 50%（图 4-1）。如果围产后期奶牛健康出问题或处于亚健康状况，将会导致奶牛在本胎次不赢利或达不到利润目标。

2. 围产后期的奶牛健康状况决定着奶牛最高产奶日产奶量和最高产奶日出现时间

奶牛围产后期的健康状况，决定着奶牛最高产奶日产奶量高低和最高产奶日的出现时间。统计表明，最高产奶日产奶量每提高 1kg，整个泌乳期的产奶量将提高

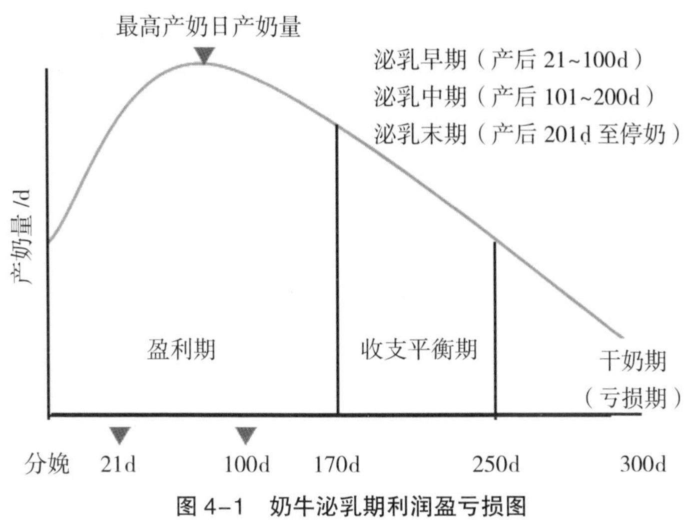

图 4-1　奶牛泌乳期利润盈亏损图

200kg 左右。同时，由于围产后期的饲养管理问题所导致的最高产奶日时间后移，也会对胎次产奶量造成一定影响。

另外，如果连续 2 个泌乳期高峰期上不去，将导致奶牛终生最高产奶日产奶量上不去。

3. 围产后期奶牛死淘率高、发病率高

生产统计表明，奶牛分娩后 0~90d 的死淘数量占到成乳牛群年度总死淘数量的 50%；分娩后 0~21d 的死淘率为 4.1%。

另外，产后代谢病、产后爬卧不起、产后猝死等问题在奶牛围产后期表现尤为突出。北京农业职业学院侯引绪的研究结果表明，在高产牛群中奶牛产后第 7d 的亚临床型低血钙症发生率为 16.00%，亚临床型低血磷症发生率达 12.00%，亚临床型低血糖症发生率达 100%，亚临床型高血酮症为 48%。

4. 围产后期是子宫机能及结构恢复的重要时期

产后 0~10d 是奶牛子宫发生感染的重要时期，产后子宫炎多发生于这一时期。另外，正常情况下，产后奶牛子宫机能及结构恢复的时间为产后 21d。如果在围产期针对奶牛繁殖方面的健康监控做的不到位，就会导致奶牛难以在产后 21 d 完成子宫功能恢复和结构复原，从而造成繁殖机能障碍及繁殖指标下降。在大群体、大密度、高产量这一现状下，如果不高度重视围产后期奶牛繁殖器官健康监控工作，将奶牛繁殖系统疾病延期到配种时，会对奶牛繁殖工作造成严重影响。

另外，由于围产后期饲养管理不好导致体况过分下降，将会导致不发情、不排

卵、配种期延长、体质下降、繁殖疾病发生，会进一步加重产奶损失。

5. 围产后期是乳房免疫力较低的时期

图 4-2　乳房炎

在妊娠激素、分娩激素及泌乳激素作用下，奶牛产后存在不同程度的乳房水肿现象，乳房水肿是奶牛乳腺血流循环障碍的一种外在表现，这一表现也说明奶牛乳腺免疫能力下降，所以，生产中会发现奶牛产后容易发生乳房炎（图 4-2）或乳房炎发病率高。在乳房水肿存在的情况下，如果挤奶机维修或工作状态失常，更容易导致乳房炎发生；在乳房水肿存在的情况下，乳房及环境中的病原菌也更容易感染乳腺。

所以，奶牛围产后期健康监控和保健工作是奶牛精细化管理技术中的一个重要内容，兽医、配种、技术人员必须高度理解、认真、负责地做好这一工作，为企业负责、为自身负责。

二、奶牛围产后期健康监控

（一）奶牛分娩过程监控技术

奶牛分娩过程正常与否直接影响着奶牛围产后期生理功能、器官结构恢复过程；分娩过程也是造成奶牛下一个胎次生殖器官感染、损伤，引起繁殖功能障碍的初始阶段；分娩过程不恰当的介入、干扰和分娩过程的损伤，会对围产后期奶牛从分娩状态转入正常泌乳状态造成严重影响。

在奶牛分娩过程中，过早进行产道检查、助产会使奶牛生殖系统发生感染、损伤的概率增加，也会由于人为干扰奶牛分娩过程而导致难产发生；过晚进行产道检查、助产会对母牛和胎儿的健康、安全造成威胁。

因此，我们必须细心做好奶牛分娩过程的监控工作，结合荷斯坦奶牛分娩过程中生理变化、行为表现、肢体语言等内容，科学把握奶牛的正常分娩过程与适时助产及难产判定技术。

荷斯坦奶牛分娩阶段划分标志及分娩过程监控

荷斯坦奶牛的完整分娩过程我们人为将其分为三个阶段，即分娩启动阶段（子宫颈口开张期）、分娩第二阶段（胎儿排出期）、分娩第三阶段（胎衣排出期）。这三个阶段是依据牛分娩过程中的生理变化特点、产道变化特点、胎儿及胎衣在产道中的运行特点来划分的，三个阶段均有明显的外在行为表现和肢体语言表现，我们可以根据相应的行为和肢体语言表现来观察、判定奶牛的分娩过程进行到了那一个阶段，也可依此判定其分娩过程是否正常，是否需要进行产道检查、助产等人为干预或协助。

（1）奶牛分娩启动阶段（子宫颈口开张期）的行为表现和起止标志

① 奶牛分娩启动阶段的起止标志：荷斯坦奶牛分娩启动阶段的外在标志是突然出现不食、哞叫、站立不安、腹痛、尾根间歇性抬起等非疾病性异常表现；内在标志是子宫开始阵缩。分娩启动阶段终止的外在标志是腹部出现明显的间歇性起伏（努责），分娩启动阶段为“开始出现分娩启动预兆（阵缩）→努责出现”这一时期。在这一阶段，奶牛伴随有排尿动作频频，奶牛腹痛明显加重，哞叫、躁动不安等表现。

这一阶段的完成一般需要 2~8h，初产奶牛分娩过程的外在行为表现强烈、时间较长，经产牛的外在性行为表现相对要弱一些、持续时间要短一些。奶牛在这一阶段一般保持站立姿势、不会躺卧。大多数情况下，我们往往难以在第一时间发现分娩启动的开始时刻。

② 奶牛在分娩启动阶段的主要行为表现：规模化奶牛养殖模式使奶牛预产期的准确性大为升高，一般情况下预产期与实际分娩日的误差不会超过 1 周。按照荷斯坦奶牛预产期计算公式就可以计算出奶牛的预产期，当奶牛到了相应的预产期或临近预产期时，如果奶牛突然出现不食、哞叫、不安、尾根间歇性抬起、腹痛不安等非疾病性异常表现时，就意味着奶牛进入了分娩启动阶段。这时，产房工作人员应将奶牛哄（赶）到产房或产房的运动场中，给奶牛提供一个相对安静的分娩空间，让其安心分娩。

在分娩启动阶段奶牛出现腹疼、不安、不食等一系列表现的主要原因，是因为奶牛在分娩相关激素作用下，子宫出现了间歇性收缩（阵缩），随着分娩过程的进行，子宫阵缩的间歇期会逐渐变短，阵缩频率会逐渐变大、阵缩力量会不断加强。随着分娩过程的持续，母牛对子宫阵缩所致的腹痛的耐受性会升高、敏感性下降，奶牛会选择一个相对安静，不易受外界因素干扰的地方独自低头呆立、若有所思、默默忍受阵缩带来的疼痛与不舒适。

③ 奶牛分娩过程中阵缩的作用及在此阶段进行产道检查及助产的不良后果：分娩过程中的阵缩是子宫的一种间歇性收缩，所以奶牛会出现疼痛不安的表现，但腹部并不会呈现明显的间歇性起伏。在分娩启动阶段，奶牛的神经内分泌功能发生了剧烈变化，在雌性激素等分娩激素作用下，奶牛的子宫颈口会由封闭状态变为开张，从而为胎儿的排出创造条件。

另外，分娩启动阶段的阵缩对胎儿的胎位、胎势有一定的微调作用和促进胎儿排出的作用。在子宫的阵缩过程中，阵缩对胎儿有一定的挤压作用，这种挤压力会影响胎儿脐带中血液流动，在挤压过程中胎儿会反射性的选择一种更舒服、更有利于分娩产出的姿势，如果胎儿在这一阶段胎势存在小幅度异常，阵缩对其有一定的调整作用。

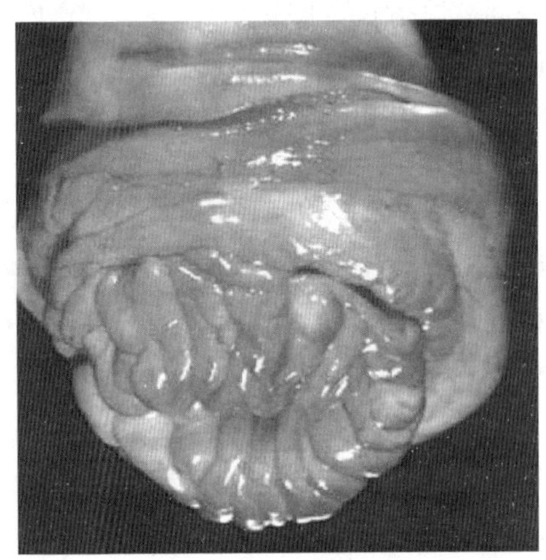
图 4–3　子宫颈口

在这一阶段进行产道检查是完全没有必要的，如果在此阶段进行产道检查或助产，不但会增加生殖道感染概率，还会干扰奶牛的正常分娩，提高难产率。子宫颈口开张是在此阶段完成的，在子宫颈口（图 4–3）开张不充分的情况下强行助产会导致母牛生殖道撕裂等严重损伤，也容易导致人为难产和胎儿伤亡。

在经过一段时间的相对安静后，奶牛会进入下一个疼痛不安期，这时奶牛腹痛更加明显，哞叫、躁动不安加重，同时出现反复起卧、排尿动作频频，腹部出现明显的起伏，这时标志着分娩进入了第二阶段。

（2）奶牛分娩第二阶段（胎儿排出期）的行为表现和起止标志

① 分娩第二阶段为“努责出现→胎儿排出”。这一时期是荷斯坦奶牛分娩第二阶段的起始标志也就是分娩第一阶段终止标志（努责出现）；第二阶段的终止标志是胎儿从产道完全排出或头及二前肢出了母牛阴门（正生），或二后肢及臀部出了母牛阴门。

在第二阶段，从子宫颈口完全开张到产出胎儿一般不超过 4h，大多在努责出现后 1~2h 产出。一般初产牛完成这一分娩过程的时间比经产牛要长一些。

② 奶牛在分娩第二阶段的主要行为表现。当分娩母牛完成分娩启动阶段后，

子宫颈口已经开张充分，在阵缩的作用下胎囊及胎儿会移出子宫颈口、与阴道壁接触，阴道壁上的神经感受器会将这一信息反馈到母牛大脑，母牛的大脑中枢获得这一信息后就会加强胎儿产出的力量。一般出生奶牛犊的体重在35kg以上，单靠子宫的收缩力量无法将胎儿从体内排出到体外，因此，母牛就启动了腹肌和膈肌的间歇性收缩（努责），努责的力量不但远大于阵缩，而且努责会引起腹壁明显起伏，阵缩则不会。在阵缩的基础上努责的出现进一步加重了奶牛的腹痛和不安。

所以，奶牛在分娩启动期的后期经历一段相对安静后，进入胎儿排出期后会表现反复起卧、排尿动作频频，腹部出现明显的间歇性起伏（努责），腹痛显著加重，哞叫、躁动不安加重；在反复起卧之后会选择左侧或右侧半侧卧姿势进行分娩（图 4-4）奶牛在胎儿排出期的侧卧姿势），期间会有较短时间的站立活动，但这一阶段的大部分时间为半侧卧姿势。

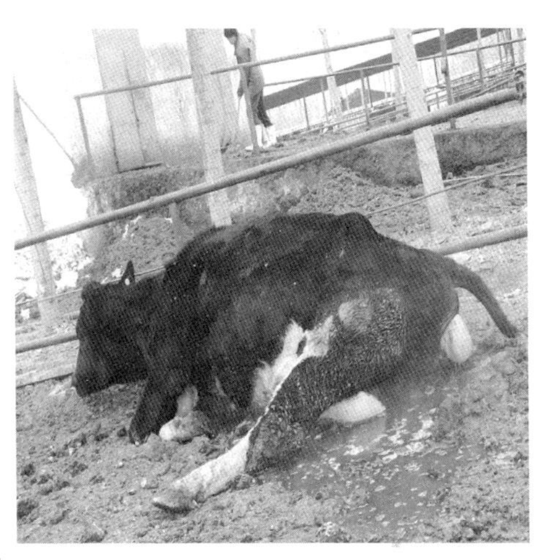

图 4-4　母体在胎儿排出期的侧卧姿势

奶牛在这一阶段之所以会选择侧卧姿势进行生产，这是因为当牛卧地后地面对奶牛的腹壁有支撑作用，这样更利于膈肌和腹肌的收缩，起到了加强努责的作用，所以牛会自然的选择这一姿势。由于在这一阶段母牛会用力努责，在母牛肚子起伏明显的同时，还会伴随腹部起伏发出用力努责的“吭、吭”声。

在胎儿排出期，随着努责及分娩过程的继续进行，当胎儿头部最宽处（正生）或臀部最宽外（倒生）通过骨盆腔最狭窄处时，大多数母牛会完全侧卧于地，四肢伸直，甚至肌肉哆嗦、眼球震颤、口吐白沫、回头观腹、强烈努责，此时母牛会表现出极度不安（图 4-5）。当出现这种行为和肢体表现时，不必恐慌，也不必进行产道检查或助产，这是大多数母牛在分娩过程中呈现的一种正

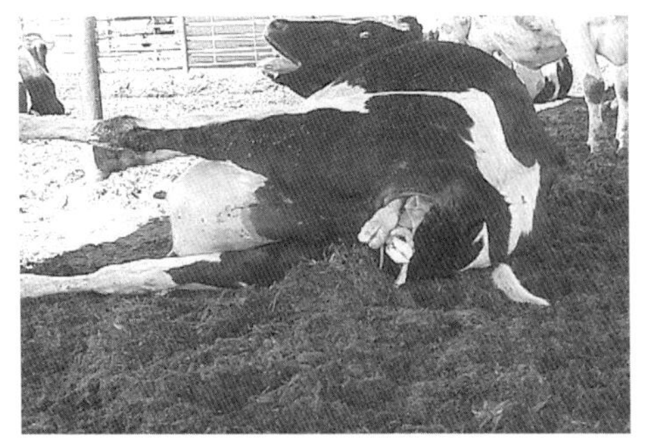

图 4-5　胎儿最宽处通过骨盆腔

常“危相”。当这种极度不安的“危相”结束后，母牛会站起身来，稍做活动又恢复到分娩第二阶段初始状态的卧势（图 4-6、图 4-7），继续完成分娩过程。这一行为、卧势变化，等于分娩母牛在向主人传达一个分娩信息：“分娩最困难的时刻已经过去！”接下来母牛会用半侧卧姿势完成将胎儿排出体外的工作。

图 4-6 胎儿最宽处通过骨盆腔后的分娩姿势（一）

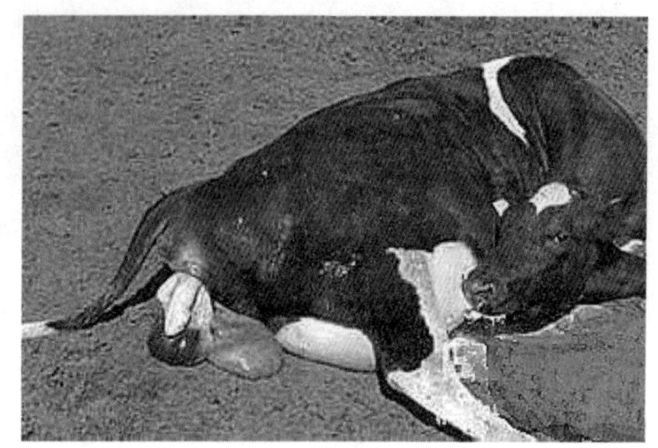

图 4-7 胎儿最宽处通过骨盆腔后的分娩姿势（二）

③ 在胎儿产出期进行产道检查及助产的不良后果。在这一阶段，如果我们由于判断错误对牛实施产道检查或助产，会由于人为的不当参与，导致奶牛产力衰竭而引发难产；也会因此增大母牛生殖道感染概率。

从子宫颈口完全开张到产出胎儿一般不超过 4h，大多在努责出现后 1~2h 产出。

图 4-8 奶牛分娩第三阶段（胎衣排出期）

（3）奶牛分娩第三阶段（胎衣排出期）的行为表现和起止标志　荷斯坦奶牛分娩期第三阶段（图 4-8）的起始标志是胎儿排出体外，终止标志是胎衣从母体产道内完全排出。胎衣是胎儿在母体子宫内发育、成长的附属物，包括胎儿胎盘、胎膜等，胎衣排出是动物分娩过程完成的一个标志。

（二）奶牛分娩过程中时产道检查及助产时机判定

1. 分娩过程不必进行产道检查或助产的情形

① 分娩开始后 6h 内胎儿尚未产出，不必进行产道检查。

② 分娩过程行为表现和正常行为表现相一致，不必进行产道检查。

③ 头水或尿水（图 4-9）破后 1h 内，胎儿仍未产出，不宜做产道检查。

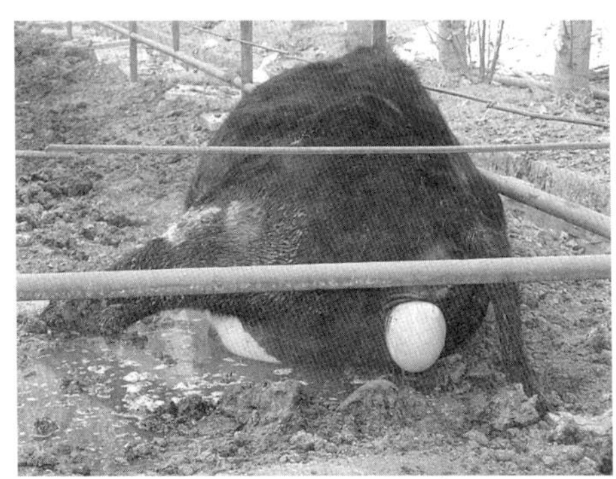

图 4-9　头水未排前的状态

2. 奶牛分娩过程中预示难产的情形

① 头水（尿水）排出后超过 1h 仍未看见胎儿，则必须进行产道检查，确定胎儿胎位、胎势、胎向等情况。

② 分娩过程行为表现异常。

③ 努责出现 4h 后，胎儿仍未能外露（胎儿大多在努责开始后 4h 发生死亡）。

④ 努责弱或不努责。

⑤ 阴门外只露出一条腿。

⑥ 阴门外露出的二条腿明显一长一短。

⑦ 阴门外露出的二条腿掌心朝向相反。

⑧ 阴门外只看见胎儿的嘴或头而不见前蹄。

⑨ 阴门外前肢露出较长时间后，仍未看见胎儿嘴头。

⑩ 阴门外露出三条腿或三个蹄。

在上述情况时，需要适时的进行产道检查或助产（图 4-10）。

图 4-10　助产器助产

在进行产道检查时，如在胎水中发现有胎粪，说明胎儿活力弱，应该及时进行助产，否则易发生胎儿窒息死亡或呛羊水问题；如发现胎水有臭味、色泽污浊等现象，说明胎儿死亡、腐败，也应该进行助产处理。

另外，在此需要说明一下，85% 的奶牛在分娩过程中是首先从产道中排出

尿囊或头水，然后才排出羊膜囊及胎儿。还有 15% 的奶牛在分娩过程中是先排出羊膜囊和胎儿，随后排出尿囊，这种分娩过程的助产时机判定和前面情况是有区别的。

（三）分娩过程中的几种难产治疗处理技术

1. 子宫颈开张不全的治疗处理

分娩过程中，当奶牛发生子宫颈口开张不全时，如果进行强力的牵引助产，很可能会导致子宫颈口撕裂，子宫颈口撕裂严重者会因为大出血而导致奶牛死亡。对于子宫颈口开张不好者，可采用局部麻醉降低紧张度的方式进行治疗。

兽医在认真做好手臂、阴门及阴门周围清洗消毒的基础上，手持一个后端连接有软乳胶管的注射用针头，进入奶牛阴道，在未开张好的子宫颈口隆起上选择 4~6 点，将针头刺入，通过与乳胶管另一端相连接的注射器向每点注射 2%~3% 的盐酸普鲁卡因 10mL。15min 后，通过阴门检查子宫颈口开张情况，如果感觉子宫颈口开张情况明显改善、向内隆起的子宫颈明显变软、紧张度明显下降，即可进行牵引助产。

2. 初产牛阴门狭窄处理（阴门侧切术）

对于初产牛阴门狭窄的处理，可采用阴门侧切术来处理，这样可以防止阴门撕裂（图 4-11），减少损伤程度，其步骤如下。

第 1 步，用 0.1% 新洁尔灭消毒液对阴门周圈进行清洗消毒。

第 2 步，用手术刀在阴门上方做两个对称性切口（图 4-12），一般切口不超过 10cm。

图 4-11　奶牛阴门撕裂

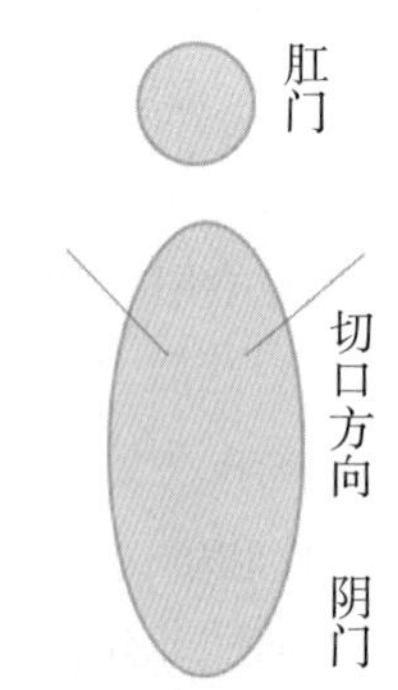

图 4-12　奶牛阴门侧切示意图

第 3 步，胎儿产出后用羊肠线缝合。

第 4 步，涂药（聚维酮碘或抗生素软膏等）。

3. 做好奶牛分娩后产道检查工作

奶牛分娩后，尤其是经过助产的牛，要在严格消毒的基础上再进行产道检查。其主要检查内容和处理办法如下。

① 子宫颈口有无撕裂。如果有撕裂伤要进行缝合或止血处理，以免导致以后配种、输精困难，或子宫颈口形成积液腔；并肌内注射抗生素和福安达（氟尼葡甲胺注射液），镇痛、预防感染。

② 产道黏膜有无撕裂。如果有撕裂，轻者涂抹碘甘油或子宫灌注用聚维酮制剂；对于产道较严重撕裂用羊肠线缝合，并涂抹抗生素软膏等药物；以防形成积液、积气、脓肿等影响以后的繁殖。

③ 确定不是双胎。

4. 奶牛剖宫产的必要性

由于剖宫产会对奶牛的繁殖性能造成严重影响，因此，一般奶牛场对剖宫产技术往往不太重视，也忽视了对剖宫产技术的学习、掌握。随着奶牛产奶量的大幅提升和淘汰牛价格上涨，及时开展剖腹助产工作，对增加牛场收入、挽回经济损失具有现实意义。

对于胎儿过大、产道狭窄，胎位、胎向、胎势严重异常的奶牛，在恰当的时机进行剖宫助产，不但有挽救胎儿性命、母体性命的作用，还可为奶牛场多产一胎奶，在平均产奶量 8 000~11 000kg 的牛场，多产一胎奶的经济效益也是可观的。

在剖宫产操作过程中认真、精细操作情况下，奶牛采食情况会在产后第 4 d 基本恢复正常，泌乳性能会在第 7 d 恢复到正常水平。

另外，剖宫产可挽救母牛的生命，如果产后子宫恢复较好，还可以配种受孕；如果不能配种怀孕也避免了牛场被动的紧急淘汰。严格地讲，病死奶牛是不可以出售食用的，通过剖宫产手术，在恰当的时间经过肥育再进行淘汰，就可以获得更大的经济效益。

所以，剖宫产手术也是减少经济损失，提升奶牛养殖效益的一个有效途径，具有很现实的可行性和必要性。

（四）奶牛产后健康监控技术

1. 新产牛的标记

随着牛群数量增长，生产性能提高、饲养模式变化，粗放的饲养管理模式已不

能适应现代化牧场的饲养管理。因此，奶牛精细化管理就成了奶牛健康、高产的一个重要技术保障。

为了便于围产后期或新产牛的监控管理，就必须在奶牛分娩后或出产房时给其做出清晰、明显的标记，标记是开展围产后期奶牛健康监控的第一项工作。

主要标记方式：

① 牛体上写上分娩日期。

② 牛后肢系上彩色布条（适合乳房炎标记）。

③ 剃掉或剪掉牛尾末端的尾毛。

标记方式不同牛场有不同的习惯，奶牛场可根据自己的牛群大小及习惯而定。在牛体后躯白色被毛处，用彩笔写上具体的分娩日期是最常用的一种标记方式，标记必须醒目、明显，便于从牛群中发现。对于围产后期母牛出现的不同问题或疾病可以用不同的颜色、笔画进行区别性标记（图 4-13）。

图 4-13　奶牛产后标记

2. 胎衣不下监控

牛胎衣排出的时间一般在产后 4~6h，最长不超过 12h；如果 12h 后胎衣还未排出，则为胎衣不下。

胎衣组织滞留子宫是引起子宫感染的一个重要原因，观察胎衣排出要注意是完全排出还是部分排出。

对于规模化牛场而言，胎衣不下发病率一般应小于 5%。

3. 产后 1 周体温监测

对于产后 1~7d 的母牛，每天测定体测 2 次。体温 ≤ 38 ℃要关注，体温 >39.5℃

为发烧。

对于体温升高的母牛，要肌内注射头孢噻呋、氟尼辛葡甲胺，每天 1 次，连续 3d。也可以用其他抗生素（例如氨下西林、土霉素等）。

产后 7d 发烧牛数量应 ≤ 31%。

预防产后体温升高的措施：产后给奶牛肌内注射非甾体类解热、镇疼药（例如，氟尼辛葡甲胺）可以获得较好的预防效果。

4. 围产后期主要代谢病监控

随着奶牛泌乳性能的大幅提升，奶牛围产后期能量与物质代谢负平衡现象变得更为突出，由此所导致的产后低血钙症、低血磷症、低血糖症、高血酮症更加突出（表 4–1），所以奶牛产后代谢病监控成了奶牛产后保健的重要内容之一。

表 4–1　高产牛群产后第 7d 四大代谢病发病率监测统计

类　别	总测定头数	发病率（%）
低血钙症	100	16.00
低血磷症	100	12.00
低血糖症	100	100.00
高血酮症	100	48.00

注：监测时间为 7~8 月份的暑期

这是从北京一个单产为 11t 的高产牛群中监测所得到的一个结果，监测时间为暑期，暑期在我国是奶牛代谢病高发的一个季节。所以，可以把这一监测结果作为牛场的一个参考标准，如果上述 4 个指标高于该牛群，则说明自己的牛场在饲养管理方面还存在提高和改善空间。

（1）奶牛产后低血钙症、低血磷症、低血糖症、高血酮症分析

① 奶牛产后低血糖。由统计结果可见，高产牛群产后第 7 d 的低血糖发生率达 100%。临床研究表明，妊娠后期和开始泌乳的头几天，奶牛对葡萄糖的需要量比平时增加 2.7 倍。这是奶牛产后普遍出现低血糖症的一个重原因。

由此可见，产后低血糖症是奶牛产后存在的一个普遍问题，对高产奶牛在产后进行补糖或增加采食量（酵母、益生菌）就显得很为必要。

② 奶牛产后低血钙、低血磷。从监测结果可见，高产牛群产后第 7 d 的低血钙、低血磷发生率分别为 16.00% 和 12.00%。

这说明在高产牛群中，产后低血钙症、低血磷症已经成为牛群无法避免的一个问题。因此产后灌服、输液补钙磷就显得尤为必要。

在高产健康牛群中，奶牛临床型产后瘫痪应该控制在 0.5% 以下为宜。

利用产后奶牛尾椎变形作为衡量牛群产后低血钙、低血磷的一个指标，具有一定的参考价值，对于高产牛群来说，奶牛尾椎变形的发病率应以不超过 5% 为宜。

③ 奶牛产后高血酮。100% 的低血糖发病率是导致高血酮症达 48% 的主要原因，产后高血酮症也是高产奶牛产后较普遍存在的一个问题。尽管高血酮症很高，但临床型酮病的发病率应该控制在 2% 以下为宜。因此对于高产牛群来说，开展奶牛产后保健工作、开展产后灌服及分娩应激缓解工作就显重很有必要。

④ 奶牛产后低血钙症、低血磷症、低血糖症、高血酮症预防措施。利用奶牛产后灌服技术、奶牛产后分娩应激缓解技术来防控奶牛产后低血钙症、低血磷症、低血糖症、高血酮症可获得较好的预防效果。

5. 围产后期奶牛慢性酸中毒监控

围产后期由于分娩应激、饲料变化、产奶量剧升，从而导致亚急性酸中毒多发。

可在奶牛围产后期的第 7d、14d、21d，对奶牛进行慢性酸中毒监测。由于不同个体奶牛的消化吸收功能存在差异，所以，即是同样的日粮也可能存在不同程度的酸中毒个体。

（1）监测方法

① 采取奶牛尿液少许，用 pH 值试纸条一端浸入其中，10s 左右，然后取出来与比色板比对，如果尿液 pH 值 <7.2，则为酸中毒。

② 也可以根据 DHI 报告数据进行监测：乳脂率 – 乳蛋白率 <0.4，则为酸中毒。

③ 脂蛋白比 <1.12 则为酸中毒。

④ 乳脂率 0.9%~3.0%，而乳蛋白率正常（2.7%~3.3%）则为酸中毒。

（2）预防措施　饲料中添加小苏打、酵母、益生菌等，或增加粗纤维调整日粮结构是预防酸中毒的有效办法。

6. 围产后期子宫健康监控

围产后期子宫健康状况主要通过子宫分泌物观察及子宫炎监控来完成。

（1）围产后期子宫分泌物监测　围产后期子宫内分泌物类型、数量、颜色判定标准见表 4–2。

表 4-2　奶牛产后正常子宫分泌物类型、数量、颜色

天数	类型	颜色	排出量 / 每天
0~3	黏稠带血、无臭	清洁透明红色	≥ 1000mL
3~10	稀黏带颗粒或稠带凝块、无臭	褐红色	500mL
10~12	稀、黏、血、无臭	清亮、淡红或暗红	100mL
12~15	黏稠、呈线状、偶尔有血无臭	清亮、透明、橙色	50mL
15~20	黏稠、无臭	清洁、透明	≤ 10mL
21 以后	无分泌物排出		

在开展奶牛围产后期子宫内分泌物类型、数量、颜色监测时，可以通过观察自然排出恶露的方式进行监测；也可以主动选择相应的时间节点，采用直肠按摩促进子宫恶露排出的方法进行监测，这种方面更主动积极，可以完成对那些子宫中有恶露但不外排的奶牛的围产后期子宫内容物及子宫状况监测。

（2）奶牛围产期子宫炎监测　以 21d 为界，奶牛围产期子宫炎大部分发生在分娩 7d 内。子宫肌肉层炎症可导致全身症状，如发热、厌食、精神委顿、由子宫排出褐红色水样恶臭分泌物、心速快、奶量降低等。子宫感染后形成的子宫炎分为 3 个等级：

1 级：仅黏膜层的炎症

2 级：黏膜及黏膜下层的炎症

3 级：黏膜、黏膜下层及肌层的炎症

3 级子宫炎可导致全身毒血症而表现全身症状，这种子宫炎常发生于分娩后 1~10d，也是引起产后死淘或猝死的原因之一。

（3）围产后期子宫健康防控措施

① 产后 0~21d 每天观察子宫内分泌物的类型、颜色、数量，并与正常分泌进行比对，如发现子宫分泌物恶臭或其他异常性状变化，则说明子宫存在感染。应当及时采用抗生素 + 氟尼辛葡甲胺、子宫按摩、子宫投药等方式进行治疗控制。

② 正常情况下，产后奶牛子宫恢复的时间为 21d，即子宫形态、结构、功能恢复到类正常状态。此时，应该做直肠检查，发现子宫从形态结构尚未完成复旧者，要进行治疗处理（例如：直肠按摩、注射氯前列烯醇等）。

如果子宫仍然排出恶露则要进行治疗，可采取全身用药、口服用药，或子宫送药等方式进行治疗。

另外，也要对子宫或产道子宫积气、积水等进行检查治疗。

7. 围产后期蹄病监测

蹄病监测可以通过站立、行走移动评分的方式来进行监测，其具体标准如下。

（1）1 分　正常，健康牛群的 1 分牛应占全群 75% 以上。无论站立还是行走，背部平直，姿势正常。

（2）2 分　站立正常、背腰平直、步伐正常，行走时稍有不舒、背部弓形 。此时减奶 1% 、干物质采食量下降 1%。健康牛群的 2 分牛应不超过 15%。

（3）3 分　行走弓背，站立弓背，轻度蹄病，不易确定患肢。此时干物质采食量下降 3%，减奶 5%。健康牛群的 3 分牛应不超过 9%。

（4）4 分　肢蹄有减负体重表现，中度跛行。此时减奶 17%，干物质采食量下降 7%，健康牛群的 4 分牛应在 0.5% 以下。

（5）5 分　跛行严重，明显表现不负或不敢抬肢，减奶 36%，干物质采食量下降 16%。健康牛群的 5 分牛应在 0.5% 以下。

8. 奶牛围产后期粪便监测

粪便就像消化道的一面镜子，当奶牛患某些消化道疾病时，常常能通过粪便反映出所患疾病的特点，也可告诉我们病变的发生部位，不同形态的牛粪在许多情况下会给我们诊断奶牛疾病提供重要的参考或指导资料。所以，在围产后期这一疾病多发阶段，应该认真做好奶牛粪便的观察工作，要做好此项工作，奶牛保健人员应该对奶牛正常粪便和异常从形态、颜色、气味、数量多少等方面有一个深入的观察了解。看牛粪、辨牛病是一项细致而实用的工作，通过不被大家重视的代谢产物形态变化也可揭示器官的功能状态。

9. 围产后期采食观察与监控

采食或食欲观察（图 4–14）也是围产后期奶牛健康监控的一个重要内容，监控观察牛的食欲情况也是判断牛是否患病，及判断疾病性质的一个重要指标，因为食欲状况直接反映了牛消化系统的生理功能。

图 4–14　奶牛采食及食欲观察

食欲下降、食欲废绝或偶尔吃几口，这三种情况有时会给我们确诊断疾病提供重要帮助。所以，兽医人员不可疏忽这一常用的健康监控方法，发现奶牛围产后期食欲异常后，应该认真做好进一步的临床监控和检查工作。

奶牛产后灌服保健技术

产后灌服保健技术是预防奶牛产后代谢疾病、促进健康水平提升的一个有效技术措施。近年来，此项技术在奶牛场的推广应用，对提升奶牛健康水平、防控疾病发生、提升养殖效益起到了很好的作用。

一、奶牛产后灌服保健的目的与意义

尽管不同奶牛场在实施奶牛产后灌服保健时所用的灌服成分、灌服方式等不尽相同，但其对奶牛灌服保健所持的目的和意义却是一致的。实施奶牛产后灌服保健的目的与意义主要包括以下几个方面。

（一）补充奶牛在分娩过程中的体液、电介质及体力消费

临床观测统计表明，奶牛从分娩启动到产出胎儿一般需要 4~10h，在这一漫长的分娩过程中奶牛痛苦不安，体液、电介质、体能损失巨大，甚至会因分娩而发生脱水现象。另外，在分娩前 1 周，由于奶牛内分泌系统的功能变化从而导致体内雌激素、孕激素等发生急剧变化，奶牛在这些分娩因素作用下，消化、吸收功能下降，食欲显著下降，采食量减少就成了奶牛分娩前后及分娩过程中的一个普遍问题，这一问题进一步加重了奶牛在分娩过程中的体液、电介质、体力消耗。缓解奶牛因分激应激所致的脱水、电解质缺失、能量消耗是进行产后灌服的一个重要目的。

（二）缓解奶牛产后能量、钙、磷等营养物质负平衡

奶牛分娩后产奶量急剧上升，一般高产牛群于分娩后 60~70d 达到泌乳高峰期。但在分娩应激、环境改变、日粮结构变化等因素影响下，奶牛的消化能力、食欲、采食量等在分娩后会发生下降，一般于产后 8~10d 才能恢复到正常水平。分娩后奶牛采食量降低与能量、钙、磷等营养物质需求增加这对矛盾，导致奶牛在分娩后一段时间必然会出现不同程度的代谢负平衡。奶牛养殖者采取人为给奶牛灌服丙二醇、钙、磷及提升食欲的一些物质，就可以有效的缓解奶牛产后能量、钙、磷等负平衡对奶牛生产性能造成的不良影响。

（三）有效控制产后疾病发生、保障奶牛健康

围产期是奶牛整个泌乳周期中至关重要的一个时期，在这个阶段，奶牛经历了巨大的生理性应激；同时，围产后期又处在能量等负平衡时期；从而导致机体免疫力显著下降。奶牛养殖实践表明，围产后期是奶牛疾病的高发期，低血钙症、产后瘫痪、奶牛酮病、脂肪肝、乳房炎、产后猝死、真胃变位、子宫感染、胎衣不下、子宫复旧不全、蹄叶炎等在这一阶段的发病率均处于高位。产后灌服技术可帮助我们有效控制奶牛产后疾病发生，保障奶牛健康，减少疾病损失，提升奶牛场效益。

二、奶牛产后代谢负平衡监测结果

奶牛围产后期处于代谢平衡状态，产奶量的大幅上升与采食量及消化吸收能力的不相协调是导致这一现象的直接原因，这一阶段是决定奶牛胎次产奶量高低的关键时期，也是奶牛各种代谢性疾病和其他疾病的多发时期。临床统计表明，奶牛围产后期（0~21d）的死淘率为 4%~5%。

侯引绪等针对高产奶牛群围产后期物质代谢负平衡情况研究表明，在正常奶牛群中，产后第 7d 奶牛低血钙症发率为 16.00%，低血磷症为 12.00%，低血糖症为 100%，高血酮症为 48.00%（具体研究数据见表 5-1）。由此可见，在高产奶牛分娩后或围产后期由于代谢负平衡，而导致的低血钙、低血磷、低血糖、高血酮问题具有普遍性，采用产后灌服保健措施对缓解能量及物质负平衡，促进奶牛生理代谢及器官功能恢复有重要的现实意义。

表 5-1 高产牛群产后第 7d 血 Ca、血 P、血糖、血酮监测结果

类　别	总测定头数	发病率（%）	标　准（mg/dL）
低血钙症	100	16.00	8.00~10.00
低血磷症	100	12.00	4.00~8.60
低血糖症	100	100.00	56.00~88.00
高血酮症	100	48.00	β-羟丁酸≥ 1.2（mmol/L）

三、奶牛产后常用灌服成分分析

我国很早就有对牛进行产后灌服保健的习惯，虽然采用的灌服物质、成分及形式不尽相同，但其遵循的目标和机理却是一致的。

（一）产后灌服温热麸皮盐水汤

这是我国传统养牛者惯常使用的一种产后灌服成分，温热麸皮盐水汤的具体组成成分为：麸皮 1~1.5kg，盐 100~150g，加温水 10kg 左右，调匀后让刚分娩的母牛一次饮用或一次灌服。有些人还在此基础上还添加了一定量的龙胆酊等之类的健胃药。

给奶牛产后灌服温热麸皮盐水汤的主要目的是为了补充奶牛在分娩过程中的体液损失、和 Na^+ 消耗；另外，麸皮中含有较高的磷，通过这种灌服还可给牛补充一些碳水化合物和磷元素。用温水调制主要是为了减少冷水对胃肠道的刺激（尤其是冬天），促进吸收。

（二）产后灌服红糖水

产后灌服红糖水是我国奶牛养殖者惯常使用的又一种产后灌服组方。将 0.5~1.0kg 红糖溶于 10kg 左右温水中，调匀后一次灌服或让牛饮服。

红糖是从甘蔗汁直接炼制而成的赤色晶体，含有 95% 左右的蔗糖。红糖几乎保留了甘蔗汁中的全部营养成分，含有多种维生素（核黄素、胡萝卜素、烟酸等）和微量元素（锰、锌、铬等），每 100g 红糖含有 4.0mg 铁，每 100g 红糖含有 90mg 钙。

奶牛产后灌服红糖水这一保健措施由我国妇女产后喝红糖水这一习惯拓展而来。通过这种灌服保健措施意欲达到缓解奶牛产后低血糖、补充能量、补充体液、补充维生素、补充微量元素铁和常量元素钙的目的。对奶牛来说，依靠红糖中所含的蔗糖对缓解奶牛产后能量负平衡、低血糖的作用是有限的，因为奶牛是反刍动

物，主要利用内源性葡萄糖，进入瘤胃的碳水化合物（蔗糖），大部分无法直接利用，只有少量可进入小肠分解为葡萄糖。由此可见，给奶牛灌服红糖水主要是利用除蔗糖之外的其他甘蔗汁成分发挥作用的，其中补铁的作用尤为突出。

（三）产后灌服口服补液盐

口服补液盐是世界卫生组织（WHO）推荐的治疗急性腹泻脱水的一个处方。1967 年制定的配方，其成分是氯化钠 3.5g、碳酸氢钠 2.5g、氯化钾 1.5g 和葡萄糖 20g；1984 年 WHO 将配方更改为氯化钠 1.75g、氯化钾 0.75g、枸橼酸钠 1.45g、无水葡萄糖 10g；2006 年 WHO 公布新配方为：氯化钠 2.6g、氯化钾 1.5g、枸橼酸钠 2.9g、无水葡萄糖 13.5g。在奶牛产后灌服上我们沿用了这一处方，使用时将 10 份口服补液盐，加入 10kg 水中溶解，给分娩母牛产后一次灌服或饮服。

奶牛产后灌服“口服补液盐”有纠正电解紊乱、补充体液、缓解脱水、促进体能恢复的作用。

（四）产后灌服丙二醇

产后 1~3d（从分娩当天计算），每天给奶牛灌服 300~400mL 丙二醇，这是规模化奶牛场目前常用的一种产后灌服保健措施。

奶牛产后出现的能量负平衡是影响奶牛泌乳性能和正常生理代谢的关键因素，糖在奶牛体内是重要的能量物质（1g 葡萄糖在体内完全氧化时可释放出 4 千卡能量）。奶牛属于反刍动物主要依靠内源性葡萄糖（糖异生）获取相应的葡萄糖，再由葡萄糖氧化分解获得相应的能量。奶牛通过瘤胃发酵生成的挥发性脂肪酸（乙酸、丙酸、丁酸）是生糖物质的前体；但丙酸生糖的过程不会产生酮体，丙酸属于非生酮性挥发性脂肪酸；而乙酸、丁酸的生糖过程会产生酮体，这二者属于生酮性挥发性脂肪酸。丙二醇是一种生糖先质物质，在体内可转化为丙酸，然后再通过糖异生过程生成葡萄糖。产后给牛灌服丙二醇，不仅可以缓解能量负平衡，还起到了防治奶牛酮病，防治奶牛脂肪肝等疾病发生的作用。

（五）产后灌服钙磷镁制剂

目前，市场上有多种商品性钙磷镁奶牛灌服制剂，其主要成分为葡萄糖酸钙、磷酸盐、镁盐等。产后 1~3d，每头每天灌服 500~1 000mL。

产后灌服钙磷镁制剂主要是为了缓解奶牛产后的钙、磷、镁离子负平衡，预防奶牛产后低血钙症、低血磷症、低血镁症发生，促进奶牛产后生理功能恢复。

（六）产后灌服益生菌类制剂

奶牛产后食欲下降是导致能量代谢负平衡的一个直接原因，采用相应措施如果能提升奶牛食欲，就能达到缓解这一负平衡的目的。奶牛产后灌服益生菌类制剂就是从促进消化吸收，提升奶牛食欲这一角度来考虑的，临床灌服应用也获得了良好的效果。

奶牛灌服用的益生菌制剂主要包括啤酒酵母菌、枯草芽孢杆菌、米曲霉菌等。灌服这些益生菌制剂有改善瘤胃内环境，调节瘤胃内微生物区系生态平衡的作用；灌服益生菌还有为奶牛补充菌体蛋白的作用；益生菌在瘤胃内繁殖会产生淀粉分解酶、纤维素分解酶、蛋白分解酶、维生素壳聚糖等营养物质。产后灌服益生菌类制剂在促进奶牛食欲提升的同时，提高了饲料转化率，增强了奶牛免疫力，调整了生理代谢，从而对奶牛产后保健起到了有益的作用。目前市场上有多种商品性益生菌类制剂，进行奶牛产后灌服时依照相应的用量和使用方法灌服即可。

四、灌服方法

（一）液体灌服量

动物脱水程度可分为轻度脱水、中度脱水、严重脱水和最严重脱水四种类型。

（1）轻度脱水　动物每 100kg 体重脱水 4kg 称为轻度脱水（4% 脱水），轻度脱水时动物无明显临床症状。

（2）中度脱水　动物每 100kg 体重脱水 6kg 称为中度脱水（6% 脱水），中度脱水时动物皮肤光泽和弹性下降，口腔黏膜干燥。

（3）严重脱水　动物每 100kg 体重脱水 8~10kg 称为严重脱水（8%~10% 脱水），严重脱水动物口舌干燥、四肢冰冷、眼球下陷。

（4）最严重的脱水　动物每 100kg 体重脱水 12kg 以上（12% 脱水），对于这种脱水，如果不进行治疗动物往往会以死亡告终。

临床研究统计表明，奶牛分娩后的脱水程度一般为轻度到中度脱水。那么，我们如果以奶牛的体重为 500~600kg 来计算，每次灌服时补充水时 20~30kg 即可。奶牛分娩过程中本身就存在一定程度的疼痛和不舒，如强行灌服太多量的液体会加重奶牛的不舒。

（二）灌服成分选定

一般而言，灌服复方制剂的效果要好于单一物质的灌服。各牛场可依据各自的牛情、牛况选择相应的灌服物质。目前，奶牛场在灌服成分的选择上较常用的是：丙二醇＋钙磷镁合剂＋口服补液盐。

丙二醇是生糖前体物质，有防治高血酮症、防治低血糖的功效。

灌服钙磷镁合剂主要针对产后的低血钙、低血磷、低血镁问题。

灌服口服补液盐主要是为了防止低血钾及电解质的缺失，还有补充能量的功能效。

（三）产后灌服补钙、磷的适宜剂量

低血钙是奶牛产后存在的严重问题之一，采用产后灌服的方式补钙，一次补充多少钙为宜呢，这是大家犯疑惑的问题。我们可以通过计算的方式，间接地推断出适宜的灌服量。

奶牛每产 1kg 牛奶需要消耗 1.2g 钙、0.8g 磷，如果每天产奶量为 40kg，每天因产奶就需要 48g 钙、32g 磷。

奶牛维持本身的生理活动每天还需要钙 20g、磷 15g。那么，泌乳奶牛的每天的所需要的钙、磷量分别就在 68g 和 47g 以上。

奶牛对饲料中钙的吸收率一般在 22%~55%（平均为 45%），一头日产奶 40kg 的奶牛，每天应该采食的钙量应该在 151g、磷应该在 104g 以上。

由此可见，我们每次给奶牛灌服 75g 钙、50g 磷，从理论上来说就足以保证奶牛一天的钙、磷损失或不足。

（四）产后灌服丙二醇的适宜剂量

丙二醇最早是用来治疗奶牛酮病的药物，后来人们发现饲料中添加一定数量的丙二醇有预防高血酮、低血糖、提高奶产量的作用，产后灌服丙二醇在许多大型规模化牛场得到了广泛应用。奶牛产后灌服保健的丙二醇剂量（含量为 90% 以上）300~400mL 为宜，大于 400mL 会对奶牛产生毒性作用。

（五）产后灌服次数

临床研究表明，产后连续灌服 3 次（每天 1 次）的效果优于产后 1 次灌服，各牛场可以根据各自牛群情况、产房管理情况制订相应的灌服次数。

（六）灌服器械

如果利用传统的胃管加漏斗在现代化规模牛场开展奶牛产后灌服保健工作，其工作量显然是巨大的，但新型奶牛液体灌服器为牛场开展奶牛产后灌服保健工作提供了装备支持。目前，不但有电动灌服器也有非电动灌服器，为开展奶牛产后灌服保健提供了一个简单、实用的兽医临床装备，此装备也可以用在牛病临床治疗上，例如，液体药物灌服及脱水治疗。

1. 新型奶牛灌药器结构及组成

此灌药器由金属胃管部分、抽吸送药筒、金属胃管与抽吸送药筒连接管三大部分组成。金属胃管部分由不锈钢材质构成，有一定的柔软度和可弯曲性，不用开口器就可将此部分直接通过牛的口腔插入牛的食管或瘤胃内。抽吸送药筒类似于一个打气筒，可将液体通过人工抽吸的方式打入灌药器内。金属胃管与抽吸送药筒连接管的材质为塑料管或橡胶管，通过此部分实现了金属胃管部分与抽吸送药筒的连接，奶牛灌药器结构（图 5-1）。

2. 新型奶牛灌药器使用方法

使用此灌药器可对处在颈夹或柱栏内的牛完成较大数量的液体药物灌服，不需特殊保定设施（图 5-2）。操作人员徒手对奶牛头部进行相应保定，另一手持金属胃管部将其通过口腔直接插入到牛的食管或瘤胃内，通过奶牛的表情观察判断金属胃管是否在食管内，并将灌药器上的牛鼻钳夹在牛鼻镜部，实现灌药器与奶牛的确实连接，以防金属胃管活动。然后，就可以通过抽吸送药筒将桶或容器内配好的液体药物打入奶牛瘤胃中。桶或容器内的药物送完后，再用抽吸送药筒打入适量空

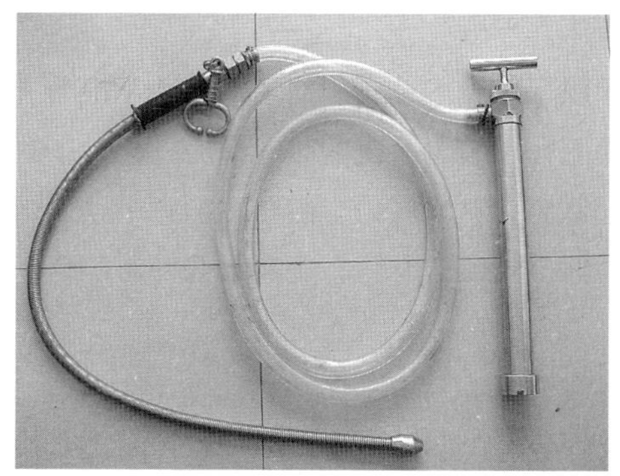

图 5-1　奶牛液体灌服器（北京农业职业学院奶牛工作室专利产品）

图 5-2　奶牛液体灌服器的使用

气，将存留在灌药器管道中的液体全部送入瘤胃内，然后摘去牛鼻钳、将金属胃管从牛的消化道内拔出。利用此灌药器可在 2~3min 内完成 30kg 左右液体的灌服工作。在奶牛性格较温顺、兽医人员操作熟练的情况下，一名兽医就可单独完成此项操作。

此灌药器操作简单，使用安全。用传统的胃管给奶牛灌服药时，判定胃管是否插在食管或瘤胃内是一项技术性很强的工作，如果将胃管误插入气管，将药物或液体注入气管或肺中，将会对奶牛的生命安全造成严重威胁。利用此灌药器灌药，则大大简化了判定胃管是否插在食管或瘤胃中这一技术难题。由于此灌药器的金属胃管部的末端呈膨大的椭球状（其中有孔），其横径与牛气管横径相近，如果插入器官将完全堵住气管，灌药器另一端的抽吸送药筒中有一单项活塞，只允许气体、液体单向向瘤胃内流动，如果误将金属胃管插进了气管，牛会由于气管阻塞不通（窒息）而表现强烈的反抗和躁动，因此，单从奶牛的表情状态就可以判断金属胃管是否在食管内，从而大大简化了判定胃管是否插在食管或瘤胃中的技术难度。

大型的万头奶牛场由于牛群数量大、灌服任务重，在选择灌服器械时可选用电动式奶牛瘤胃灌服器开展产后灌服保健工作。

五、灌服效果

早在 1954 年丙二醇就被用来治疗酮病，且一直沿用至今。近几年，丙二醇在缓解奶牛产后能量负平衡、防治脂肪肝、预防酮病发生、提高繁殖性能、改善奶牛健康状况等方面的功效已被研究所证实。同时，Moallem 等研究证明日粮中添加丙二醇有显著提高奶牛泌乳性能的作用。因此，产后灌服丙二醇及在饲料中添加丙二醇的做法在奶牛养殖过程中得到了较广泛应用。

为了进一步研究、完善奶牛产后保健灌服保健技术，侯引绪（2012）承继前人产后灌服丙二醇的研究基础，对奶牛产后灌服作了较为系统的临床研究，设计了奶牛产后灌服丙二醇与钙磷镁合剂的对比研究试验，对灌服丙二醇与灌服钙磷镁合剂对奶牛泌乳性能、SCC、血液生化指标（血钙、血磷、血糖、血酮）等的影响作了对比研究。

1. 实验方法与分组

本实验于 2012 年 6~9 月在北京三元绿荷下属大型奶牛场完成。按照自然分娩日期，随机、交叉选定分娩过程正常，胎次为 2~4 胎，临床观察健康的中国荷斯坦奶牛作为实验对象，实验分为二组，每组 25 头。

实验 1 组：在奶牛分娩后第 1d（分娩当天）、第 2d、第 3d，每次（天）灌服丙二醇 400g，然后在第 18d 采血，测定血清钙、磷、糖和血酮（β- 羟丁酸）含量。于奶牛产后第 30d 早、中、晚三次采集奶样混合后，用 SCC 快速测定仪测定 SCC。并从分娩后第 3d 开始记录一日 3 次的挤奶量。

实验 2 组：在分娩后第 1 天 d（分娩当天）、第 5d、灌服美琳钙口服液 500mL+ 多围健 1 000mL，灌服时加温水 20kg，一次灌服。然后在第 18d 采血，测定血清钙、磷、糖和血酮（β – 羟丁酸）含量。于奶牛产后第 30d 早、中、晚三次采集奶样混合后，用 SCC 快速测定仪测定 SCC。并从分娩后第 3 天开始记录一日三次的挤奶量。

2. 灌服成分

实验 1 组产后灌服用的丙二醇为由韩国 SKC 公司进口的饲料级高纯 1，2- 丙二醇，215kg/ 桶。

实验 2 组产后灌服用钙磷镁合剂（美琳钙口服液）主要成分为葡萄糖酸钙、磷酸盐、镁盐；口服补液盐。

3. 实验结果

① 奶牛产后灌服丙二醇与钙磷镁合剂对血液生化指标的影响见表 5–2。

表 5–2　分娩后第 18d 实验 1 组与实验 2 组血液生化指标测定结果

组　别	牛头数	Ca (mg/100mL)	P (mg/100mL)	GLUM (mg/100mL)	*β*- 羟丁酸 (mmol/L)
实验 1 组	25	9.12 ± 0.10	5.44 ± 0.22	59.40 ± 2.32	1.63 ± 0.33
实验 2 组	25	9.30 ± 0.28	4.94 ± 0.24	59.47 ± 2.14	0.87 ± 0.12
P		$P>0.05$	$P>0.05$	$P>0.05$	$P<0.05$

结果表明，实验 1 组和实验 2 组的血酮（β- 羟丁酸）含差异显著（$P<0.05$，血清钙、血清磷、血糖含量均无显著差异（$P>0.05$）。

实验 1 组血液 β- 羟丁酸平均值为 1.63mmol/L，达到了隐性酮病时的血酮范围（隐性酮病时的 β- 羟丁酸含量为 1.2~2.0mmol/L）。实验 2 组血液 β- 羟丁酸平均值为 0.87mmol/L，属于正常范围。实验 1 组隐性酮病发病率显著高于实验 2 组。

实验 2 组血清钙测定平均值为 9.23mg/100mL，实验 1 组血清钙测定平均值为 8.49mg/100mL，两组血清钙平均值差为 0.74mg/100mL。

虽然 2 组血清钙差异不显著。但实验 2 组有 2 头奶牛血清钙含量为 7.9mg/100mL，低于正常指标（8.0~12.0mg/100mL），亚临床型低血钙症发病率为 8.00%。

实验 1 组有 6 头奶牛的血钙低于正常指标，分别为 6.40mg/100mL、7.50mg/100mL、7.20mg/100mL、5.30mg/100mL、6.10mg/100mL、5.70mg/100mL，亚临床型低血钙症发病率为 24.00%。实验 1 组亚临床型低血钙症显著高于实验 2 组。

② 奶牛产后灌服丙二醇与钙磷镁合剂对泌乳性能、乳质及 SCC 的影响见表 5-3。

表 5-3　分娩后第 3~42d 实验 1 组和试验 2 组产奶指标统计分析结果

组　别	牛头数	日均产奶量（kg/d）	总产奶量（kg）	平均 SCC（万个 /mL）
实验 1 组	25	27.52 ± 1.95	27 520.00 ± 77.91	57.34
实验 2 组	25	32.06 ± 1.47	32 060.00 ± 57.50	82.60
P		*P*>0.05	*P*>0.05	*P*>0.05

通过对分娩后 40d（分娩后第 3d 至分娩后第 42d）的产奶量统计表明，尽管组间差异不显著（*P*>0.05），但实验 2 组奶牛日平均产奶量比实验 1 组提高 4.54kg/d。

通过对分娩后 40d（分娩后第 3d 至分娩后第 42d）的总产奶量统计表明，差异不显著（*P*>0.05）。但实验 2 组奶牛比实验 1 组奶牛多产奶 4 540.00kg（181.60kg/ 头）。

实验 1 组和 2 组 SCC 差异不显著（P>0.05），但 SCC 平均值实验 1 组比实验 2 组高 25.26 万个 /mL。

③ 奶牛产后灌服丙二醇与钙磷镁合剂对乳质影响对比见表 5-4。

表 5-4　实验 1 组及实验 2 组乳成分对比分析结果

指标类别	实验 1 组	实验 2 组	差异显著性
乳脂率（%）	2.99	3.56	*P*<0.01
乳蛋白率（%）	2.66	2.86	*P*>0.05
乳糖率（%）	4.94	4.82	*P*>0.05
干物质（%）	8.33	8.95	*P*<0.05

由 5-4 可见，实验 1 组奶牛所产乳乳脂率平均值为 2.99，实验 2 组奶牛所产乳乳脂率平均值为 3.56，差异极显著（*P*<0.01）。

实验 1 组奶牛所产乳的乳蛋白为 2.66%，实验 2 组奶牛所产乳的乳蛋白为

2.86%，无显著差异（$P>0.05$），但实验 2 组乳蛋白有增加的趋势。

实验 1 组奶牛所产乳的乳糖为 4.94%，实验 2 组奶牛所产乳的乳糖率为 4.82%，组间差异不显著（$P>0.05$）。

实验 1 组奶牛所产乳的干物质为 8.33%，实验 2 组奶牛所产乳的干物质为 8.95%，组间差异不显著（$P<0.05$）。

4. 分析与小结

① 丙二醇是一种单纯的生糖物质，而灌服钙磷镁合剂 + 口服补液盐，不仅给奶牛直接补充了生糖前体物质和钙、磷、镁、钠、钾等重要离子，而且对促进电解质代谢平衡、体液代谢平衡，缓解分娩应激起到了促进作用。所以，在奶牛产后灌服保健方面，灌服复方制剂比单一灌服丙二醇更有利于提升奶牛的健康状况和泌乳性能；奶牛产后灌服保健应该坚持综合调理与单项物质补充相结合的保健思路。

② 产后灌服一定量的口服补液盐制剂，对缓解奶牛经历分娩应激所致的能量、电解质、体液代谢紊乱有很好的作用，而且操作方便，经济实用。建议奶牛场可以用产后灌服口服补液盐这一做法替代传统的奶牛产后灌服（饮服）麸皮盐水的做法。

③ 丙二醇可以通过生糖作用减缓奶牛能量负平衡，从而提高奶牛泌乳性能和改善奶牛健康状况。丙二醇对乳脂率有降低的作用，这可能是由于添加丙二醇后，血浆游离脂肪酸下降导致乳腺吸收游离脂肪酸减少所致。另外，Grummer 等和 Shingfield 等报道，添加丙二醇后瘤胃乙酸比例降低，从而减少乳腺中短链脂肪酸的合成，导致乳脂率下降。而实验 2 组相对灌服丙二醇组的乳脂率偏高，差异极显著（$P<0.01$），表明此试剂对于血浆游离脂肪酸的影响不大，从而对乳脂率的影响没有灌服丙二醇组大。

④ 添加丙二醇能减少糖异生所需的氨基酸，理论上添加丙二醇能提高乳蛋白的含量，另外，添加丙二醇能提高日粮能量水平，也应该能提高乳蛋白质的含量。而本实验中，两个实验组对于乳蛋白率的影响比较中，两组差异不显著，但实验 2 组的乳蛋白率较实验 1 组提高了 0.20 个百分点，证明乳蛋白质率有增高的趋势。这可能是因为灌服钙磷镁合剂 + 口服补液盐不仅给奶牛直接补充了葡萄糖和钙、磷、镁、钠、钾等重要离子，而且对促进电解质代谢平衡、体液代谢平衡，从而对乳蛋白质率也有一定的间接提升作用。

奶牛产后分娩应激缓解技术

一、奶牛分娩应激

分娩是奶牛每胎次必须经历的一个最大生理性应激，分娩应激主要包括 3 个方面。

其一，在分娩启动过程中奶牛神经内分泌系统发生的巨裂变化所带来的生理性应激。

其二，奶牛在分娩过程中由于分娩所产生的疼痛、不舒、不适所致的应激。

其三，胎儿排出后内脏器官、尤其是腹腔器官在由怀孕状态进入非怀孕状态过程中，产生的器官生理机能、体积等变化所致的应激。

二、奶牛产后分娩应激缓解技术的意义

① 缓解分娩过程中奶牛神经内分泌巨裂变化所带来的生理性应激。

② 缓解由于分娩过程导致的奶牛产后疼痛、不舒所造成的应激，其疼痛、不舒包括正常分娩造成的产后疼痛、不舒与异常分娩造成的疼痛与不舒两个方面。

③ 缓解或促进产后奶牛物质及能量代谢负平衡对生产性能和免疫力的不良影响。

④ 促进奶牛产后内脏器官结构和功能恢复，使奶牛尽快从分娩应激状态进入正常的泌乳状态。

三、奶牛产后分娩应激缓解机理与药理

利用非甾体类解热镇痛药缓解奶牛产后分娩应激技术是美国近 15 年来，在奶牛生产上推广应用的五大应用技术成果之一，此项技术往往被人们理解成一种单纯的产后镇痛技术，目前此项技术已经由单纯的产后镇痛上升到了综合缓解奶牛产后分娩应激的层面。

目前，动物临床上所用新型非甾体类解热镇痛药主要为氟尼辛葡甲胺、美洛昔康。这类非甾体类解热、镇痛药，不仅具有良好的解热镇痛作用，还具有很好的抗炎、抗毒素作用。

氟尼辛葡甲胺（flunixin meglumine）是一种新型非甾体类解热、镇痛、抗炎药物，属于烟酸类衍生物，是环氧化酶的抑制剂，通过抑制花生四烯酸反应中的环氧化酶的活性，阻碍前列腺素等炎症因子的合成，表现出明显的抗炎、解热、镇痛、抗毒素作用。我国将氟尼辛葡甲胺及其注射液收录于 2010 版兽药典，可用于家畜及小动物的发热性、炎性疾病、肌肉和软组织疼痛等疾病治疗。氟尼辛葡甲胺由美国先灵葆雅公司于 20 世纪 90 年代开发（商品名为 Banamine），现已在美国、法国、瑞士、德国、英国、瑞典等许多国家广泛应用；目前，在我国在奶牛疾病临床防治上也开始应用，相对于美洛昔康在动物临床上应用较为广泛。

美洛昔康是另一种新型非甾体类解热、镇痛、抗炎药物，与氟尼辛葡甲胺相比价格较贵，在奶牛疾病治疗和保健上成本较高。目前，许多国家批准在奶牛上使用的非甾体类抗炎药只有氟尼辛葡甲胺一种。

提到解热镇痛药，大家自然会联想到我国兽医临床上应用十分广泛的吡唑酮类解热、镇痛、抗炎药，吡唑酮类解热、镇痛药主要包括安乃近、安痛定、保泰松、氨基比林。吡唑酮类解热、镇痛药也属于非甾体内解热镇痛药，但长期使用吡唑酮类解热、镇痛药可引起的再生障碍性贫血、粒细胞减少症、血小板减少、蛋白尿、间质性肾炎、肝损伤等问题，这些药物残留可以通过食物链对人体健康造成不良影响。所以，美国等发达国家已经严格禁止在食用、乳用动物临床治疗上继续使用这些药物。

与传统的吡唑酮类解热、镇痛药相比，氟尼辛葡甲胺的解热、镇痛作用是安乃近、安痛定、保泰松、氨基比林的 4~5 倍。而且还少了一系列的副作用。

另外，提到抗炎药，大家也会想到固醇类抗炎药物地塞米松、氢化可的松等，这此药物属于皮质激素，其副作用是会影响机体代谢，可导致怀孕动物流产，也

可影响泌乳；另外，其残留于奶牛之中，通过食物链进入人体可对人体健康造成损害。

氟尼辛葡甲胺是奶牛产后镇痛、解热、抗炎的新药之一，该药还有清除细菌所产生的内毒素的作用。使用氟尼辛葡甲胺缓解奶牛产后疼痛应激，可以改善奶牛饮水和采食，有助于维护免疫系统正常功能，减少感染，从而间接地起到了促进产奶量提升、繁殖效率提升、促进产后免疫力提升和减少产后代谢病发病率的作用。

由于氟尼辛葡甲胺具有上述作用，此药在美国、德国等被用在了奶牛产后分娩应激缓解和产后代谢性疾病的防控上，取得了理想的效果。在美国几乎所有头胎牛分娩后都要连续使用射氟尼辛葡甲胺 3d，凡分娩后使用过氟尼辛葡甲胺的奶牛其随后的产奶表现和健康均比较正常。

目前，这一技术在我国奶牛场已开始应用，但缺乏具体技术细节支撑和临床验证数据资料支持。在应用技术研究方面，侯引绪与北京农业职业学院奶牛团队和华秦源（北京）动物药业有限公司针对奶牛产后注射氟尼辛葡甲胺缓解奶牛产后分娩应激技术进行了一系列的临床研究，获得了相对系统的临床研究资料，为该项技术的应用提供了理论和技术参考。

四、非甾体类解热镇痛剂在奶牛产后分娩应激缓解上的应用研究

（一）注射氟尼辛葡甲胺缓解奶牛分娩应激对血液生化指标的影响

实验方法：按照自然分娩日期，随机、交叉选定分娩过程正常，胎次为 2~4 胎，临床观察健康的中国荷斯坦奶牛分为 2 组，实验组 25 头，对照组 25 头。

实验组：于分娩第 1d（分娩当天）、第 2d、第 3d 分别肌内注射氟尼辛葡甲胺每千克体重 2mg，然后于分娩后第 7d 采血，测定血钙、血磷、血糖和血酮（β- 羟丁酸）含量。

对照组：对照组饲养管理完全与实验组相同，分娩后不注射氟尼辛葡甲胺，于产后第 7d 采血，测定血钙、磷、糖和血酮（β- 羟丁酸）含量。

氟尼辛葡甲胺注射液由华秦源（北京）动物药业有限公司生产、提供，商品名为福安达，100mL/ 瓶，氟尼辛葡甲胺含量 5%。

具体注射时间：分娩第 1d 注射氟尼辛葡甲胺的时间点为胎衣排出后。

实验结果：实验组与对照组血钙、血磷、血酮测定结果差异不显著（$P>0.05$）；

实验组与对照组血糖含量差异极显著（$P<0.01$），具体结果见表 6–1。

表 6–1　实验组与对照组组血钙、血磷、血糖、血酮测定结果

组　别	牛头数	Ca (mg/100mL)	P (mg/100mL)	GLU (mg/100mL)	β– 羟丁酸 (mmol/L)
实验组	25	9.17 ± 0.14	4.45 ± 0.23	40.96 ± 1.74	1.21 ± 0.15
对照组	25	8.88 ± 0.19	4.94 ± 0.17	27.28 ± 2.69	1.51 ± 0.21
P		$P>0.05$	$P>0.05$	$P<0.01$	$P>0.05$

这一结果表明，产后肌内注射氟尼辛葡甲胺可有效缓解奶牛分娩后的疼痛、不舒和相应的分娩应激，是预防奶牛产后低血糖、缓解能量代谢负平衡的一个有效方法；奶牛产后注射氟尼辛葡甲胺对提升奶牛产后健康、预防产后代谢性病及促进泌乳性能提高有实际意义。

（二）奶牛分娩后注射氟尼辛葡甲胺防控产后代谢病效果研究

实验方法：按照自然分娩日期，随机、交叉选定分娩过程正常，胎次为 2~4 胎，临床观察健康的中国荷斯坦奶牛分为 2 组，实验组 39 头，对照组 25 头。

实验组：实验组牛头数为 39 头。于分娩第 1d（分娩当天）、胎衣排出后，肌内注射氟尼辛葡甲胺每千克体重 2mg，然后于分娩后第 7d 采血，测定血钙、磷、糖和血酮（β – 羟丁酸）含量。

对照组：对照组牛头数为 25 头。对照组饲养管理完全与实验组完全相同，分娩后不注射氟尼辛葡甲胺，于产后第 7d 采血，测定血钙、磷、糖和血酮（β – 羟丁酸）含量。

然后，根据奶牛的正常血钙、血磷、血糖、血酮标准统计低血钙、低血磷、低血糖、高血酮发病率，在对照组和实验组之间进行分析对比。

实验结果：对照组低血钙牛头数显著地高于实验组，低血磷牛头数、低血糖牛头数、高血酮牛头数，实验组与对照组差异不显著（表 6–2）。

表 6-2　实验组与对照组患低血钙症、低血磷症、低血糖症、酮病（高血酮）牛头数

组　别	牛头数	低血钙牛头数	低血磷牛头数	低血糖牛头数	高血酮牛头数
实验组	39	0(0.00%)[a]	11(28.21%)[a]	38(97.44%)[a]	15(38.46%)[a]
对照组	25	4(16.00%)[b]	3(12.00%)[a]	25(100.00%)[a]	12(48.00%)[a]

注：同列肩标小写字母不同为差异显著，$0.01 < P \leqslant 0.05$；同列肩标小写字母相同为差异不显著，$P>0.05$。

结果表明，产后肌内注射氟尼辛葡甲胺可降低奶牛低血钙症的发病率。产后给奶牛肌内注射氟尼辛葡甲胺，通过氟尼辛葡甲胺的解热、镇痛、抗炎、清除细菌内毒素的一系列作用，促进了奶牛的采食、消化、吸收能力的恢复和提升，从而缓解了产后钙代谢负平衡，起到了有效降低产后低血钙症的发病率。

（三）奶牛分娩后注射氟尼辛葡甲胺防控产后感染效果研究

实验组：实验组牛头数为 100 头。于分娩第 1d（分娩当天）、胎衣排出后，每天肌内注射氟尼辛葡甲胺每千克体重 2mg，连续注射 3d。并于分娩后第 1~7d，每天中午 8~9 点采用直肠体温测定法测定体温 1 次。

对照组：实验组牛头数为 100 头。分娩后不注射氟尼辛葡甲胺，并于分娩后第 1~7d 每天中午 8~9 点采用直肠体温测定法测定体温 1 次。

奶牛发烧判定标准：对照组、实验组奶牛体温高于 39.5℃，则判定为发烧；在分娩后第 1~7d 的体温测定过程中，只要有 1 次发烧，则计为发烧牛。

实验结果：对照组产后 1~7d 的感染发烧率为 31%，实验组产后 1~7d 的感染发烧率为 8%，发烧牛头数减少了 23%，实验组和对照组差异显著（表 6-3）。

表 6-3　对照组与实验组牛分娩后 1~7d 的感染发烧数据比较

组　别	试验牛总头数	发烧牛头数	感染 / 发烧率
对照组	100	31	31%
实验组	100	8	8%

本实验结果表明，产后注射氟尼辛葡甲胺对控制奶牛产后感染、发烧有显著作用。氟尼辛葡甲胺的抗炎、抗内素、解热作用是减少产后感染、发烧的主要原因。

（四）奶牛分娩后注射氟尼辛葡甲胺对泌乳性能及 SCC 的作用效果研究

实验组：于分娩后当天、胎衣排出后，连续 3d，每天肌内注射氟尼辛葡甲胺

每千克体重 2mg；记录产后第 1~90d 的产奶量数据和相关情况。并于分娩后第 7d，采取中班乳样测定其中的体细胞数。

对照组：对照组饲养管理完全与实验组完全相同，分娩后不注射氟尼辛葡甲胺；记录产后第 1~90d 的产奶量数据和相关情况。并于分娩后第 7d 采取中班乳样测定其中的体细胞数。

对比分析：对实验组和对照组奶牛产后 1~21d 的产奶量、日平均产奶量；产后第 7d 的 SCC；产后 1~90d 的日平均产奶量、最高产奶日产量、最高产奶日天数进行统计学对比、分析。

实验结果：

① 由实验结果可见，实验组与对照组奶牛产后 1~21d 的日平均产奶量差异不显著（$P>0.05$）（表 6–4）。但实验组奶牛产后 1~21d 的日平均产奶量比对照组高 2.4kg。

② 实验组产后第 7d 乳汁体细胞数据（SCC）为 38.44 万 /mL，对照组产后第 7d 乳汁体细胞数据（SCC）为 49.21 万 /mL，实验组比对照组低 10.77 万 /mL，但两组间 SCC 差异不显著（$P>0.05$）。

表 6–4 产后 1~21d 日平均产奶量、SCC 统计与测定结果

组 别	牛头数	日均产奶量 (kg)	SCC (万 /mL)
实验组	25	31.86 ± 0.88^a	38.44 ± 10.48^a
对照组	24	29.46 ± 1.12^a	49.21 ± 14.70^a

注：同列肩标小写字母相同为差异不显著，$P>0.05$；对照组有 1 头奶牛于产后第 7d 因病被淘汰，所以未计算在其中

由实验结果可见（表 6–5），实验组和对照组之间的日均产奶量、最高产奶日奶量、最高产奶日平均天数均无显著差异（$P>0.05$）。但实验组 1~90d 日平均产奶量比对照组提高 2.18kg，最高产奶日奶量比对照组提高 0.11kg。

另外，对照组产后 1~90d 的实验过程中，先后有 3 头奶牛因病淘汰；而实验组在产后 1~90d 中淘汰率为 0 头。

表 6-5　1~90d 日平均产奶量、最高产奶日奶量、最产奶日平均天数分析结果

组　别	牛头数	日均产奶量 (kg)	最高产奶日奶量 (kg)	最高产奶日平均天数
实验组	25	38.59 ± 1.07[a]	47.35 ± 1.27[a]	62.80 ± 3.29[a]
对照组	23	36.41 ± 1.94[a]	47.24 ± 1.96[a]	62.48 ± 4.58[a]

注：同列肩标小写字母相同为差异不显著，$P>0.05$；在实验过程中，对照组有 1 头奶牛于产后第 7d 因病被淘汰，1 奶牛于产后 35d 因乳房炎被淘汰，这 2 头奶牛未被计算在内；对照组另有 1 头奶牛于产后第 48d 因病被淘汰，这 1 头奶牛被计算在内

（五）奶牛产后氟尼辛葡甲胺 1 次与 3 次肌内注射在缓解奶牛分娩应激上的对比试验

实验方法：按照自然分娩日期，随机、交叉选定分娩过程正常，胎次为 2~4 胎，临床观察健康的中国荷斯坦奶牛分为 3 组，实验 1 组 25 头，实验 2 组 25 头，对照组 25 头。

实验 1 组：于分娩第 1d（分娩当天），胎衣排出后肌内注射氟尼辛葡甲胺每千克体重 2mg，然后于分娩后第 7d 采血，测定血钙、磷、糖和血酮（β- 羟丁酸）含量。

实验 2 组：于分娩第 1d（分娩当天），胎衣排出后肌内注射氟尼辛葡甲胺每千克体重，再分别于产后第 2d、第 3d 肌内注射氟尼辛葡甲胺 1 次，注射剂量为每千克体重 2mg。然后于分娩后第 7d 采血，测定血钙、磷、糖和血酮（β- 羟丁酸）含量。

对照组：对照组饲养管理完全与实验组相同，分娩后不注射氟尼辛葡甲胺，于产后第 7d 采血，测定血钙、磷、糖和血酮（β- 羟丁酸）含量。然后，比较分析对这三组奶牛分娩后第 7d 的血钙、磷、糖和血酮（β- 羟丁酸）含量。

实验结果：实验 1 组和实验 2 组与对照组的血钙、血磷、血酮测定结果均差异不显著（$P>0.05$）；但实验 1 组和实验 2 组与对照组血糖含量差异均为极显著（$P<0.01$）。实验 1 组和实验 2 组之间的血钙、血磷、血糖、血酮测定结果均差异不显著（$P>0.05$）。具体结果见表 6-6、表 6-7）。

表 6-6　实验 1 组与对照组血钙、血磷、血糖、血酮测定结果

组别	牛头数	Ca (mg/100mL)	P (mg/100mL)	GLU (mg/100mL)	β- 羟丁酸 (mmol/L)
实验 1 组	25	9.14 ± 0.12	4.35 ± 0.21	40.86 ± 1.64	1.23 ± 0.14
对照组	25	8.85 ± 0.19	4.89 ± 0.18	28.20 ± 2.69	1.53 ± 0.20
P		P>0.05	P>0.05	P<0.01	P>0.05

表 6-7　实验 2 组与对照组血钙、血磷、血糖、血酮测定结果

组别	牛头数	Ca (mg/100mL)	P (mg/100mL)	GLU (mg/100mL)	β- 羟丁酸 (mmol/L)
实验 1 组	25	9.59 ± 0.39	5.68 ± 0.21	40.40 ± 2.91	1.56 ± 0.57
对照组	25	8.85 ± 0.19	4.89 ± 0.18	28.20 ± 2.69	1.51 ± 0.21
P		P>0.05	P>0.05	P<0.01	P>0.05

由实验结果可见，奶牛产后肌内注射 1 次氟尼辛葡甲胺（每千克体重 2mg）与产后 3 次注射（1 日 1 次，连续 3 天）同剂量的氟尼辛葡甲胺，对奶牛产后第 7d 血钙、血磷、血糖、血酮含量的影响差异不显著。

这一结果间接说明，给奶牛产后肌内注射 1 次氟尼辛葡甲胺（每千克体重 2mg）与 3 次肌内注射（1 日 1 次）同剂量的氟尼辛葡甲胺缓解奶牛产后分娩应激的效果无显著差异。

结果分析：

① 分娩应激是奶牛的一个正常生理性应激，每个分娩奶牛都不可避免地要经历这一应激过程，既然是一个生理性应激，其应激持续时间和强度就不会影响到奶牛种群在自然界的存亡。

② 奶牛产后肌内注射 1 次氟尼辛葡甲胺与注射 3 次（每天 1 次）差异不显著，说明奶牛严重的分娩应激阶段应该在 30h 以内，因为氟尼辛葡甲胺的持续药效作用时间为 24h，这可能是奶牛产后肌内注射 1 次氟尼辛葡甲胺与注射 3 次（每天 1 次）差异不显著的主要原因。

③ 奶牛分娩应激有一定的时间性，这可能是奶牛在长期的生物进化过程形成的一种自然保护能力，这一能力可能是奶牛这一物种在自然界能存活下来的重要因素之一。如果奶牛分娩应激持续时间较长，他就会成为老虎、狮子等野兽的食物，其物种将难以延续。由于我们注射用药时间为胎衣排出后，而胎衣正常情况下在产

后4h排出，氟尼辛葡甲胺的持续药效作用时间为24h，所以说奶牛严重的分娩应激阶段应该在30h左右。

奶牛产后1次注射氟尼辛葡甲胺与3次注射氟尼辛葡甲胺对奶牛产后第7d血钙、血磷、血糖、血酮含量的影响差异不显著。建议在分娩后用氟尼辛葡甲胺缓解奶牛分娩应激时，应该选用1次注射，不必采用3次注射。这样不但节约成本，还可减轻兽医的工作强度。

另外，在此补充说明一下，由于氟尼辛葡甲胺还有很好的抗炎作用，如果牛群产后子宫感染率较高，为了控制奶牛产后子宫感染问题，产后3次（每天1次，连续3d）注射氟尼辛葡甲胺还是会起到较好作用的，也有其充分的必要性。

第七章

犊牛健康保健与疾病防控技术

犊牛为0~6月龄的牛。对成乳牛而言，围产后期是成乳牛疾病高发期；对后备牛而言，犊牛阶段是疾病高发期；在犊牛阶段，哺乳期的犊牛发病率最高、饲养管理要求更高。犊牛饲养管理不到位或健康保健技术跟不上，将会给牛场造成重大经济损失。

一、犊牛出生前后生理功能及生存环境发生的变化

第一，犊牛出生前生活在母体子宫内，漂浮于羊水之中，水是最适合生物成长的环境，这一水生环境为胎儿安全发育、成长提供了最佳的生存条件。胎儿在母体内体温由母体调控，氧及维持胎儿生命活动的营养物质由母体通过脐静脉提供，胎儿的代谢产物由脐动脉通过母体排出，胎儿的免疫防护也由母体代为行使。

第二，胎盘上的血胎屏障还为胎儿筑起了一个更为精细的健康保护屏障。但在出生后的一瞬间，犊牛将丧失这一系列优越保障条件，转由依靠自身的器官功能维持其生命活动。犊牛出生后必须尽快开启自身的器官运转、建立自身的免疫力，接受细菌、病毒、寄生虫等致病因素的考验，才能健康地生存下来。

第三，胎儿在母体子宫中生存时，除心脏在执行相应的血液循环功能外，消化系统的肝脏、胃肠，呼吸系统的肺脏，泌尿系统的肾等器官处在相对的静息状态；当犊牛出生后，将启动这些器官开始运转，承担起相应的消化、呼吸、泌尿功能，开启胎儿独立的生命活动过程。

启动自身体内处于静息状态的器官、开启独立的生命活动过程，是犊牛出生后

必须经历的一个重要挑战。在此，我们可以将其总结为犊牛出生后必须经历、适应的七大挑战。

① 由水生→陆生的转变和适应。

② 由脐带获氧、排出 CO_2 →用自己肺获氧、排出 CO_2 的转变与适应。

③ 由依靠母体维持体温→由自身体温调节系统维持体温的转变与适应。

④ 由通过脐带获取营养物质、排出代谢产物→依靠自身消化器官获取营养物质、排出代谢产物的转变与适应。

⑤ 由依靠母体免疫力卫护健康→依靠自身免疫系统卫护健康的转变与适应。

⑥ 自身器官由静息状态→工作状态的转变与适应。

⑦ 由以奶为主→完全吃草、吃料的生存模式转变。

二、奶牛初乳成分的特殊性

初乳一般指母牛产后 0~5d（或 0~3d）内分泌的乳。

初乳是犊牛出生后最为重要的物质，据报道，出生后未吃初乳的犊牛，死于大肠杆菌性败血症的可达 15%。奶牛初乳中不仅含有丰富的营养物质，而且含有大量的、十分珍贵的免疫因子和生长因子，对促进犊牛生长发育、改善胃肠道功能、增进免疫功能、延缓衰老、抑制病菌繁等一系列作用。

（一）初乳中的营养物质、营养元素显著高于常乳

对荷斯坦奶牛分娩后第 2d（30h）初乳所作的测定表明，初乳中蛋白质、脂肪、矿物质、乳糖的含量分别是常量乳的 2.85、1.37、1.53 和 0.95 倍。

初乳中所含的维生素也十分丰富，研究表明：荷斯坦奶牛分娩后 24h 的初乳中，胡萝卜素、维生素 A、维生素 D、维生素 E、维生素 B_2、维生素 B_{12} 分别是常乳的 4.9、5.6、2.3、5.0、2~4 和 4~8 倍。初乳中的 Ca、Cl、Mg、Na、Fe、Zn、Cu 含量分别为 1.9、2.3、19.1、1.5、2.4、1.4、4.37~4.43 倍。

（二）牛初乳是自然界富含免疫因子最多的食品之一

牛初乳中的主要免疫因子包括免疫球蛋白（Ig）、乳铁蛋白（Lf）、乳过氧化物酶（Lp）、溶菌酶等。

1. 免疫球蛋白

免疫球蛋白是牛初乳中最重要的免疫成分，它们是一类具有抗体活性或化学结

构与抗体相似的球蛋白。根据分子结构上重链恒定区氨基酸组成和排列顺序的不同，牛初乳的球蛋白可分为5类，即IgG、IgA、IgM、IgD、IgE。奶牛初乳中免疫球蛋白为50~150mg/mL，是常乳的50~150倍，其中IgG占80%~90%，IgM约占7%，IgA约占5%。免疫球蛋白具有多种生物活性功能，主要功能是能与侵入机体的细菌、病毒等抗原进行特异性结合，从而使其丧失破坏机体健康的能力；另外，还具有活化补体、溶解细胞、中和毒素及通过胎盘向胎儿体内传递免疫力，增强胎儿和新生犊牛抗感染等功能。

2. 免疫细胞

牛初乳中所含免疫细胞总数为1×10^{6}~1×10^{7}个/mL，有γ淋巴细胞、β淋巴细胞、巨噬细胞、嗜中性白细胞等。这些细胞能分泌特异性抗体，产生干扰素，或者表现为直接的吞噬作用，对保护免疫系统尚未发育成熟的新生犊牛健康具有重要意义。牛初乳中的免疫细胞，特别是淋巴细胞能提高体液免疫力。实验表明，用含淋巴细胞的初乳喂犊牛，可提高其对病原的免疫应答，使犊牛血清中的特异IgG、IgA、IgM、IgD含量显著高于没有淋巴细胞的初乳组。

3. 溶菌酶

溶菌酶是一种专门作用于微生物细胞的碱性球蛋白，也称细胞壁溶菌酶。在初乳中的含量为0.14~0.7mg/L，是常乳的2倍。对大多数革兰氏阳性菌和一些革兰氏阴性菌有溶解能力，具有杀菌、抗病毒、抗肿瘤细胞等作用。

4. 乳铁蛋白

乳铁蛋白是一种铁结合糖蛋白，由转铁蛋白演变而来。在牛初乳中的含量约为1.5~5.0mg/mL，是常乳的50~100倍。乳铁蛋白能通过吸附在细菌表面膜蛋白的特定部位，夺取细菌生长所需要的铁，具有强烈的抑菌和杀菌效应。另外，还具有调节补体活性、调节免疫系统、抑制炎症、刺激淋巴细胞生长、抗病毒、中和毒素、促进铁吸收、调整胃肠道微生物类群等多种作用。

三、新生犊牛健康保健与疾病防控要点

（一）足量、尽早、灌服优质初乳

1. 初乳是出生犊牛启动自体器官开始自主工作的重要能量来源

犊牛出生后，生命状况发生了变化，犊牛必须依靠自己生存，实现由依赖母体生存向依靠自身器官生存的转变。在这一阶段，犊牛必须启动自身的所有器官开始

运转，这个启动能量来源于初乳中的脂肪、蛋白质和乳糖。如果犊牛出生后食入的初乳数量不足或质量较差，就会影响到犊牛消化系统器官、呼吸系统器官等的正常启动，从而影响到相应器官生理功能实现。

正常情况下，第一次灌服或饲喂初乳的数量应不低于犊牛体重的10%。

2. 初乳是犊牛获得初始被动免疫能力的重要途径

新生犊牛胃肠道尚未发育完全，消化机能不健全，体内只有少量的营养贮备，缺乏母源抗体和对疾病的抵抗能力。研究表明，牛、羊等反刍类动物的胎盘为结缔组织绒毛膜型，具有这种类型胎盘的动物母体中的免疫球蛋白无法通过胎盘进入胎儿体内，所以，新生犊牛必须从初乳中获得免疫球蛋白、抗体等。当犊牛食入初乳，初乳通过消化道吸收进入血液后犊牛才会获得抗体及母源白细胞，犊牛才能建立起自身的免疫力，接受细菌、病毒、寄生虫等致病因素的考验，健康的生存下来。

另外，初乳中的成分随泌乳时间的延长向常乳成分变化（表7-1）；犊牛吸收初乳中免疫球蛋白、免疫细胞的功能会随出生时间的延长而迅速下降；所以必须在犊牛出生后尽早给犊牛灌服足量初乳。

表7-1　奶牛产后第1天早、中、晚三次所挤初乳成分变化情况及与常乳成分对比

成分（%）	第1次挤奶	第2次挤奶	第3次挤奶	常乳
全乳固体物	23.9	17.9	14.1	12.9
乳蛋白	14.0	8.4	5.1	3.1
免疫球蛋白	48.0	25.0	15.0	0.6
乳脂	6.7	5.4	3.9	4.0
乳糖	2.7	3.9	4.4	5.0
矿物质	1.1	1.0	0.8	0.7
维生素A（μg/dl）	295.0	190.0	113.0	34.0

注：三次挤奶间隔为6h

正常情况下，应该在犊牛产出后1h内给犊牛喂足初乳。初乳喂量不足或初乳灌服不及时将会对犊牛的生长发育和健康成长造成严重影响。

另外，初乳还有促进犊牛胎粪排出及保护胃肠黏膜等作用。

3. 喂服初乳前应该做好初乳质量监测工作

由于母牛的初乳受胎次、健康状况及妊娠后期饲养管理等因素影响，为保证初乳质量。一般情况下，头胎牛初乳质量低于经产牛，体质弱或病牛的初乳质量低于健康牛，妊娠6个月龄后母牛饲养管理差的牛初乳质量低于正常饲养的牛。初乳质量监测通常以初乳中的IgG含量作为评定指标，初乳质量监测一般用专用的折光仪（图7-1、图7-2）或初乳仪（图7-3、图7-4）、或初乳电子测定仪来完成。初乳中IgG > 50mg/mL为合格的优质初乳（表7-2）。

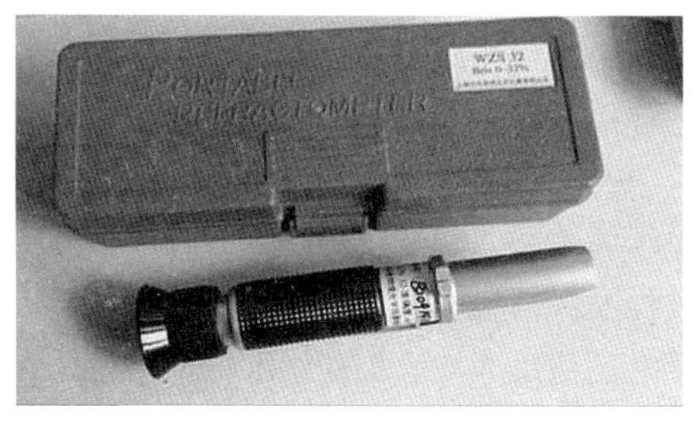

图7-1　奶牛初乳IgG测定折光仪

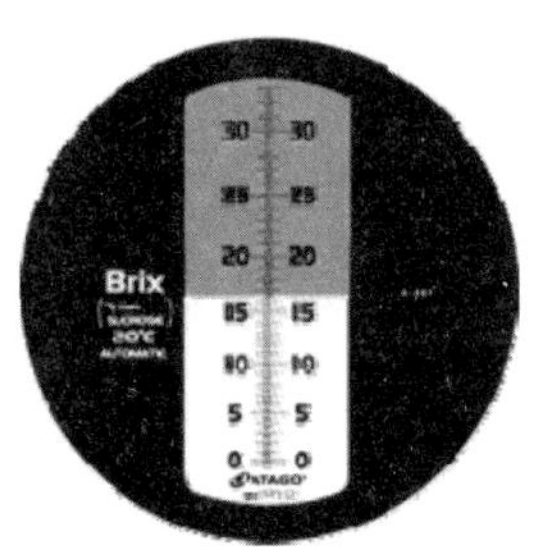

图7-2　折光仪内置读数表

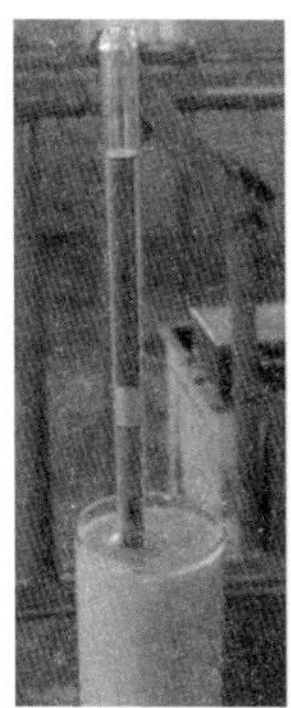

图7-3　初乳仪

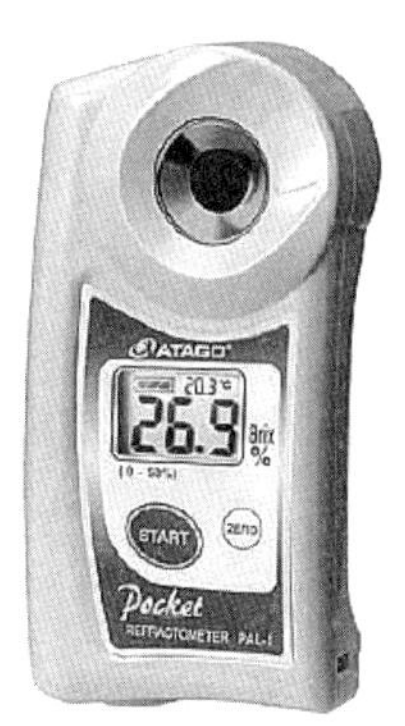

图7-4　初乳电子测定仪

表7-2　用折光仪或初乳仪判定奶牛初乳质量的标准

IgG(mg/mL)	质量判定标准	折光仪读数	初乳仪颜色显示
> 50	好	> 22%	绿色
25~49.9	一般	20~21.9%	黄色
< 25	差	< 25%	红色

另外，除用仪器进行初乳质量监测外，还要通过眼观检查的方法对初乳进行质量评定，杜绝用患有乳房炎的初乳，气味、色泽等异常的初乳喂犊牛。

（二）做好初乳收集消毒、冷冻、贮存、融化加温、灌服工作

犊牛初乳灌服可以用从产后母牛乳房中挤出的鲜奶进行灌服，也可以用冷冻保存经加温、融化后的初乳进行灌服。

1. 初乳收集及消毒

用来灌服或保存的初乳在收集时，要严格按挤奶程序对母牛乳房进行擦洗、消毒，对所用灌服及保存器具进行清洗消毒，防止健康初乳在收集过程中发生污染。

初乳的杀菌消毒用巴氏消毒方法进行，选择杀菌温度60℃和30min的处理时间是比较理想的巴氏灭菌条件，能够杀死李氏杆菌、大肠杆菌、肠道沙门氏菌、牛支原体和副结核分枝杆菌等；同时，可最大程度保留IgG和营养成分。

研究还表明，和饲喂生初乳相比，饲喂巴氏消毒的初乳可使24h的血清IgG水平提高25%，吸收效率提高28%（Heinrichs等，2010）。

2. 初乳的冷冻与解冻加热

用于冷冻贮存的初乳经巴氏消毒后要放入冰柜中冷冻保存，存放时应按时间先后顺序排列存放，以便按先后顺序进行灌服使用，以免初乳在冷冻状态下保存时间太久。

在冰冻状态下，虽然可以防止绝大部分微生物繁殖或生存，但真菌、嗜冷菌等对低温有很强的抵抗力，在0℃以下可存活、繁殖。另外，由于初乳是一个复杂的胶体平衡体系，长期冷冻状态下，也会发生一些理化性质变化，所以，冷冻保存的初乳不宜保存时间过长。

给犊牛灌服初乳前先解冻冷冻的初乳，融化冷冻保存的初乳用40~50℃温水即可。应将初乳加热到38~40℃，此奶温有助于犊牛食道沟反射；温度不能过高，温度过高会损伤胃黏膜，超过60℃会发生凝固；奶温低可引起犊牛腹泻或发生肠炎。另外，初乳温度会影响到初乳在犊牛真胃内的凝固时间（表7-3），即会影响到初乳的消化吸收过程。

表7-3　初乳温度对喂奶后胃内初乳凝乳块形成时间的影响

初乳温度	39℃	35℃	30℃	25℃
喂奶后初乳凝固时间（min）	2~3	5	8	12

3. 初乳灌服效果监测

初乳灌服可采用初乳灌服器（图7-5、图7-6）进行，但无论采用哪种初乳灌

服器都要对灌服人员进行岗前培训，虽然初乳灌服技能很简单，但对于初次进行初灌服的人员来说也有意外灌呛的情况发生。

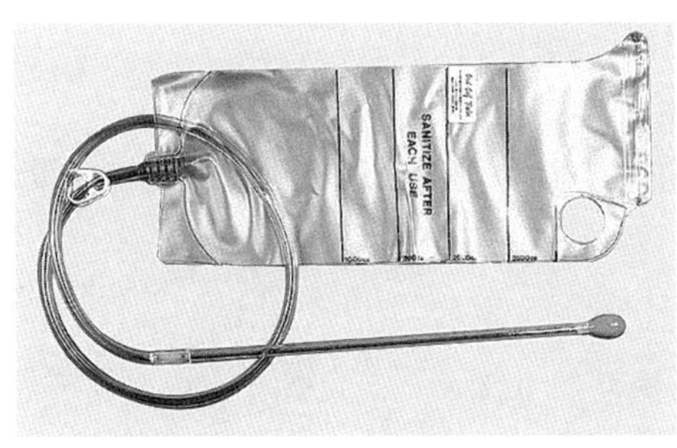

图 7–5　初乳灌服器

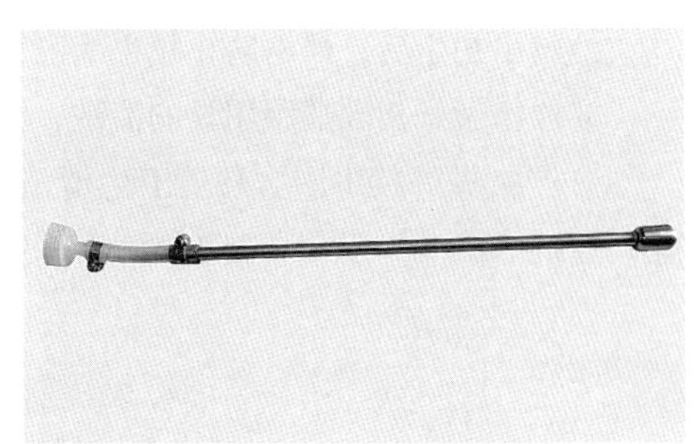
图 7–6　初乳灌服器

为了进步监测新出生犊牛的初乳灌服效果，可在首次灌服初乳后 48h，静脉采取犊牛 3~5mL 血液，分离血清，用专用折光仪进行血液免疫球蛋白抗体监测。正常读数为 5~7，低于 5 说明喂量不足或初乳质量或饲养管理不到位，大于 7 说明犊牛已经发病或有脱水问题存在。

（三）犊牛疾病发生的两个关键时期

长期从事犊牛饲养和疾病防治的人员会发现，犊牛疾病发生有 2 个重要的暴发时期，在这 2 个时间点犊牛疾病发病率最高。对犊牛疾病防治及饲养管理言，做好这 2 个时期的疾病防治工作最为关键。

1. 犊牛初生后 1~20d 是犊牛发病的高发阶段

我们知道，犊牛初生后缺乏完全的免疫力，必须依靠初乳才能获得重要的被动免疫能力，即使初乳喂的及时、优质、足量，犊牛免疫力的建立也得有一个过程，不可能即喂即有，因此，出生后 0~3d 就成了犊牛免疫力最弱的空白期，也是犊牛感染的一个重要时期。刚出生的犊牛免疫力尚处在建立、提升之中，如病源微生物通过消化道等进入机体，微生物就很容易进入血液，通过血液而进入相应的组织器官，病原进入关节就可引起犊牛关节炎，进入肺就可引起肺炎，进入肠黏膜就可引起肠炎，从而导致疾病发生。

疾病发生有一个致病因素与机体抵抗力进行斗争的潜伏过程，致病因素强于机体抵抗力则发病，反之则不发病，出生后 0~3d 的感染往往在犊牛初生后 1~20d 表现出症状。因此，这就要求我们要高度重视犊牛初生后 0~3d 的疾病预防工作，这样才能减少犊牛初生后 1~20d 的发病率，此阶段的疾病预防重点应从如下几个方面着手。

① 防止初乳污染、保质、保量、及时喂好初乳。

② 犊牛初生后，严格防止犊牛嘴巴与泥污、粪尿等接触。

③ 严格做好初乳喂服用具的清洗、消毒工作。

④ 严格做好犊牛圈舍环境卫生清洁工作，为犊牛健康成长提供良好环境、设施（图 7-7）。

图 7-7　标准化示范牛场的犊牛饲养管理

2. 犊牛出生后 61~90d 是犊牛疾病的第二个高发时期

在犊牛的饲养管理阶段，人们会发现犊牛在生后 61~90d 是犊牛疾病高发的第二个时期，也是犊牛膘情下降较为明显的一个时期，为什么会是这样呢?

目前，犊牛的哺乳期一般为 60d，犊牛出生后 61~90d 是断奶应激期。在这一时期，犊牛要实现由吃奶到吃料、吃草的完全转变。犊牛哺乳期的犊牛学食过程是培养犊牛采食、消化、吸收精饲料营养成分的一个重要时期，在这个时期如果犊牛吃的精料不足，胃肠对精饲料的消化吸收能力差，犊牛在由吃奶到吃料、吃草的转变过程中就容易出现消化吸收功能障碍，因此而导致膘情下降，体瘦毛长，抵抗力下降，发病升高的问题。

欲有效控制奶牛断奶期疾病发生率高问题，必须做好犊牛哺乳期的开食、学食，保证犊牛在断奶后对精料、草有一个良好的消化能力。一般来说，犊牛断奶时每天的精料采食量应该不小于 1.5kg，这样就可以有效预防犊牛断奶期疾病的发生。

（四）做好出生后的防寒、保暖工作

犊牛出生后，要开启自体呼吸器官，实现自身呼吸系统生理功能，要开启自身体温调节功能，在环境中独立维持正常的体温指标。当环境温度突然从 37.5~39.5℃下降到了 10℃以下时，会给犊牛带来严重的低温应激，尤其是在我国北方的冬天。低温对犊牛的不良影响主要表现在以下 2 个方面。

其一，刚出生的犊牛体温调节功能尚未发育完善，突然的寒冷因素更进一步加重了寒冷、低温对犊牛的不良影响。

其二，大家一般认为，奶牛耐冷不耐热，对成年牛来说确实是这样，但对犊牛，尤其是新生犊牛来说则是例外，犊牛是耐热不怕冷的，这一现象主要归因于不同年龄阶段的奶牛生理功能存在的差异。

寒冷的冬天，如果不重视犊牛的防寒保暖工作，将会导致犊牛免疫力下降，感冒、肺炎、腹泻、肠炎、传染病等的发病率升高。

犊牛冬季防寒保暖措施如下：

① 犊牛出生后及时将其转移到新生犊牛舍，并用热风机（图 7-8）将犊牛身体吹干。

② 犊牛舍地面要铺垫清洁的麦秸、稻草等垫料（禁用发霉垫草），并及时更换，防止垫草潮湿、污秽、不洁，给犊牛躺卧休息创造一个保暖、防寒的地面条件。

③ 提升犊牛圈舍防风保暖能力。对于气候寒冷、圈舍保暖能力较差的牛场，冬天可给新初生 2 周以内的犊牛单建一个防寒保暖过渡圈舍（图 7-9），并提供相应的保暖热源。

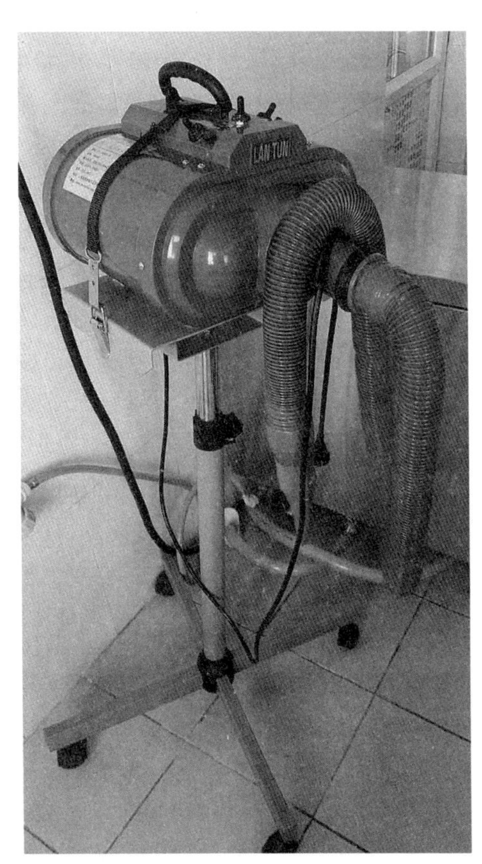

图 7-8　犊牛热风吹干机

图 7-9 犊牛防寒保暖过渡圈

④ 内蒙古、东北、新疆等寒冷地区，可在犊牛圈舍安装自动化热风及排风换气装备，用犊牛自动饲喂系统进行饲喂。

（五）做好犊牛疾病及时诊断与治疗

正确的诊断是治疗的前提条件，离开准确诊断前提条件下的治疗就是无的放矢，诊断错误必然会导致用药错误，这种情况下的治疗根本谈不上不上科学用药。在这种情况下，会导致错误治疗，不但会耽误治疗、浪费资源、也会对病犊牛健康造成进一步危害。因此，奶牛场要不断促进兽医专业技术水平提高；另外，也必须储备一定的快速诊断技术，以此为兽医及时、准确诊断疾病创造条件。

1. 要重视以临床应用为主体的快速诊断技术的发掘应用

对于奶牛场来说，生产是牛场的核心工作，诊断和治疗是兽医的重点工作，牛场不是科研单位，没必要、也不可能建立研究性实验室；近年来，胶体金法技术的快速发展为牛场疾病快速诊断提供了方便，其准确性也得以大幅提高，例如牛轮状病毒病、传染性鼻气管炎病、犊牛大肠杆菌病、隐孢子虫病等快速诊断试纸条在临床上得到了推广应用，获得了较好的效果，牛场兽医应该充分挖掘这类应用技术的作用。

任何技术都有他的短板和不足，快速诊断技术也是如此。对于胶体金法诊断技术来说，其优点是方便、实用、操作简单；其缺点是国内生生产的试纸条的无效率较高，对于奶牛疾病临床诊断而言，如果具有85%以上的有效性和准确性就很有应用价值，我们可以通过增加诊断样本的方法弥补这一不足，因为牛场犊牛发病时往往不会是1头或2头，因此，此类技术对于诊断、防控犊牛疾病有现实意义。

在疾病诊断、治疗方面，企业应该强化积极利用社会公共资源的意识，加强与科研院所的融合，以校企合作、院企合作等方式，将科研院所的科技、仪器、人力资源为我所用，“借鸡下蛋”比“养鸡下蛋”要省力、省钱。

2. 提高犊牛疾病治疗水平

由于犊牛抵抗力不如成年牛，所以犊疾病具有发病快、症状重、治愈率低的特点，在犊牛疾病治疗上要求要进行精准化治疗，在饲养管理上要求要精细化饲养。犊牛腹泻和犊牛肺炎是犊牛的两大多发病，我们就以犊牛腹泻治疗为例作以说明。

不论是一般因素还是细菌、病毒性因素引起的肠炎，都会以腹泻、拉稀为重要临床症状，许多犊牛腹泻往往死于因拉稀而致的严重脱水。对于腹泻的治疗一般的兽医都知道要以“补液、消炎、对症治疗”为原则。但补液应该补多少量？采用什么方式补液？一天应该补液几次？等等，这些才是补液治疗的精准化内容。对较严重的犊牛腹泻、拉稀要做到精准化补液治疗，就必须掌握以下几点。

（1）做出准确诊断，对病原类型要有一个相对准确的判断　一般而言，由于病原寄生于细胞内外的不同部位，由病毒引起的肠炎会严重损伤肠黏膜上的绒毛组织结构（图7-10），使肠黏膜对水的吸收功能严重障碍；而细菌对肠黏膜上的绒毛组织结构损伤较小，对肠黏膜吸收水分的功能影响不大。这就为我们选择补液方式提供了科学参考，口服补液也可以作为一种补液手段。

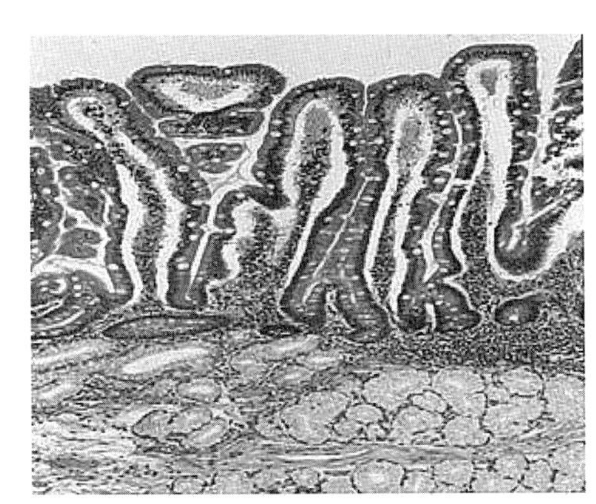

图7-10　肠黏膜上的绒毛组织结构

（2）确定补液方式　对于由病毒性因素引起的拉稀，如果我们单纯采用口服补液（如口服补液盐），因为肠黏膜吸收水分的能力受到严重损伤，就难以起到有效防止脱水的作用，很可能会导致治疗无效而最终死亡。既然口服补液吸收能力有限，那么静脉输液就是病毒性腹泻治疗补液的一种最佳方式。

对于由细菌性因素所引起的拉稀，如果我们单纯采用口服补液（如口服补液

盐)，因为肠黏膜具有一定的吸收水分的能力，口服补液当然会对脱水起到一定缓解效果。

（3）确定补液量　拉稀使犊牛出现了脱水，一次补多少液体才能起到相应的补液作用呢？如果每次的补液量不足以缓解拉稀所导致脱水，那将会降低治疗效果，导致治愈率下降。有经验的兽医可以通过犊牛的脱水程度判定，估算出补液的数量，但对于临床经验不足的兽医来说，这将是一项难以达到的任务。其实临床上也有简单的方式来帮助我们确定补液量，在给犊牛输液过程中，当犊牛出现排尿时，说明本次的补液量已经达到了要求的补液量。

（4）确定补液次数　对发生严重脱水的犊牛，一天应该补几次呢？大量的临床治疗表明，对于严重脱水的犊牛一天应输液两次，即早晚各一次，这样可明显的提高治愈率。

（5）持续补液时间　研究发现，犊牛的肠黏膜绒毛组织有很强的再生、修复能力，当犊牛肠黏膜绒毛组织受到严重损害时，犊牛完成再生修复的时间至少需要4d时间。因此，在这种情况下，我们输液纠正脱水的工作必须维持4d以上。此时，犊牛肠黏膜绒毛组织结构得到了一定程度的再生修复，不同程度地恢复了从肠道吸收水分的能力，此时我们才可以停止输液。

第八章

奶牛场寄生虫病防控技术

奶牛寄生虫病危害奶牛和人类健康，可给奶牛生产造成严重的经济损失，防治寄生虫病是关系人畜健康和提高奶牛养殖经济效益的一项重要工作。

在奶牛生产过程中，我们发现各奶牛场的驱虫计划（驱虫时间、驱虫方式与所用药物等）各不相同，有些规模化奶牛场甚至不进行定期驱虫，这种现象给奶牛寄生虫病防控工作带来了不少疑问，使人们对奶牛场寄生虫病防控缺乏清晰的原则和技术思路。

在这种情况下，科学把握奶牛寄生虫病的防控原则，根据本场情况制定相应的奶牛寄生虫病防控原则是提高奶牛寄生虫病防控的关键。

一、奶牛场是否进行定期驱虫的基本原则

不必要的药费投入和管理成本支出，不仅会导致奶牛生产成本增加，也会对奶牛的产奶性能造成不同程度的影响，甚至会影响到牛奶的质量指标。

奶牛群是否进行定期驱虫，决定于奶牛体内外是否存在寄生虫感染。如果牛体存在寄生虫感染的问题，当然要及时驱除，否则就会影响奶牛生产性能，甚至会导致奶牛死亡；如果牛体无寄生虫感染，当然就不存在定期驱虫的问题。

由此可见，驱虫的前提条件是确定奶牛是否感染了寄生虫，为了确定牛体是否感染寄生虫，奶牛场就必须进行牛群寄生虫监测工作。

二、奶牛场寄生虫监测方法

对于奶牛场来说，寄生虫监测可以借助化验手段来完成，也可以通过牛场兽医的临床观测来完成。有现代化的化验条件当然更好，但我们也不能因为没有相应的化验条件而放弃奶牛场寄生虫的监测工作。寄生虫相对于细菌来说，体积较大，有不少寄生虫的虫体或节片或虫卵依靠肉眼就可以观察到，这一特点为奶牛场兽医进行寄生虫监测创造了条件。我们可以根据奶牛场的具体条件选择相应的监则方法，对奶牛寄生虫感染情况进行定期或不定期的监测工作。

（一）虫体检查法

在消化道内寄生的绦虫常以含卵节片整节排出体外，一些蠕虫的完整虫体也可直接排出体外。粪便中的节片和虫体，其中较大者很易发现，对于较小的，应先将粪便收集体于盆内，加入5~10倍的清水，搅拌均匀，静置待自然沉淀，然后将上层液倾去。重新加入清水，搅拌沉淀，反复操作，直到上层液体清亮为止。最后将上层液倾去，取沉渣置较大玻璃器皿内，在白色背景和黑色背景上，用肉眼或借助放大镜寻找虫体，发现虫体后用毛笔挑出进行进一步检查。

（二）虫卵检查法

1. 沉淀法

取粪便5g，加清水100mL以上，搅匀，通过40~60目铜筛过滤，滤液收集于三角瓶或烧杯中，静置沉淀20~40min，倾去上层液，保留沉渣，再加水混匀，再沉淀，如此反复操作，直到上层液体清亮后，吸取沉渣在显微镜下进行检查。此法更适合于线虫卵的检查。

2. 漂浮法

取粪便10g，加饱和食盐水10mL，混合，通过60目铜筛，过滤液收集于烧杯中，静置30min，则虫卵上浮；用直径5~10mm的铁丝网环，与液面平行接触以蘸取表面液膜，抖落于载玻片上在显微镜下检查。

3. 从平时的临床病例中收集牛群寄生虫信息

兽医可以通过牛群平时的发病情况，对牛群是否存在寄生虫感染，以及寄生虫的种类做出临床判断。由此可见，在牛场兽医日常工作中，通过临床病例收集牛群寄生虫感染信息，对牛群进行寄生虫检测是牛场兽医的本职工作之一。

4. 从平时的病理解剖或屠宰过程中收集牛群寄生虫信息

对淘汰牛进行屠宰或对病牛进行病理剖检时，兽医应该对牛的肝脏、胆囊、真胃内容物、肠内容物、气管、食道等进行细致的检查（捻转血毛线虫、蛔虫、绦虫、肝片吸虫、华支睾吸虫等均能通过肉眼观察发现），通过剖检过程中对体内外寄生虫的检查，确定牛群是否有寄生虫感染及相应的种类。

三、驱虫药选定原则

牛体内的寄生虫存在着种类差异（吸虫、绦虫、蠕虫等）、阶段差异（卵、蚴虫、成虫），不同种类和不同阶段的寄生虫对驱虫药的敏感性也存在着较大差异，所以，选用的驱虫药必须与寄生虫的相应种类和所处阶段相对应。

（一）消化道线虫、绦虫、吸虫进行驱虫的药物及用量

1. 消化道线虫

左咪唑：剂量为每千克体重 4~5mg，一次皮下或肌内注射，每千克体重 6mg，一次口服。

噻苯咪唑：剂量为每千克体重 70~110mg，配成 10% 混悬液，一次灌服。

丙硫苯咪唑：剂量为每次每千克体重 5~10mg，拌入饲料中一次喂服或配成 10% 混悬液，一次灌服。

1% 乙维菌素注射剂：剂量为每千克体重 0.02mL，一次皮下注射。

2. 绦虫

可选用吡喹酮、氯硝柳胺（灭绦灵），不宜选用伊维菌素。

吡喹酮：剂量为每千克体重 10~35mg，一次口服。

氯硝柳胺（灭绦灵）：剂量为每千克体重 2~3g，一次口服。

3. 吸虫

三氯苯唑（肝蛭净）剂量为每千克体重 10~12mg，一次口服。本药对成虫和童虫均有杀灭作用。

硝氯酚粉：剂量为每千克体重 3~4mg，一次口服；注射剂量为每千克体重 0.5~1.0mg，一次肌内注射。

（二）确定驱虫时间

驱虫是一种治疗措施，也是一种积极的预防措施，驱虫应该在采取一定卫生条件措施的情况下进行，因为驱虫药很难杀死蠕虫子宫中或已经排入消化道或呼吸道的虫卵，驱虫后含有崩解虫体的排泄物随意散布会对环境造成严重污染。

对于规模化奶牛场来说，由于牛场占地条件受到严重限制，驱虫时很难提供专门的场地或隔离条件，驱虫一般是在奶牛平时生活的圈舍中进行的。在这种现状下，选择合适的驱虫时间就显得尤为重要，选择虫卵或幼体不易存活、发育的季节或外部条件，减少排到体外的虫卵或虫子体对环境的污染及再感染其他个体是我们确定驱虫时间的基本原则。

选择合适的驱虫时间或季节，需依据寄生虫的生活史和流行病学特点及药物的性能等因虫而定。对于大多数蠕虫来说，在秋冬季（11—12 月）驱虫较好。秋冬季不适宜于虫卵和幼虫的发育，大多数寄生虫的卵和幼虫在气温低时是不能发育的，所以秋冬季驱虫可以大大减少寄生虫对环境的污染。另外，秋冬季也可减少寄生虫借助蚊蝇昆虫进行传播。

对肝片吸虫来说，肝片吸虫从食入囊蚴到虫体成熟开始排卵，约需 3 个月，其感染的高峰季节是在 7—9 月，因此就不能在 7—9 月进行驱虫。我们可以选在 11 月份进行首次驱虫，翌年 1—2 月份再驱虫 1 次即可获得较好效果。

近年来，驱虫药的研制有了很大进步，出现了一些能够杀死某些蠕虫的移行幼虫的药物，如硝氯酚可以杀死 4 周龄以上的肝片吸虫幼虫，苯硫咪唑可以杀死在组织和血管内移行的一些线虫的幼虫。如能掌握蠕虫精确的流行病学资料，将相应的药物应用于成熟前驱虫，就能取得更加显著的防治效果。

第九章 奶牛修蹄技术

修蹄是指利用刀、剪、锉、电动打磨机、电动修蹄机等修蹄器械，利用外科手术方法使蹄的形状及其生理功能得到矫正、恢复的一种技术。

修蹄是奶牛肢蹄保健工作中的主要技术措施之一，是大型现代化奶牛场及标准化奶牛场进行肢蹄保健的一项例行工作。

修蹄的主要目的是矫正蹄形，使负重面负重符合蹄生理要求，让蹄外形美洁，保持蹄最佳生理功能。合理而及时地修蹄，能够防止蹄变形程度加剧而招致肢势改变，对已发生蹄病的奶牛还有诊断和治疗功效。

一、修蹄种类

根据修蹄的目的，临床上一般将其分为 2 类，即预防性修蹄和治疗性修蹄。

（一）预防性修蹄

预防性修蹄是指在蹄形无明显异常、无跛行出现时进行的以预防为目的的经常性或定期修蹄。其作用是减少蹄挫伤的发生和变形角质的形成，预防蹄过度负重而引起蹄叶炎等蹄病发生，减少跛行发生或减缓跛行程度。预防性修蹄是防止亚临床型蹄病向临床型发展的重要措施之一。

（二）治疗性修蹄

治疗性修蹄也叫功能性修蹄，是指蹄已发生变形或因蹄病出现跛行，通过对蹄

进行切削修整，使蹄形恢复正常，使跛行减轻或消失，蹄功能恢复健康。因其具有治疗作用，所以称为治疗性修蹄。由于治疗性修蹄可解除过度负重引起的知觉部挫伤，缓解或预防再度受到挫伤，因此修蹄时可将患指（趾）削低，除去松脱的角质。

预防性修蹄和治疗性修蹄并无绝对区别，其功效是相互一致、统一的，如果奶牛刚发生跛行就进行修蹄，因受挫伤的真皮还未形成开放性病灶，此时修蹄简单、效果好，预防性修蹄本身就可奏效。由于修蹄早，故能防止蹄病向深部发展，临床上起到了预防蹄病发生的作用，在发生跛行之前的更早阶段对奶牛每年 2 次的定期修蹄，也可使预防性修蹄产生治疗蹄病的作用。

二、修蹄时间

例行的预防性修蹄可根据各场的实际情况，在充分做好检蹄工作的基础上合理确定修蹄时间和修蹄次数。一般来说，要求每头、每年修蹄 1~2 次。

修蹄一般可安排在奶牛分娩后出产房时进行修蹄，也可安排在泌乳量较低的时期进行，也可安排在每年春（4 月）秋（10 月）进行。

就季节而言，安排在雨季来临前修蹄是比较科学的做法。在雨水较多、地面泥泞的季节修蹄，不利于修蹄后的护理，也易引发其他蹄部损伤性疾病发生。

另外，在气候干燥季节修蹄，由于蹄角质硬脆会影响修蹄质量。

对于发生肢蹄病的奶牛，要及时进行蹄病治疗和修蹄工作，蹄病早期的修蹄或治疗更能促进奶牛蹄病康复，减少治疗开支，减少泌乳损失。

三、正常蹄的外形标准

要修蹄或诊断治疗蹄病，一定要熟悉奶牛前、后蹄的正常标准和基本解剖结构（图 9-1）。

发育良好的蹄质地坚实、致密、无裂缝，指（趾）间隙紧密，蹄底的形状前蹄为圆形，后蹄为椭圆形。内外指（趾）形状、大小严格地讲是有区别的，前蹄的内侧指稍大些，且指尖向外弯，外侧指比内蹄略小；后蹄的外侧趾比内侧趾略大一点，外侧趾尖多向内弯。

正常奶牛前蹄（图 9-2）蹄前壁长为 7.5~8.5cm，与蹄踵壁长度之比为 2 : 1.5，蹄角度为 47° ~52° 。

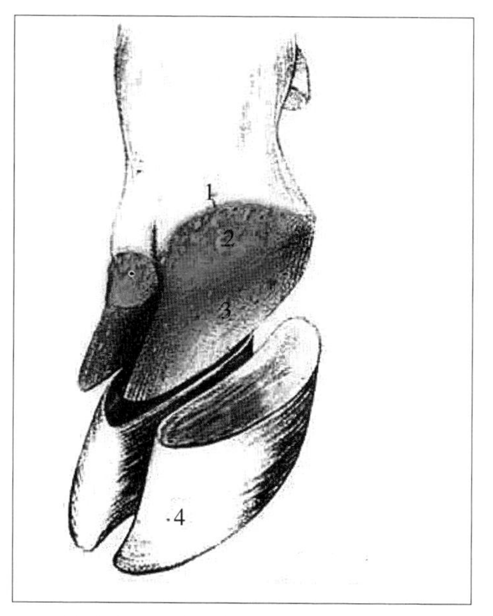

1. 蹄缘真皮 2. 蹄冠真皮 3. 真皮小叶 4. 蹄壳

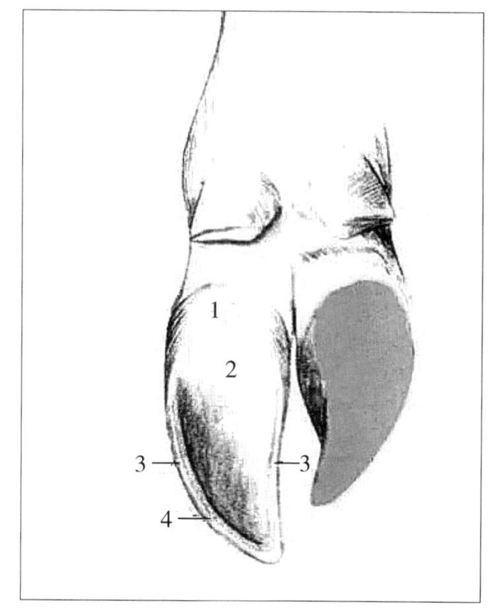

1. 蹄踵　2. 蹄底　3. 蹄壁　4. 白线

图 9-1　牛蹄结构模型图

后蹄蹄前壁长 8.0~9.0cm，与蹄踵比为 2∶1，蹄角度为 43°～47°；蹄底厚度均为 5.0~7.0mm。

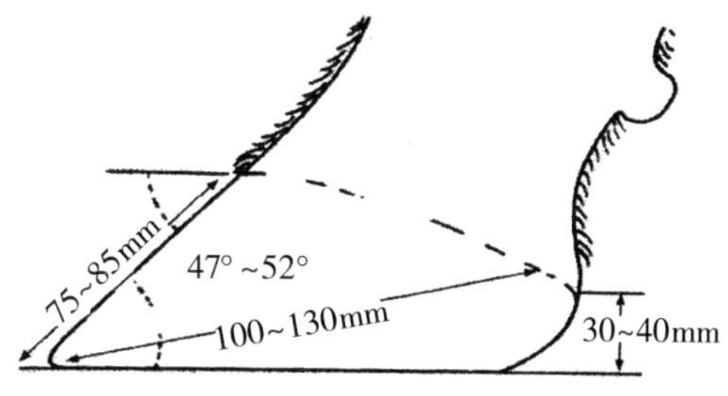

图 9-2　正常蹄的大小和角度（前蹄）

不同的运动场地面与蹄角度的大小相关，水泥地面、有沟的地面及有垫草地面三者相比，有垫草地面上的奶牛蹄角度最小，水泥地面上的奶牛蹄角度最大；运动场为方砖或水泥地面的蹄变形发病率较运动场为三合土地面高。另外，圈舍及运动场粪尿过多积聚，使蹄部受粪尿浸渍，蹄角质受到一定程度刺激而过度生长，也容易发生蹄变形。

无论哪种肢势和蹄形，修蹄后都应尽可能达到蹄与肢势相适应，指（趾）轴一致，蹄底平稳，站立踏着确实、运步均衡轻快。

四、修蹄前的准备

（一）药械准备

修蹄前应该检查、准备好相应的修蹄器械、保定设备及所需药品。

1. 器械

准备好要用的修蹄用具如蹄刀、剪、锯、锉、打磨器等修蹄用具，检查电动保定架功能是否正常。

2. 药品

要准备好相应的治疗处理药品，如酒精棉球、2%~5% 碘酊、紫药水、磺胺粉、硫酸铜、松馏油、鱼石脂、蹄炎膏、脱脂棉和绷带等。

修蹄过程中，必然会遇到一些蹄病，充分准备器械和药品，有助于修蹄者实现修蹄、护蹄和蹄病治疗的有机结合。

3. 修蹄过程也是治疗处理蹄病的一个方便时机，可以把修蹄和治疗结合起来

例如，对趾间皮肤增殖、疣性皮炎等蹄病，可以在修蹄时根据轻重程度采用外科手术或烧烙的方式进行治疗。这就要求修蹄时也有准备相应电烙铁或去角器等治疗器械。

（二）修蹄前的牛蹄检查

在修蹄前要认真地对每头牛进行站立与运动检查，观察牛站立，走动的情况，从牛前后、侧面查看蹄延长及突出部角度，对左右蹄、内外蹄进行对比，判断其蹄形、肢势，判定患病肢蹄，分清蹄病类型及蹄形类型。

不同蹄形的修蹄方法各有不同，故修蹄时应综合各种因素，制定合理的修蹄方案，确定正常修蹄应达到的目标与效果。

1. 保定

自然、轻松地将奶牛保定在电动保定修蹄架内或修蹄台上，保定过程中动作要熟练、轻快，不可粗暴，以免对牛造成惊吓及意外伤害。

2. 洗蹄

修蹄人员在动手修蹄前对牛蹄进行充分的刷洗，将蹄壁、指（趾）间的粪便、污泥等异物彻底清洗、清除干净。充分清洗蹄可以洗去污物、软化角质，便于发现其他蹄病，并为在修削蹄过程中治疗蹄病创造条件。洗蹄可以用自来水冲洗或刷洗，有病变者也可以用消毒液进行清洗或刷洗。

五、修蹄方法

修蹄方法或修蹄过程可分 4 步，这 4 步相互衔接，做好这 4 步修蹄工作的基础是对牛蹄基本结构和蹄负重力学特点的充分认识和理解。

【第 1 步】 把过长的蹄尖修整到正常长度，前蹄从冠状带到蹄尖的标准长度大约 7.5~8.5cm，后蹄从冠状带到蹄尖的标准长度大约 8.0~9.0cm。

初学者最好用尺子进行具体测量（图 9-3），然后削去或切去长出的部分，让蹄的长度符合标准长度。完成第 1 步之后牛蹄前方呈方形断面，可以看到蹄白线穿过蹄尖末端，蹄壁也显露无遗，这就应该是正确的负重沿，而不仅仅是负重点了。尽管现在蹄前壁的长度合适了，但蹄尖还是太高，蹄角度还不合适。

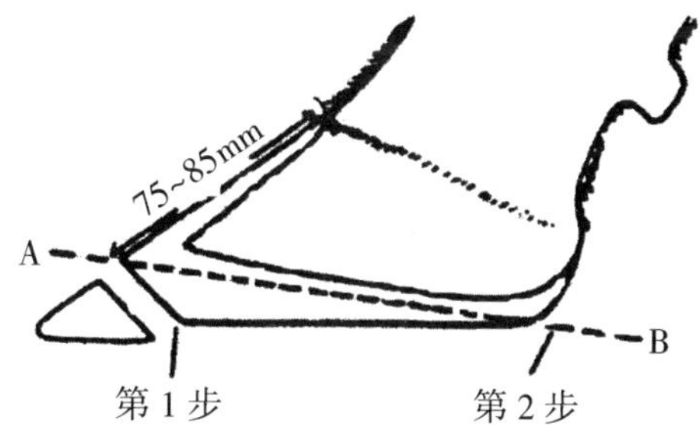

图 9-3　正确修蹄示意图

【第 2 步】 从蹄尖的蹄底表面除去多余的角质，即相对于蹄踵进行削蹄，使蹄前壁有一个新的负重着力线，线段 AB（即第 1 步中蹄前部的切削点与蹄踵底面连线）以下的角质都要削除或打磨去（图 9-3）。第 2 步的第一部分的蹄壁、蹄底可用电动打磨机或削蹄刀修削去除，修削过程中用拇指按压检查蹄底软硬程度，不能出现角质变软的情况，一旦按压时感觉蹄底变软应马上停止修整。这时角质离真皮也就几毫米了，一旦刺入真皮，使该蹄部真皮暴露，会导致严重和顽固的跛行。

如果第 1 步所切的位置正确，那么从蹄尖底面去除角质直到暴露白线和临近的蹄壁就不难。这时的蹄壁就是负重面，做到这一点非常重要，否则脆弱的蹄白线就会负重，将导致严重后果。

第 1 步所切的蹄角质不能过多，如图（图 9-4）所示的假想线那样。如果切削过多的话，从第 1 步的切面末端到蹄踵所划的线（图 9-4 所示 AB 线），将暴露蹄尖底部真皮而导致出血或严重

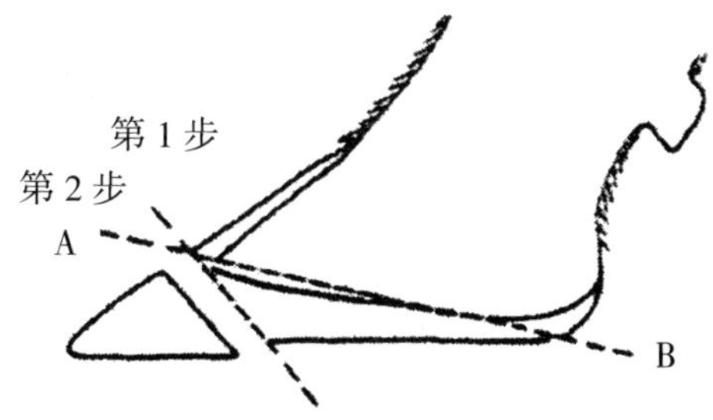

图 9-4　蹄尖角质削切过多

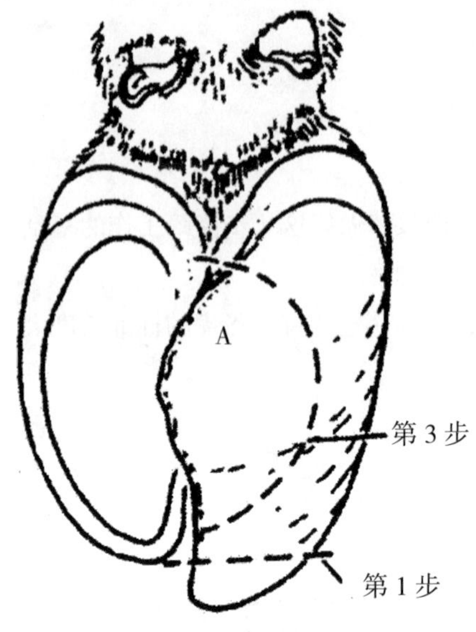

图 9-5　第 3 步及修后状况

跛行。

【第 3 步】 第 3 步包括沿两指（趾）底面轴侧蝶形线（图 9-5），去除蹄底轴侧的角质，使蹄底内侧前部 2/3 的蹄底呈凹陷状态，这样就降低了蹄底的负重力度。这是因为蹄底角质硬度远低于蹄壁，蹄的负重、支撑作用主要是通过蹄壁的负重沿由蹄壁来承担的，如果蹄底前内侧部不削成凹陷状态，蹄底和地面直接接触，地面上的石子等坚硬物就会硌伤蹄底。

另外，通过这样的修削，蹄骨屈肌结节下部的负重将降到最低，更符合蹄负重的力学特性。

第 3 步还要把指（趾）间的空间适当扩大一些，这样泥土和其他异物就不容易进入了，减少蹄腐烂、指（趾）间皮炎和指（趾）间皮肤增殖等病的发生。

【第 4 步】 最后一步是修整两指（趾），使大小近似。这通常需要去除后蹄外侧趾、前蹄内侧指多余角质，使四肢恢复直立状态，保持负重平均。

修整完成后，两指（趾）的尺寸也应该相同，而且两个蹄底面也应在同一横向水平面上。

保留蹄踵角质是可取的，除非它严重影响行走，否则按第 4 步做即可。如果蹄踵有少许麻点，也最好保留，因为去除蹄踵会引起蹄骨向后旋转，易得蹄底溃疡；另外，蹄踵对维持正常的蹄功能，调节蹄部血液、代谢、神经调节功能起着重要作用，损伤蹄踵将会对蹄功能受到严重影响。

六、修蹄注意事项与要求

（一）修蹄过程注意事项

为了能够在修蹄时顺利进行工作，使修蹄后的奶牛蹄肢生理功能及时得以恢复，临床操作时应注意以下要点。

① 修蹄前要做好蹄部检查，检查项目包括长度、形状和趾高，判断蹄形。确

定削蹄顺序、方法，设定正确削蹄要达到的目的要求。

② 无论修整何种变形蹄，都应根据各个蹄形的具体情况，决定修去角质的程度。当趾长度正常时，蹄底部只能稍加切削即可，不要将蹄底削得太薄，否则易伤及知觉部。对变形十分严重者，修蹄时应倍加小心，因其趾（指）的内部结构形状发生了变化，要防止过削出血。

③ 为了保证蹄的稳定性和良好功能，尽量少削内侧趾，或使两趾等高。在奶牛站立时，新的蹄负重面要和跖骨的长轴有合适的角度。

④ 要注意蹄底的倾斜度。蹄底应向轴侧倾斜，即轴侧较为凹陷，在趾的后半部，越靠近趾间隙，倾斜度也应越大。保留一定倾斜度的目的在于减少蹄底溃疡和裂隙的发生；减少来自地面对蹄底病变部位的反压力；能使蹄在负重时两侧趾分开，蹄趾间不易存留污物、粪草。

⑤ 对发生角质病灶时，应将趾后方尽量削低，除去蹄底、球部和蹄壁的松脱角质；削薄角质缘并使过渡平缓。创内真皮因受刺激而增生，如果突出明显而基部狭小，可用锋利的蹄刀将这种增生的肉芽组织整个切除。

⑥ 对跛行病牛，修蹄时应先修患蹄，再修健蹄。由于一肢跛行，健肢的外侧趾必然过度负重，因患肢常呈减负或免负体重，健肢的过度负重将会持续。为保证健肢的良好功能，应对其进行功能性修蹄。如跛行严重，健肢不能提起，置病牛于干净、干燥、松软地面的良好舍饲环境，加速病愈；跛行减轻，再尽快给健肢修蹄。通常情况下，跛行病例经修蹄治疗很快会好转。当经修蹄后数日或1周后，跛行仍无明显改善甚至加剧，此时，应对相关趾再进行详细检查。

⑦ 修蹄过程要尽快完成，以防牛由于长时间的过度躺卧压迫或悬吊而出现站立困难等情况。

⑧ 凡因蹄病（真皮损伤）而经修整处理后的病牛，应置于干净、干燥的圈舍内饲喂。保持蹄部清洁，减少感染机会；也可给患病蹄穿上蹄靴。

（二）蹄底修整注意事项

远轴侧壁负重面削除角质的数量支配着蹄底的外形，蹄底必须削到使其向轴侧壁倾斜，这样才能使两指（趾）的蹄底形成一个凹面。解剖学上动物的负重直接在蹄壁上，蹄底最薄的部分是蹄底与球负面结合的部分，这个部位角质变薄可引起挫伤（无败性小叶炎），甚至局限性蹄皮炎，通常这个部位的角质容易削切太多。

用锋利的蹄刀修整蹄底或许是最好的方法。经验证明也可广泛使用转动砂轮，特别是有大量动物需要治疗的时候。应该经常用拇指压迫，检查蹄底的回弹性，弹性症候一出现，就应停止削蹄。

蹄底外形常常遇到的异常变化如下。

① 在蹄底和蹄球负重面的结合处出现圆形出血斑或肉芽，见局限性蹄皮炎。

② 弥散性出血面。这种出血的原因还不清楚，这种颜色变化的出现是由于含血的液体从真皮进入到角小管，这是一个间歇的过程，所以在蹄底角质的不同水平面引起了血染的孤立点。假如不用拇指压迫这块角质，将这些血染灶切除也是十分安全的。此现象不要与挫伤相混，蹄底挫伤可看到蹄底薄和蹄底下的紫色斑点。

③ 在蹄底远轴侧缘白线常常形成损伤，个别可引起类似于白线病的症状。削蹄时应充分注意白线的标记，削去一大部分与蹄壁并列的角质是不安全的。在一些情况下需要削除一小块（最大 3cm）负重蹄壁，为了不留残囊，应适当的暴露出深部的目标，以免物体进一步堵塞。

④ 蹄底像雪花似的剥落属于正常现象，是在磨灭很少的情况下出现的，取除这些物质时也可将这些像面粉样的角质产物一起去除。

⑤ 蹄底颜色的变化起因于色素沉着。削蹄削到靠近真皮的角质，其颜色也可能有难以捉摸的变化。

⑥ 蹄底分离。虽然挫伤和亚急性蹄叶炎可引起这种现象，但其原因还不十分清楚。它或许围绕真皮表面有脓汁，渗出的血清或血液浸润，最后造成蹄底与下面的真皮分离。新的蹄底立刻在老蹄底下产生。修蹄时将整个蹄底剥去是错误的，因为新蹄底非常脆弱。可以削除部分蹄底，但远轴侧壁必须完整地保留。对侧指（趾）如健康可装木质蹄铁。新蹄底在几天后可变得很硬，但达到足够厚度并执行正常功能约需 4 周。

七、修蹄失误补救措施

削蹄时尽量做到人畜安全，一旦出现指（趾）蹄损伤，一定要及时加以处理，不得轻视，否则会发生继发感染，治疗起来不仅比较困难，而且愈后难以确定。

另外，一定要避免双侧趾蹄均损，一旦发现一侧受损，另一侧在处理时一定要倍加小心，或者只稍做护理，等患趾创伤愈合后再进行处理。双侧都受损严重，一般愈后多不良，建议在处理蹄伤时用如下方法进行处理。

① 对蹄底陈旧伤口的腐烂处要合理扩创，清洗去除污物及腐烂组织。

② 用 3% 双氧水溶液消毒、擦干、涂 2%~5% 碘酊、土霉素粉或蹄炎膏或松馏油或磺胺粉，然后用蹄绷带包扎，有条件者可给牛穿上蹄靴。

③ 为防止继发感染出现全身症状，可肌内注射头孢噻呋或磺胺类药物静脉注射。

削蹄要适当，能达到修整目的即可，削蹄过程中应坚持宁轻勿重的原则，对于一次不能校正的指（趾）蹄可以采取多修几次，逐渐校正。切勿想一次完成，而造成削蹄过度或造成新的蹄伤。

八、变形蹄修蹄要点

变形蹄又称蹄变型，是蹄匣的某一部分或全部形状发生改变，并使其内部组织受到影响时叫做变形蹄。主要是由于肢蹄病、削蹄不合理、肢势异常和饲养管理不当所造成。有的变形蹄不能一次矫正，需几次削蹄才能矫正过来，有的变形蹄则无法矫正。变形蹄问题与肢势和负重关系密切，应从小牛起就注意合理削蹄和矫正，在形成不可逆性变化前，将其矫正过来。随着奶牛集约化饲养程度的不断提升和产奶量的持续提高，变形蹄的发病率有逐年上升的趋势。

由于变形蹄的情况比较复杂，到目前为止，对变形蹄的分类说法不一。在此，笔者从实用角度出发，淡化学术研究的系统性，将主要变形蹄的修蹄要点作以介绍。

（一）过长蹄

过长蹄是由于蹄角质生长过程中磨灭的少，或没有定期修蹄形成的。过长蹄一般容易矫正。在此，我们将每种的特点和矫正方法简述如下。

1. 延蹄

延蹄指蹄的两侧支超过了正常蹄支长度，蹄角质向前过度伸延，外观呈长形。

用蹄铲刀或蹄钳切削去蹄尖过长角质（图 9-6），提高蹄角度，缩短纵径，使其为正常形状。最后用蹄锉锉去蹄尖壁下外缘（图 9-7），也应对蹄底作适当修整，严重者通过多次矫正，逐渐达到趾轴一致。

2. 长嘴蹄

蹄尖伸长向上翻，也叫铗状蹄，其状如蟹挟，蹄幅度较窄，内外蹄尖部明显向轴侧弯曲，并交叉，又叫剪状蹄或交叉蹄。蹄尖微向上翘起，蹄踵低而多负重，呈狭踏肢势。当后肢狭而前踏时易出现铗状蹄，也有先天性的。

不应一次切削过多，以防过削，双弯翘起的蹄尖先用蹄钳剪去，再用铲刀切去过长的角质，对蹄底前半部适当多削，提高蹄角度，注意扩大蹄横径与蹄负面，最

图 9-6　剪去过长角质

图 9-7　锉平边缘

后用蹄锉修整，从侧望尽可能使趾轴一致，严重者应通过多次修削蹄逐渐得到完全矫正。

3. 长刀蹄

图 9-8　长刀蹄

蹄纵径长，蹄前壁凹弯，尖端上翻，由于蹄底积有大量枯角质而呈异常膨隆，外形呈长刀状，故名长刀蹄（图 9-8）。蹄角度小。蹄踵负重大，过度磨灭。前后肢都可发生，肢呈前踏肢势。从外形也可叫雪橇蹄或船底状蹄。

矫正时尽可能切削蹄尖，保护蹄踵，适当的切削蹄尖前半部角质，并将蹄底膨隆的枯角质切削，扩大蹄负面。减轻蹄踵负担，尽可能使趾轴趋向一致，严重者通过多次修削蹄后使趾轴达到一致，可隔一周修一次。

4. 拖鞋蹄

蹄前壁向远轴侧壁明显倾斜，左右扩张，为横径大的过长蹄，蹄底浅而广，呈广蹄和平蹄形状。蹄角度小，前后肢都可发生，呈前踏肢势。常诱发白线裂和白线腐烂。也可叫扁平蹄，俗称“大脚板”。蹄形外观如拖鞋一样，因此而得名。

矫正时保护蹄踵，将延长的宽大的角质切削去，适当多切削蹄底前半部，对蹄下缘加以修整，在修整中要着重对蹄缘与负面的形状进行修整，不可修削过度，通过多次修削蹄，逐步改善，使趾轴逐渐趋于一致。

拖鞋蹄的蹄前壁及远轴侧壁的倾斜度小，向外缓慢地不正形扩张，又称扁平蹄。

以上 4 种变形蹄严重的都要经过多次修削矫正，最好两个月进行一次，直到彻底矫正，再转入正常护蹄。

（二）翻蜷蹄

翻蜷蹄的特点是从蹄壁向趾间卷，前蹄发生卷蹄时，内侧指向内卷，后蹄发生卷蹄时，外侧趾向内卷，严重者以蹄壁着地，蹄尖上翘，两蹄尖交叉，卷蹄负面狭窄、纵径细长呈麻花状，严重者呈螺旋状蹄，由于蹄角质过长，负重不平衡，多以蹄踵担负体重，呈严重的后方卷折，蹄角质干硬，运步常出现跛行，站立困难，卧多站少。

矫正方法时，用小直铲刀把过长的卷蹄角质切去，多削蹄底前半部，扩大横径，将翻卷侧蹄底内侧增厚的角质削去，尤其对压迫趾间隙的角质充分削除，对卷侧的蹄负面在允许范围内多削，以扩大支持面。使角细管尽可能垂直于地面，修正内外负面的高低，从侧望尽力使趾轴趋于一致，但削蹄重点放在蹄座上，蹄底应向内倾斜，促使蹄踏着于地面使上翘消失，经多次修蹄，恢复正常后转为正常护蹄。

（三）低蹄

蹄角度小于 45° ，指轴后方波折明显，蹄尖壁和蹄踵壁的比例为（3~4）：1，我们将这种变形蹄称为低蹄。

为了将低蹄矫正至正常的蹄角度，可预先用标记笔在蹄壁上做标记，再用蹄钳剪去过长角质。然后用电动修蹄机对蹄底及蹄壁进行打磨。打磨后用蹄刀对蹄底及蹄踵进行修整，重建蹄底负重面。

（四）高蹄

蹄角度大于 55°，指轴前方波折，蹄尖壁与蹄踵壁的比例为 5：4。高蹄的修蹄要点是充分切削蹄底及蹄踵，使其恢复蹄角度。

（五）山羊蹄

蹄尖壁与蹄踵壁同高。蹄骨、关节和腱有先天性或后天性异常。修蹄时应该充分切削蹄底及蹄踵，使其恢复蹄角度。

（六）平蹄

蹄尖壁和远轴侧壁倾斜很缓，负缘非常大，蹄底平、无穹隆，并与负面同高。

平蹄不可一次修整至正蹄形，应有计划地多次修整。首先应剪去蹄尖及远轴侧壁扩张的角质。

用电动修蹄机对蹄壁及蹄底进行修整，使蹄壁光滑。最后用蹄刀对蹄底进行修整，重建蹄底的负重面。

（七）丰蹄

蹄壁广而宽，蹄底膨隆，突出于负面。蹄壁上有明显平行的蹄轮，蹄冠下的蹄壁有凹陷带。和平蹄一样蹄质脆弱，易发生白线裂。

丰蹄的修整同样不可一次修整至正蹄形，应有计划地多次修整。修蹄方法与平蹄相同。

（八）狭蹄

可分为蹄冠狭窄、蹄底狭窄和蹄踵狭窄。蹄角质发育不良、全身性营养障碍、地面干燥可引起本蹄形。

修蹄时应扩大蹄底远轴侧部位的负重面积，削除轴侧壁多余的角质。

（九）弯蹄

内侧指（趾）或外侧指（趾）某部位发育失调的一种变形蹄，发育好的一侧蹄壁凸隆，对侧指（趾）发育不好则呈凹弯。与肢势关系很大，呈重度外向兼广踏肢势，外侧指远轴侧凹弯，内侧指则凸隆。主要发生于幼龄削蹄失宜牛。

弯蹄不易矫正，对于弯曲的蹄壁要尽量切削。剪去蹄尖过长的角质。打磨远轴侧壁及蹄底，切削轴侧壁凸隆的角质。切削蹄底，使其负重均衡。

（十）倾蹄

内侧指（趾）或外侧指（趾）一侧较小，在蹄底狭窄的基础上，远轴侧蹄壁代替蹄底着地负重，蹄尖向轴侧捻转，轴侧壁向上并凹弯。倾蹄又称卷蹄，严重时叫螺旋蹄。

应重点切削磨灭不足的患指（趾）。剪去蹄尖过长的角质，用电动修蹄机将内、外侧指（趾）的蹄底、蹄踵打磨至同一高度。削除蹄底多余的角质。削除轴侧壁过度生长的角质。在允许范围内，可适当扩大患指（趾）的负重面，使患指与健指的负重比增大，改善患指（趾）的磨灭状况。

（十一）猪蹄

蹄发育不良，无光泽，蹄轮细长。蹄纵径长，蹄底狭窄且深，多发腐烂。蹄角度小，蹄踵负重大，指（趾）间开张。先天性卧系。

首先剪去蹄尖过长、上弯的角质。打磨掉蹄底磨灭不正的角质。因猪蹄蹄底狭窄，修整时应扩大蹄底的负重面，使内、外侧指（趾）负重均衡：切削蹄尖过长、上弯的角质；多切削蹄尖部，保护蹄踵，提高蹄角度，使指（趾）轴一致。

（十二）芜蹄

芜蹄（图 9-9）由慢性蹄叶炎后遗症形成。角质过度生长的部位，蹄轮间距宽。蹄尖壁凹陷向上弯，弯曲部蹄轮密集，蹄尖负面不接地，以蹄踵负重。蹄骨变位，蹄骨尖向下，严重时可使蹄底穿孔。

图 9-9　芜蹄

慢性蹄叶炎导致的芜蹄无法根治，只能通过修蹄尽量矫止蹄形，改善蹄机。修蹄时根据肢势稍加修整即可，没有必要而且也无法彻底修整。

（十三）广蹄

蹄壁倾斜缓，负面广的变形蹄称为广蹄。广蹄也称宽蹄，严重者称平蹄。与延蹄不同，广蹄的蹄横径增大，纵径常不增大。指（趾）轴波折不明显，肢势良好。各种年龄和胎次均可发生，多见于后肢。在现代集约化养殖场，饲养管理不当是引起广蹄的主要原因，如运动场、牛床和挤奶厅的地面潮湿，使蹄匣角质因湿度过大变软，弹性减弱，导致蹄底下沉，迫使蹄匣扩张，久之成为平蹄或丰蹄。

矫正时，如果蹄前壁过长，用蹄钳剪至合适的长度。将远轴侧壁过宽的角质剪去或用电动修蹄机打磨修整，打磨蹄底时注意有无发生白线病。

（十四）外向蹄

伴随外向肢势的蹄称为外向蹄。前后望时，全肢或腕、跗部以下转向广蹄外方的肢势称为外向肢势。外向肢势在奶牛非常普遍。

拴饲喂养的奶牛前肢易发生外向蹄，奶牛上槽时身体前倾，重心前移，使前肢负重增大，自然外展，久之导致前肢外向肢势。在体重过大、乳房过大的奶牛，后

肢易发生外向肢势。发生外向蹄的奶牛体重偏落于内蹄踵，多并发延蹄、倾蹄、螺旋状指（趾）。

矫正时，外向肢势分为先天性、后天性和一时性。先天性外向肢势很难恢复正常肢势，修蹄时应适应肢势。对于后天性和一时性外向肢势应作诱导修蹄进行矫正。外向蹄一般内蹄踵代偿性发达，应多削内蹄踵，保护外蹄踵，以促使内、外侧指（趾）均衡负重，达到矫正外向肢势的目的。

（十五）内向蹄

伴随内向肢势的蹄称为内向蹄。全肢或腕部（或跗部）以下偏向内方的叫内向肢势。内向肢势在奶牛罕见。

矫正时，内向蹄的修整方法与外向蹄相反。内向蹄一般外蹄踵代偿性发达，应多削外蹄踵，保护内蹄踵，以促使内、外侧指（趾）均衡负重，达到矫正内向肢势的目的。

（十六）开蹄

奶牛在站立状态下，指（趾）间呈八字开张的变形蹄称为开蹄。正常的指（趾）间隙长约 7cm，前宽后窄，两蹄尖间的距离约为 1cm。开蹄的指（趾）间隙呈八字开张，两蹄尖的距离可达 4~6cm。

本病易发生在沙地育成牛、坡度较急的放牧牛和弱系牛，以及因先天性或后天性第三、四指（趾）间韧带软弱的牛。后踏肢势可促发本病。伴有后踏肢势的奶牛因体重偏落于指（趾）尖部，使第三、四指（趾）间韧带受到牵拉，如果第三、四指（趾）间韧带软弱则易发生开蹄。蹄向外过度开张，可引起指（趾）间皮肤过度紧张和剧伸，粪、尿刺激易引起指（趾）间皮肤增殖。有开蹄的公牛，25% 有指（趾）间皮肤增殖，有指（趾）间皮肤增殖的公牛 50% 为开蹄。

开蹄如发生在 2~4 个月龄的犊牛，则可能与遗传有关。

开蹄无法根治，只能通过修蹄减小指（趾）间隙开张的程度。修蹄时应保护蹄踵，切削延长的蹄尖，使蹄立起。充分切削轴侧壁，使奶牛在驻立时对指（趾）产生一种“内收”的力，使指（趾）间隙减小。

第十章

奶牛传染病

一、奶牛梭菌病

奶牛梭菌病是由梭状芽孢杆菌属细菌引起的一类急性传染病。此病可引起急性死亡，呈散发，近年来此病的发病率呈逐渐升高趋势，发病时间和临床表现呈一定的多样性。如果对此病缺乏专业性认识或防控措施失误会给牛场造成重大经济损失。

（一）病原

目前，我们对奶牛梭菌病的病原及类型研究尚不及对羊梭菌病那么深入、细致，在羊梭菌病防治中已经将此病分为羊肠毒血症、羊快疫、羊猝疽、羔羊痢疾四大疾病，也基本明确了相应的具体病原，对奶牛梭菌病还未能达到如此水平，有待进一步研究。虽然牛、羊梭菌病在临床表现上存在一定差异，但用羊的三联四防疫苗来预防牛梭菌病却能获得良好的预防效果；由于疫苗生产厂家在疫苗申批方面的进展滞后于生产，当前也存在疫苗生产厂家为牛场提供的梭菌疫苗仍标注为羊梭菌疫苗的情况。

由于奶牛梭菌病在近年来对奶牛生产的危害呈逐渐上升学趋势，我们对此病的研究还缺乏深入性和系统性，在兽医临床研究上一般认为奶牛梭菌病主要由梭状芽孢杆菌属中的 D 型产气荚膜梭菌、腐败梭菌、C 型产气荚膜梭菌、B 型产气荚膜梭菌、气肿梭菌感染引起。

D 型魏氏梭菌也叫产气荚膜杆菌，革兰氏阳性厌氧大杆菌，菌体呈杆形、两端钝圆，多数菌株可形成荚膜、芽孢，可产生 α、β、ε、τ 等十二种外毒素，而导致患病奶牛全身性毒血症，进而损害神经系统，引发休克和死亡。

腐败梭菌为革兰氏阳性厌氧大杆菌，血液涂片或脏器涂片检查时可见单个或两三个相连的粗大杆菌，在动物体内可形成芽孢，但不形成荚膜。此菌可产生 α 毒素、β 毒素、γ 毒素和 δ 毒素，α 毒素是一种卵磷脂酶，具有使组织坏死、溶血和致死作用，可引起真胃出血性炎症；β 毒素是一种脱氧核糖核酸酶，具有杀白细胞作用；γ 毒素是一种透明质酸酶；δ 毒素是一种溶血素。

C 型产气荚膜梭菌与腐败梭菌属于同属同种细菌，但菌型不同，产生的毒素可引起溃疡性肠炎和坏死性肠炎。

（二）流行病学

该病呈地方性流行或散发，多发生于雨水较多的夏季。消化道感染是奶牛感染本病的主要途径，奶牛采食了被梭菌污染的饲草、饮水，可导致本病发生。另外，外伤也是感染本病的一个途径。

D 型产气荚膜梭菌、腐败梭菌、C 型产气荚膜梭菌、B 型产气荚膜梭菌都是土壤中的一种常在菌，尤其是潮湿低凹的土壤环境中更为多见，污水中也有本菌存在。另外，健康牛胃肠道内本身也存在有少量的梭菌。在正常情况下，本菌缓慢的增殖，其中大部分被胃中的胃酸杀死，产生少量的毒素，由于胃肠的不断蠕动，不断地将肠内毒素随内容物排出体外，有效地防止了本菌及所产生的毒素在肠道内的大量蓄积，在牛的胃肠道中存在少量梭菌，如无其他诱因，并不会发病。

（三）发病机理

梭菌在大量繁殖过程中产生的毒素是导致患病牛出现病理变化及死亡的重要原因，这些毒素可改变小肠黏膜的通透性，使毒素大量进入血液导致毒血症而引起牛全身性、急性中毒死亡，这是梭菌病牛突然死亡的重要原因。梭菌产生的毒素可导致组织坏死、溶血，还可引导致真胃出血性炎症，肠溃疡性炎症、胃肠黏膜充血、糜烂、坏死，还可导致患病牛休克等。

当奶牛从环境中食入大量梭菌时可导致本病发生，夏季泥泞、积水的圈舍环境有利于梭菌大量繁殖，这就是此病夏季多发的重要原因。

另外，奶牛免疫水平低下、饲养管理应激和奶牛的生理应激（例如，分娩或干奶等）是诱发本病的重要原因。这些诱发因素主要表现在如下几个方面。

（1）突然增加大量精饲料可诱发梭菌病　奶牛突然采集大量精料时，由于瘤胃中的菌群一时不能适应新的瘤胃环境，可导致瘤胃中的饲料过度发酵产酸，使瘤胃中的 pH 值下降；此时，大量未经消化的淀粉颗粒经真胃进入了小肠，导致肠道中的 D 型魏氏梭菌大量迅速繁殖而诱发此病。

（2）分娩应激可导致奶牛产后发生梭菌病　分娩可导致奶牛免疫力下降、消化功能代谢紊乱，瘤胃内环境平衡失调，奶牛可因免疫力下降感染本病；也可由瘤胃内环境平衡失调导致胃肠内的少量梭菌大量繁殖而发生本病。

（3）停奶应激也可诱发本病　在环境较差的奶牛场，奶牛实施干奶后的 1~3d 可导致本病发生，其主要表现是乳房气肿、坏死，奶牛死亡。这说明奶牛乳腺中已经存在一定数量的梭菌感染，但由于干奶前奶牛每天 3 次挤奶促进了乳房中的毒素及时排出，从而使奶牛不易发病；实施干奶后，梭菌在乳房中大量繁殖、毒素大量蓄积从而导致发病，其全身中毒性病理变化首先在乳房上得以表现。

（四）症状

本病由于病原为梭状芽孢杆菌属的 D 型产气荚膜梭菌、腐败梭菌、C 型产气荚膜梭菌、B 型产气荚膜梭菌等，所以，其临床症状也呈现一定的多样性。根据临床症状特点我们可以将其分为 2 种类型。

（1）急性型　病程短而急，一般为 1 周左右，急性类型中有些病例伴有突然死亡现象，来不及治疗，大多数急性病例在发病后 1 周内死亡，治愈率极低。

奶牛产后发生本时，初期体温升高（39.5~41.0℃），随着病程延长体温正常或体温降低。患病奶牛精神萎靡，不愿站立、卧地不起，食欲废绝，痛苦呻吟，机体迅速脱水，患牛频繁努责，阴道黏膜发绀，从子宫内流出大量暗红色有恶臭气味液体，并混有豆腐渣样腐败异物（彩图 1），病程 15~24h，即以死亡而告终。

病程稍缓者呈现弓背努责，初期外阴紧缩、阴唇内陷。后期外阴外突（彩图 2）、卧地时更为明显。子宫内蓄脓，努责时可见阴道溃烂、子宫颈糜烂（彩图 3），腿部肿胀部触诊波动感明显，穿刺或切开肿胀部位流出暗红色恶臭液体，患病牛排黑色油样粪便，大多在 1~2 周发生死亡或失去治疗价值而被淘汰。

乳房坏疽过程发展迅速，上一次挤奶时乳房正常，下次挤奶时乳汁变血样、恶臭，乳房内产生气体，可视黏膜潮红，乳房皮肤出现紫黑色变化（彩图 4），触摸有凉感。病牛体温 37.0~38.5℃，随后死亡。

以乳房坏疽症状为特征的梭菌病可发生于刚实施干奶后不久的奶牛，也可发生于分娩后不久的奶牛，也可发生于青年牛群。

（2）慢性型　病程持续较长，可达 1 月以上，治愈率较高，以局部组织死或产生的外毒素引起溃疡性肠炎和坏死性肠炎为主要病理变化。

以坏死性肠炎或溃疡性肠炎为特征的发病牛表现精神沉郁，食欲下降、食欲废绝，消瘦、弓腰，体温可以升高也可以正常，后期病情恶化者会出现体温下降现象，排黑褐色、黏稠、腥臭粪便，乳房苍白、干瘪萎缩。

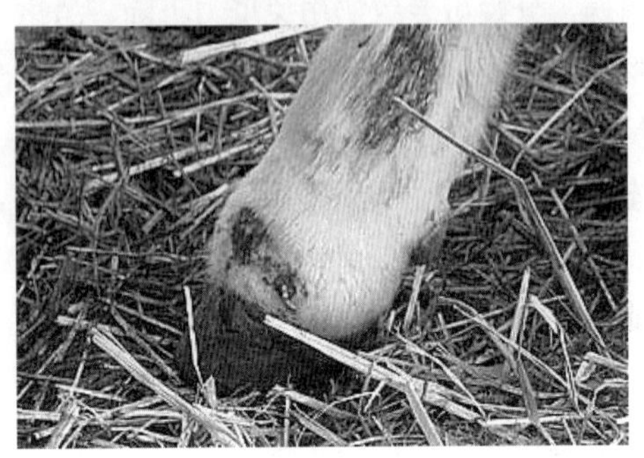
图 10–1　患梭菌病牛四肢出现的坏死

以局部组织感染坏死为特征的发病牛表现局部肌肉肿胀，肿胀逐渐破溃后流出黑褐色液体或脓汁，一般全身症状不明显，严重病例会出现精神沉郁，食欲下降，体温升高等临床症状。还有一些患病牛会在四肢（图 10–1）、尾部出现干性坏死。

（五）病理剖检变化

心肌柔软，心肌、心内膜有散在出血斑点；小肠、真胃出血，黏膜溃烂、坏死；肌间或皮下组织坏死；乳腺组织坏死；子宫黏膜坏死、溃烂；肺脏出血淤血，间质增宽，呈深红色外观，挤压后切面有血样泡沫状液体渗出，气管支气管内有黏液并混有血液成分。

（六）诊断

依据该病的流行病学特点和临床症状，结合病理解剖可做出临床诊断，进一步确诊以病原菌鉴定为准。

（七）预防措施

注射梭菌疫苗是预防本病的有效手段。牛场购进奶牛或牛场间调转奶牛时，要询问相应牛场是否在用梭菌疫苗进行免疫，从注射梭菌疫苗进行免疫的牛场引进奶牛时要给本场牛提前进行梭菌疫苗免疫注射，否则会造成重大经济损失。

加强饲养管理，减少应激，保持圈舍干净、干燥，让奶牛保持正常的免疫力是预防本病的一个基础性手段。

（八）治疗

对发病牛群用梭菌疫苗进行紧急预防接种可获得良好控制效果。

对慢性病例来说有治疗价值，对急性病例来说治疗价值很小。

对以坏死性肠炎或溃疡性肠炎为特征的慢性病例在用磺胺药物及抑制或杀灭厌氧菌的药物输液治疗的同时，结合强心、促进毒素分解排出及相应的对症治疗，可获得一定的治疗效果。

对以局部组织感染坏死为特征的慢性病例，以开放性外伤治疗处理为主体，同时配合全身对症治疗可获得较好的治疗效果。

二、奶牛冬痢

奶牛冬痢也叫奶牛黑痢、血痢，是一种世界范围内流行、多发常见、传染性很强的急性肠道传染病。

（一）病原

此病的具体病源和发病机理尚不清楚，一般认为空肠弯曲杆菌是引发本病的病原菌，空肠弯曲杆菌共有 56 个血清型；另外，冠状病毒、轮状病毒也可引起本病发生。这三种病原都不耐热，但在低温条件下可以很好的生存。

（二）流行病学

奶牛冬痢多发生于冬天（10 月至翌年 4 月），最冷的时候或气温突降的时期发病最多、最为严重。主要的传播途径是通过消化道传播，被发病牛粪尿、唾液污染的饲料、饮水可传播本病；另外，也可以通过兽医和被污染的挤奶机等传播本病。

奶牛冬痢常突然发病，呈地方性暴发，一旦发病，2~3d 内就可导致牛群 50% 以上的奶牛感染发病。

2~6 岁的奶牛发病率高，育成牛次之，犊牛很少感染发病。

此病死亡很低，只有少数脱水严重或继发感染的奶牛会因此病发生死亡。

奶牛病愈后可获得 2~3 年的免疫力，在此期间不会发病，在此时间之后还会突然暴发此病。

（三）病因

① 直接接触感染空肠弯曲杆菌等病原微生物。

② 天气寒冷、气温骤变导致胃肠道功能紊乱，免疫力下降。

③ 严寒气候条件下，饲料配比不当，饲草、饲料突然改变，导致胃肠道功能

紊乱及免疫力下降。

④ 严寒季节饲喂冰冻、发霉饲料（尤其是青贮、豆腐渣、啤酒糟等），导致胃肠道功能紊乱，免疫力下降。

⑤ 严寒气候给奶牛喝冷水、冰碴水导致胃肠道功能紊乱，免疫力下降。

⑥ 严寒情况下防寒、保温措施不到位。

（四）症状

发病前的 24~48h，病牛体温稍高（39.4~40.5℃）。发病后一般病例呼吸、体温、心跳、瘤胃蠕动、精神状态、食欲基本正常。发病牛呈严重的腹泻症状，粪便水样、喷射状、粪便内含有气泡，粪便呈棕色；奶量下降。

病情稍重者粪便中有血液、血块、血片，食欲下降或不食，精神萎靡，目光发呆，呼吸、心跳加快，眼窝深陷，产奶量急剧下降，甚至站立不起，若继发感染则会死亡。

在患病期内，严重病例一般占发病牛群的 5%~10%。

根据患病程度不同，奶牛的产奶量下降幅度为 10%~90%。

病程为一般 1~2 周，病程结束后即可康复，病牛产奶性能大多可恢复到正常水平。

（五）病理剖检变化

小肠病变严重，肠壁大量淤血，肠壁变薄；直肠黏膜增厚，肠壁上有溃疡或白色病灶，内容物呈褐色、恶臭，肠系膜淋巴结肿大。

（六）诊断

依据该病的流行病学特点和临床症状，结合病理解剖可做出临床诊断。确诊需要行病原检定。

（七）治疗

① 口服穿心莲片（50 片）、喂服氧化镁粉 50g，也可以肌内注射穿心莲注射液或其他纯中药制剂进行治疗。

② 肌内注射痢菌净注射液或氟苯尼可等抗生素及止血敏、维生素 C 进行治疗。

③ 严重病例要用复方生理盐水、糖盐水、碳酸氢钠、进行静脉输液、维生素 C 等进行补液及对症治疗。

（八）预防措施

1. 冬季要做好防寒、保暖工作

牛舍、挤奶厅、运动场是奶牛的主要生活场所。为了减少牛舍散热能力，提高牛舍保温性能，可以将牛舍或挤奶厅迎风面的窗户用塑料膜、活动卷帘、砖头等进行封堵。

牛舍或挤奶厅两边的大门应该适时关闭。对于完全开放式饲喂单元，可在迎风面设置塑料布、帆布、彩条布等材料遮挡寒风（图 10–2），减少饲喂单元的局部风速。在运动场的上风方位，可用农作物秸秆、建筑材料等搭建临时挡风墙。

奶牛躺卧的地方或卧床上要铺放垫料，垫料要保持干燥并及时更换。垫料可以是锯末、麦草、稻草、粉碎的玉米秸秆、干燥的沙子等（图 10–3），给奶牛提供一个相对舒服的、保暖的躺卧休息环境。

图 10–2　使用临时门帘进行牛舍挡风保暖

图 10–3　冬季奶牛休息区域铺垫的麦秸

在运动场的一定区域也可铺垫一定厚度的麦草、稻草、粉碎的玉米秸秆等垫料，对防止牛卧下时乳房与冰冷的地面直接接触，对减少冬季乳房炎发生可起到很好的效果。

2. 杜绝下述诱因

① 杜绝奶牛直接接触空肠弯曲杆菌等冬痢病原微生物。

② 严寒气候下饲料配比要科学、满足奶牛营养需要，不能突然改变饲草饲料，导致胃肠道功能紊乱问题发生。

③ 严寒气候不饲喂冰冻、发霉饲料（尤其是青贮、豆腐渣、啤酒糟等）。

④ 严寒气候不给奶牛喝冰碴水、冷水。

三、奶牛副结核

牛副结核病又叫副结核性肠炎，由副结核分枝杆菌感染所致，属于一种慢性、散发性、无治疗价值的传染病。此病以持续性腹泻、渐进性消瘦、生产性能严重下降、死亡为特征。

（一）奶牛副结核病的历史与现状

1906 年，丹麦 Bgng 通过实验首次确认本病为不同于结核病的一种传染病，并将其称为“慢性结核性肠炎”。1910 年，Twort 成功分离出本病的病原菌，将其命名为“副结核分枝杆菌”。随后，牛副结核病在世界各地相继得到确认。1953 年，在我国首次发现本病，目前，该病已在于我国许多省（区）存在。

20 世纪 80 年代，我国大型奶牛场已经利用提纯副结核菌素开始了本病的防控、检疫和净化工作，在此病的防控方面获得了良好的效果，当时此病一年两次的阳性检出率为 0.5% 左右，奶牛场已经很难看到有临床症状的副结核病牛。20 世纪 90 年代初期以后，由于我国面对布鲁氏杆菌病、口蹄疫的防控压力变大；另外，由于本病是一个慢性传染病、病程较长、散发或零星发病，许多奶牛场因此放松了对本病的防疫和检疫，终断了本病的净化工作。

20 年左右的松懈与不重视导致本病成了目前许多奶牛场必须高度重视的一个问题，发病率显著升高，抗体阳性率显著升高，牛群中有临床表现的发病牛也显著增多，奶牛副结核病已成为奶牛场七大重点传染病之一（炭疽、口蹄疫、布鲁氏杆菌病、结核病、副结核病、传染性鼻气管炎、病毒性副泻）。因此，高度重视、认真做好奶牛副结核病的防控与净化工作必须列入奶牛场的重点防疫与净化日程。

奶牛副结核病病程发展缓慢，多为幼年感染、成年发病，发病率一般为 3%~5%、死亡率极高（100%），又无有效的治疗方法，一旦在牛群中出现则很难根除。如果不重视此病的防控工作，随着牛群中感染率不断升高，可导致本病由零星散发变成一种地方性流行传染病，将会给奶牛场造成重大经济损失，将会严重影响奶牛场的健康可持续发展。

（二）病原

副结核分枝杆菌是本病的病原菌，该菌有三个类型的菌株，分别为牛型副结核菌株、羊型副结核菌株、色素型副结核菌株。在自然条件下引起本病的菌株为牛型副结核菌株。本菌无芽孢，无荚膜和鞭毛，无运动力，为短粗杆菌。本病对热和消毒药的抵抗力较强，在粪便、土壤中可存活 1 年，阳光直射下可存活 10 个月，对湿热抵抗力弱。在 5% 来苏尔溶液、4% 福尔马林溶液中 10min 可将其灭活，10%~20% 漂白粉 20min、5% 氢氧化钠溶液中 2h 可杀死该菌。

（三）流行病学

本病的感染情况与奶牛年龄关系密切，犊牛易感，尤其是哺乳期犊牛（1~2 月龄）最为易感，犊牛感染本病后多数为带菌状态，经过很长的潜伏期，一般于在 3~5 岁时表现出临床症状。随着年龄增大，奶牛易感性降低，但成年牛也可通过消化道感染发病。本病的流行与发生无季节性差别，呈散发。

发病牛和带菌牛是主要的传染源，病原可随发病牛和带菌牛的乳汁、粪尿排出。本病主要通过消化系统传播感染，由于该菌具有较强的抵抗力，可以在外界环境中较长时间存在，被病原污染的饲料、饲草、饮水、用具是重要的传播媒介。另外，怀孕母牛可经胎盘将此病病传染给犊牛；据报道，经胎盘感染的发病率可达 44.5%~84.6%。

（四）发病机理

副结核病牛的病理变化主要表现在肠黏膜上，以弥漫性肉芽肿为特征。病灶内聚集大量抗酸杆菌（副结核分枝杆菌），引起肠道发生慢性增生性炎症反应，导致肠机能紊乱，血浆蛋白通过肠壁流出增加、肠黏膜对氨基酸的吸收发生障碍，呈现低蛋白血症。由于大量蛋白质消化吸收障碍导致病牛持续性消瘦，由于肠机能紊乱病牛表现持续性腹泻。临床血液学化验分析可见，病牛红细胞、血色素、血细胞压积下降。

（五）症状

由于该病潜伏期很长，奶牛的怀孕、分娩、泌乳、饲养变化等都会成为促进本病发生的一个诱因。例如，奶牛在产犊（特别是第 2 胎）后数周内出现副结核病临床症状。

此病为典型的慢性传染病，发病初期临床症状不明显；随病程延长，症状逐渐明显。

初期一般体温、采食、精神状态、体膘无明显异常，仅表现临床症状排稀便，稀便与正常排粪交替出现，继而表现为持续性腹泻，产奶减少。针对消化不良采用药物治疗后腹泻症状会好转或变为正常，但经过一段时间后会复发，针对腹泻用药治疗的效果会越来越差，最后将毫无效果。

随着病程进一步持续，食欲下降或不食，病牛精神状态变差，消瘦，被毛无光粗乱，可视黏膜苍白，贫血，不愿走动，下颌水肿（彩图5），停止泌乳，体温常无明显变化。腹泻进一步加重、呈喷射状，粪便中含有气泡，粪便稀、呈均匀的玉米面粥样。全身无力，卧地不起，一般经3~6月的严重腹泻衰竭而死。

（六）病理剖检变化

病牛在发病后期极度消瘦，营养不良，主要病变表现在肠及肠系膜淋巴结，外观表现为肠管变肥厚、肠系膜淋巴结肿大。

在空肠、回肠、结肠前段浆膜和肠系膜显著水肿，以回肠的变化最为突出，肠黏膜增厚，增厚程度为正常的3~20倍，肠黏膜形成明显的横向脑回状皱褶（彩图6），黏膜呈黄色或灰黄色，皱褶突起处常呈充血状、其表面附有黏稠混浊的黏液；有时从外面观察肠壁无异常，切开后可见肠壁明显增厚，浆膜下淋巴管肿大呈索状。盲肠也有类似病理变化，回盲瓣充血、出血、瓣口紧缩。严重病例多真胃到肛门的消化道都有类似的病理变化。

肠系膜淋巴结肿大2~3倍，呈串珠状，切面湿润、充血、出血。

（七）诊断

此病在中后期有明显的特异性临床症状，如持续性腹泻、严重消瘦，解剖也有明显的特异性病理变化，如肠管增生变肥厚、肠系膜淋巴结肿大等，一般容易作出初步认定，但要确诊则要依靠化验室手段。

① 取患病动物粪便（可从直肠深部刮取少量粪便），加3~4倍生理盐水稀释、过滤后5 000r/min离心，将其沉渣涂片，用萋——尼抗酸染色法染色、镜检，如观察到成堆或成丛排列的抗酸性着色小杆菌，则可诊断为本病。

② 取粪便1~2g，加入生理盐水40mL，充分混匀后用四层纱布过滤，过滤液中加入等量的含10%草酸、0.02%孔雀绿水溶液，混匀，置于37℃水浴中30min，取出经3 500~5 000r/min离心30min，将沉渣接种于马铃薯汤培养基上，置于37℃培养，并制作涂片镜检，可看到抗酸杆菌。

③ 副结核皮内变态反应是临床用于检疫本病的一种简单、实用的方法，此方法以皮内注射提纯副结核菌素所引起的变态反应为原理，以前我国奶牛群的副结核

检疫就用的是此方法，其检出率可达 94%，可用于无临床症状牛的诊断。提纯副结核菌素每次皮内注射量为 0.2mL，其操作方法和判定标准与牛结核病的检疫方法完全相同，可以在奶牛场每年的结核病检疫时一同进行。

④ 血清学常用的检测方法有血清凝集反应、补体结合反应、琼脂扩散试验、酶联免疫吸附试验等方法。

另外，也可以用 PCR 方法和核酸探针方法来诊断副结核病。

（八）防控与净化

本病尚无有效的治疗办法和药物。

由于本病潜伏期长，病程发展缓慢，死亡率高，又无有效的治疗办法。所以，做好防控、净化工作应该是本病的防控重点，切不可轻视此病对奶牛场的长远危害。

1. 防控措施

① 首先要做好牛场引进奶牛时的检疫工作，防止从疫区引进带菌奶牛。

② 建议牛场将副结核病纳入每年的春秋检疫工作之列，对阳性者一律做淘汰处理，防止感染情况扩大、蔓延。

③ 对于有临床表现的副结核病牛要立即、果断做淘汰处理，以免导致牛群阳性头数不断累积、增多，而不可收拾。

2. 净化措施

对于那些对副结核感染情况不清楚的奶牛场，应该采用相应的检测手段，掌握牛群感染情况，根据情况采取相应的净化措施。

（1）从犊牛阶段培育无副结核病牛群

① 犊牛出生后立即隔离饲养，不给犊牛饲喂带菌或发病牛的初乳、常乳，在哺乳期中对初乳和常乳进行巴氏消毒后再喂犊牛，巴氏消毒方法一般为 60℃、30min。

② 犊牛期（6 月龄内）内进行 2 次副结核检疫或检测，阳性者立即从犊牛群移出、淘汰，2 次检测全阴性者，视为健康犊牛，放入健康犊群饲养。以后坚持每年 2 次的例行检疫，做好健康后备牛的无疫维护工作。

③ 犊牛饲养区严格与病牛或副结核可疑牛群隔离，阻断成乳牛、青年牛、育成牛群对犊牛的感染途径，做好犊牛区的防疫、消毒工作。

（2）患病牛群的净化　对存在副结核感染的后备牛群及成乳牛群，应该积极开展副结核病净化工作。

在扑杀、淘汰有临床症状病牛的基础上，检测为阳性者立刻淘汰。每年进行 4 次（间隔 3 个月）变态反应或酶联免疫吸附或其他方法检疫、检测，连续 3 次检疫牛群中无阳性反应时，视为无副结核病牛群。然后，利用皮内注射提纯副结核菌素的变态反应方法或酶联免疫吸附试验进行每年 2 次的例行检疫，做好牛群的无疫维持工作。

四、奶牛布鲁氏杆菌病

牛布鲁氏杆菌病是由布鲁氏杆菌引起的一种人畜共患传染病，简称布病。主要侵害生殖系统，以母牛发生流产、不孕，公牛发生睾丸炎、附睾炎、前列腺炎、精囊炎和不育为特征，流产是该病的一个典型临床表现。本病广泛分布在世界各地，引起不同程度的流行。近年来，此病在我国的防控压力明显增大。

各种布鲁氏杆菌对其相应种类的动物具有极高的致病性，并对其他种类的动物也有一定的致病力，致使本病能广泛流行。人布鲁氏杆菌病主要是由患布鲁氏杆菌病的牛、羊和猪经皮肤、黏膜、消化道传播感染而来。病原菌对人有很高的致病性，临床急性期主要表现为长期发热、出汗，无力，关节疼痛、头和全身疼痛，睾丸炎、肝脏、脾脏肿大等；慢性期主要表现为骨关节病及类似神经官能症，病程较长，容易复发。因此，加强对本病的监测和控制，对保证人、畜健康及公共卫生安全具有重要意义。

（一）病原

牛布鲁氏杆菌病的病原为布鲁氏杆菌属的牛种布鲁氏杆菌。布鲁氏杆菌属包括 6 个生物种，19 个生物型，即牛种布鲁氏杆菌 1~9 型，羊种布鲁氏杆菌 1~3 型，猪种布鲁氏杆菌 1~5 型，绵羊传染性附睾炎种布氏杆菌，犬种布鲁氏杆菌和沙林鼠种布鲁氏杆菌。牛种布鲁氏杆菌也称流产布鲁氏杆菌，不同种别的布鲁氏杆菌虽各有其主要宿主动物，但存在相当普遍的宿主转移现象。流产牛种布鲁氏杆菌有 9 个型，以生物型 I 为流行优势种，该菌革兰氏染色为阴性。

（二）流行病学

牛布鲁氏杆菌病广泛分布于世界各地，目前疫情仍较严重。凡是养牛的地区都有不同程度的感染和流行，特别是饲养管理不良、防疫制度不健全的牛场，感染更为严重。

患病牛是主要传染源。流产胎儿、胎衣、羊水及流产母牛的乳汁、阴道分泌物、血液、粪便、脏器及公牛的精液，皆含有大量病原菌，病菌排出体外，污染草场、畜舍、饮水和饲料，造成本病扩散和传播。本病传播途径较多，当病原菌污染了饲料、饮水或乳及乳制品时，若消毒不彻底，牛食入了这些污染物后可经消化道感染本病；患病公牛与母牛交配，或因精液中含有病原菌，通过人工授精可经生殖道感染本病；病原菌通过鼻腔、咽、结膜，乳管上皮及擦伤的皮肤等可以感染本病，经呼吸道和皮肤黏膜也可感染本病。

日粮不平衡，营养不良，卫生条件差，消毒差等皆可造成机体抵抗力降低，从而升高了机体的易感性。兽医人员在助产时、配种员在输精时消毒不严，可直接将本病扩散。

布鲁昏杆菌病属于人畜共患病，对人而言除消化道感染外，黏膜是引起人体感染本病的一个主要途径；例如，带菌尘埃可使畜群经眼结膜及呼吸道感染，被毛加工人员易通过黏膜感染。其次，通过伤口感染本病也是人体感染本病的一个途径；另外，布鲁氏杆菌可通过皮肤感染人，经过毛孔或不易察觉的细微创导致人体感染此病。

（三）临床症状

潜伏期 2 周到 6 个月，牛多为隐性感染，主要症状是怀孕母牛流产。流产多发生于妊娠后 5~8 个月，流产后常伴有胎衣滞留，往往伴发子宫内膜炎。流产胎儿多为死胎、弱犊。产犊后母牛因胎衣不下、子宫内膜炎、子宫积脓可导致不孕症发生。公牛睾丸受侵害，引起睾丸炎和附睾炎，精子生成障碍。

病牛发生关节炎、淋巴结炎和滑液囊炎，表现关节肿痛、跛行或卧地不起，腕关节、跗关节及膝关节均可发生炎症。母牛还会表现出乳房炎的轻微症状。

（四）病理解剖变化

肉眼病变见于胎盘、乳房、睾丸及流产胎儿等。

胎膜：水肿，呈胶样浸润。色呈淡粉色，质脆，外附有多量纤维素絮状物。绒毛膜充血、出血，绒毛膜外有黄色、灰黄色絮状物，子叶呈肉色，肥厚糜烂。母子胎盘间有污灰色分泌物，部分母子胎盘粘连。

胎儿：流产胎儿一般可见皮下肌肉、结缔组织发生血样浆液性浸润，真胃中有淡黄色或白色黏液絮状物，肠胃和膀胱的浆膜下可能有点状和线状出血。胸腹、腹腔有多量微红色积液，肝、脾和淋巴结有不同程度的肿胀，并有散在性炎症坏死灶。胎儿和新生犊牛可见到肺炎病灶。

乳房：乳房切面有黄色小结节，实质、间质细胞浸润、增生。

（五）诊断

牛布鲁氏杆菌病的发生可根据牛群的流产情况和病牛的临床症状来判定。如果牛群中有大批孕牛流产，流产后有胎衣滞留；并出现关节炎等症状，流产胎儿和胎盘又有本病所特有的典型病理剖检变化时，应怀疑本病。如果原牛群流产罕见，只是由外来引进新牛之后不久才发生大批流产，也应怀疑本病。但单凭流产来判定牛群牛布鲁氏杆菌病的发生是不可靠的，还需作病原学检查和血清学检查才能最后确诊。

血清学检查为目前诊断牛布鲁氏杆菌病最常用的方法。本病血清学检验方法颇多，在敏感性、特异性和操作程序等方面各有优劣。因此常按筛选试验和定性试验两个步骤进行检疫。我国目前最常用的方法是琥红平板及试管凝集试验和补体结合试验。

（1）琥红平板凝集试验　此方法是国内外常用的一种诊断技术，它具有克服非特异性反应和对检查 IgG 抗体敏感的特点，同时，操作简便，能迅速获得结果，因而特别适用于田间试验、筛选诊断和大规模检疫。

（2）试管凝集反应　是临床最常用的方法。人及牛、马、骆驼和鹿等用此方法诊断，判定标准为凝集价 1∶100 以上为阳性；羊、猪和犬等凝集价为 1∶50 以上为阳性。急性期阳性率高，可达 80%~90%；慢性期阳性率较低，可达 30%~60%。可疑反应者在 10~25h 内再重复检查，以便确诊。

（3）布病胶体金法快速诊断试纸条　是近年来最新研制生产的一种十分方便、简单、准确性很高的临床快速诊断方法，很有推广价值。

鉴别诊断本病应与其他传染性和非传染性原因引起的流产相区别，如滴虫性流产、弯曲菌性流产、病毒性流产、化脓棒状杆菌感染、饲喂霉变饲料所引起的流产等。

（六）防控与扑灭措施

此病无治疗价值，而且对公共卫生安全危害巨大。净化是防控、根除本病的最终目标。

① 对健康牛群要加强饲养管理。根据不同生理阶段的营养需要，合理供应饲料，要注意供应矿物质、维生素饲料；搞好环境卫生、圈舍卫生，给奶牛提供良好

的生活环境，提高奶牛抵抗力。

② 对临床流产母牛应隔离，及时查清流产原因，取流产胎儿真胃内容物作细菌分离鉴定，对确认为布病的牛要进行扑杀等无害化处理。

③ 每年定期检疫 2 次，阳性牛应及时隔离、扑杀，并进行全场大消毒。

④ 目前，部分地区在奶牛布氏杆菌病防控中利用疫苗防控的方法，我国生产的布病防疫疫苗有 4 种，其使用方法和优缺点如下（表 10-1）。

表 10-1　布病疫苗比较

疫苗名称	A19	M（M5—90）	S2
适用对象	牛	羊、牛	羊、牛、猪
使用途径	注射	注射、点眼	注射、口服
优点	保护率高； 免疫期长达 5 年	保护率高； 免疫期长达 5 年	安全性好，口服可用于怀孕动物；抗体反应弱
缺点	对孕畜不安全； 抗体反应强	对孕畜不安全； 抗体反应强	实验室试验保护率略低于 A19、M5；每年免疫一次

牛场在注射布病疫苗前，要对全群进行布病监测，对布病阳性牛要采取隔离、扑杀等处理措施，对监测为阴性的牛进行疫苗免疫。千万不可抱有为掩饰布病感染情况，不做检测就全群注射疫苗的目的和想法。这种错误的做法将会给该场的布病防控带来严重不良后果，对已经感染本病的牛注射疫苗并不能阻止本病的发展，在我们还没有有效的技术手段来区分疫苗免疫产生的抗体和自然感染发病产生的抗体的情况下，将会使牛场的布病防控工作变得更加复杂。

（七）牛布鲁氏杆菌病的净化与根除

牛布鲁氏杆菌病是一种人畜共患病，对养殖牛业和公共卫生安全影响巨大，此病的根除、净化也是我国奶牛养殖业最为关心的一个内容。我国地域广阔，布病对各地区的危害不尽相同，加之各地区经济发展不平衡等因素制约，到目前为止，我国还没有一个全国性的布病净化与根除计划或方案，仍然沿用以前的布病防控方案，使布病的防控与净化压力越来越大。

世界上许多国家（美国、德国、澳大利亚等）均通过实施布病根除计划达到了布病无疫状态国家之列。澳大利亚 1970 年开始实施全国性的布病清除计划，通过以“免疫、检疫、扑杀”的主体策略，利用 19 年的时间在全国取得了无牛布病状态，达到了牛布鲁氏杆菌病的净化与根除目标。在此将澳大利亚的成功经验作以介

绍，供大家参阅。

澳大利亚牛布鲁氏菌病的根除过程可以分为两个阶段，第一阶段是各州自发开展的无流产牛群论证计划；第二阶段是全国性牛布病根除计划。

1. 无流产牛群论证计划

第一个时期：20 世纪 30 年代至 40 年代早期，部分州开始控制牛布鲁氏杆菌病，当时无有效治疗方法，无有效疫苗，仅依靠血清凝集试验检测，结合淘汰扑杀进行控制。

这是一个由政府倡导、农民自愿参加的活动，政府没有补贴或赔偿，只组织官方兽医进行采样、检测和无疫认证，检测方法为试管凝集反应。因此，控制效果非常有限，仅塔斯马尼亚获得了成功。

第二个时期：20 世纪 40 年代至 60 年代末，标志性进展是 S19 疫苗的使用。1939 年，澳大利亚从美国引进流产布氏杆菌弱毒疫苗株 B.abortus.S19，在新西兰格伦菲尔德进行疫苗效果评价，尽管试验结果不尽如人意，但由于美国已有证据表明，该苗具有 70% 的保护率，可明显降低发病率，因此政府决定使用该疫苗。

1943 年联邦和州兽医大会批准 B.abortus.S19 疫苗在全澳推广使用，犊牛布氏 S19 免疫已列入常规免疫计划，成为控制牛布病最可行的唯一办法。实验室试管凝集检测只用于诊断、出口论证和某些商业用途。

虽然免疫服务的费用由农场承担，但政府给予很高的补贴。当各州和地区的首席兽医官命令对动物进行强制免疫时，对畜主不收取任何费用。同时政府给农户提供技术支持，农业部同私人畜医签订合同，提供免疫服务，使免疫牛数量逐年迅速上升。自 S19 疫苗研制成功及引进后，很多州包括要求对牛群进行强制免疫或自愿免疫的州都开始使用该苗进行布病预防。

2. 全国牛布病根除计划

此计划开始于 20 世纪 70 年代，分准备阶段、实施阶段、监测维持无疫状态三个阶段。澳大利亚于 1970 年开始实行强制性“国家布病及结核病根除计划运动（BTEC）”。该运动的核心在于将 S19 免疫—检测—扑杀策略配合使用。大部分牛群都进行了血清学检测，并对阳性反应牛进行了扑杀。当时全国的布鲁氏菌病整体流行率不清楚，某项用全乳环状试验对各乳品厂收购的大罐奶样本进行检测，表明奶罐奶阳性率为 20%~52%，平均 37%。

（1）准备阶段（1970—1974 年） 对 3~6 月龄犊牛用 S19 强制免疫，费用由政府承担；大牛免疫 B.abortus45/20 株灭活疫苗，费用由牧场主承担。免疫牛在耳部做三孔标记，便于识别。

实施屠宰场监测计划（Abattoir monitoring scheme），所有出售待宰牛强制性进行尾部标记，佩戴塑料标签，上有身份号码，可凭号码追溯至牛场主人。对屠宰场待宰牛抽样采血，检测，识别与追踪感染牛群。屠宰场监测计划一直持续到 BTEC 运动结束。

实施阳性牛的移动控制。阳性反应牛要求烙上号码和佩戴黄色耳标，便于识别。不要求立即送屠宰场扑杀，但必须隔离，禁止向屠宰场以外的地点移动，无经济补偿。

（2）实施阶段（1975—1986 年） 1975 年 8 月，国家农业常务委员会动物健康分委员会发布了国家牛布病和结核根除运动指南，即《标准定义和规则》，设定了最低的国家标准，包括头阳性率小于 0.2% 等。但各州可根据各自情况制定相应的根除计划。当时在新南威尔士，牛布病的群流行率为 29.1%，个体流行率为 3.1%。1976 年开始，全国性的检疫扑杀运动结合阳性牛的赔偿等措施快速推进，效果显著。

各地区停止免疫的时间不一致，如在西澳，1973 年后只允许使用 B. abortus 45/20 株灭活疫苗。1977 年，停止常规免疫，只对新引入牛和周边高风险牛群进行免疫。

在政府补贴、疫苗免疫、检测扑杀及严格溯源等多因素的作用下，各地相继取得无牛布病状态，1975 年，塔斯马尼亚宣布为无疫状态地区；1985 年西澳宣布为无疫状态地区；1983 年维多利亚、新南威尔士、北疆的南部及 ACT 宣布无疫状态地区；昆士兰和北疆的其他地区于 1989 年宣布无疫状态。1986 年全澳大利亚宣布暂时无疫状态。

（3）监测，维持无疫状态（1987—1989 年） 在获得无疫认证资格牧场，停止疫苗的强制性免疫，最终全国停止疫苗免疫。监测计划持续性进行，重点放在取得无疫认证较慢的牧场，防止动物再感染和疫情回潮。

全澳大利亚于 1989 年取得无牛布病状态。自 1970 年开始全国性根除计划至 1989 年获得无疫状态，共花了 19 年时间；且其达到无疫状态的时间与其他发达国家同步，在国际贸易上争取了主动权。

3. 澳大利亚成功根除牛布病的启示

从澳大利亚成功根除牛布病的范例，可得到如下启示。

① 国家协调是 BTEC 成功实施的基础保障。起初的无流产牛群论证计划是由兽医部门组织和协调的，因不能调动全国性资源，导致成效不显著。根除运动实施后，成立了国家 BTEC 委员会，成员来自于联邦和州财政部、农业和资源经济局、

牛业协会等不同部门，这有效调动了相关资源，尤其是经费保障，在根除计划成功实施中起了重要作用。

② 经费保障是 BTEC 成功实施的重要条件。联邦、州政府和工业按比例分摊经费，共同努力，保障了根除计划的顺利实施。

③ 科技是支撑。完善的兽医服务体系，具有消灭猪瘟、牛肺疫等重大疫病的经历和经验，执行力强，保证了根除计划的实施。

④ 有效标识，严格进行移动控制、屠宰监测和追溯，对检测和免疫的技术缺陷起到了有力的补充作用，在一定程度上阻止了牛布病经过流通途径传播。

目前，以色列国采用与之相类似的方法开展的牛布根除计划已进入后期，也获得很好的预期效果。

五、奶牛支原体肺炎

奶牛支原体肺炎是由牛支原体感染所引起的一种以肺炎为主要病理变化的传染病。此病在世界范围内普遍存在。据报道，欧美国家 1/4~1/3 的牛呼吸疾病综合征由支原体引起，造成每年 1.44 亿 ~1.92 亿欧元的经济损失。美国每年由于牛支原体导致的牛呼吸系统疾病和乳腺疾病所造成损失达 1.40 亿美元，部分牛场流行率可达 70%。流行病学调查发现，我国除西藏、青海、海南省未发现牛支原体肺炎疫情外，其他各地均有该病的报道。奶牛支原体肺炎临床治疗效果差，目前又无疫苗，给我国养牛业造成了严重的经济损失。

此病在我国最早发生于肉牛、黄牛，近 6~8 年来，奶牛支原体病在奶牛养殖中受到广泛重视，尤其是支原体肺炎。尽管奶牛、肉牛的支原体肺炎病原相同，但由于奶牛、肉牛饲养用途不同、饲养模式不同，在易感性、临床症状等方面的表现也不尽相同。因此，本文主要针对奶牛支原体肺炎进行相关防治内容的总结、介绍。

（一）病原

支原体是一类缺乏细胞壁、介于细菌和病毒之间的能在无活细胞培养基中自行繁衍的最小原核生物，属于柔软膜体纲、支原体目、支原体属。支原体具有多形性，可呈球菌样、丝状、螺旋形、颗粒状，牛支原体是奶牛支原体肺炎的主要病原。

牛支原体在避免阳光直射条件下可存活数周，在 4℃牛乳和海绵中可存活 2

个月，在水中可存活2周以上。但牛支原体不耐高温，牛支原体在65℃经2min、70℃经1min即可失活，但4~37℃范围内在液体介质中的存活力不受影响，为59~185d。另根据报道，牛支原体在其他材料中的存活时间为：粪37d、秸秆13d。

奶牛支原体肺炎与牛传染性胸膜肺炎（牛肺疫）病理变化很相似，但两者是完全不同的两种疫病。牛传染性胸膜肺炎是由丝状支原体的丝状亚种引起的一种严重的急性、烈性传染病，牛支原体与丝状支原体同属不同种。我国利用疫苗免疫及相应严格的综合性防控措施，经过40多年的不懈努力，1996年宣布在全国范围内消灭了此病。2011年5月24日，世界动物卫生组织（OIE）第79届年会通过决议，认可中国为无牛传染性胸膜肺炎国家，中国成为继美国、澳大利亚、瑞士、葡萄牙、博茨瓦纳和印度等国之后的第7个获得OIE承认的无牛传染性胸膜肺炎的国家，这也是我国获得的OIE第二个无疫认可。

（二）流行病学

牛支原体可存在于健康牛体内，形成潜伏感染，很少排菌，肺组织中也很难分离到牛支原体。本病的潜伏期为2d至2周，临床发病多数出现在感染后2周。感染康复后的牛可携带病原体数月，甚至数年，牛场一旦发生了此病，要消灭此病难度较大。

牛支原体肺炎的主要传播途径是水平传播，包括健康牛与病牛的直接接触或经呼吸道、生殖道等传播，胎儿可在分娩过程中因接触带有牛支原体的阴道分泌物而感染，新生犊牛还可因吸吮或饮用了患有牛支原体乳腺炎母牛的初乳而感染。成年牛感染的另一个可能途径是人工授精。牛支原体可感染任何年龄的牛，但不同年龄段的牛易感性不同，2~12月龄的牛最为易感。近年来，我国后备牛群发病的情况较为多见。

运输应激是牛支原体肺炎的重要诱因。据报道，近期内未经过运输或混群的临床健康牛，牛支原体鼻腔分离率只有0~7%；而刚达到育肥场不久的临床健康牛，牛支原体鼻腔分离率可升到40%~60%；到达育肥场12d后的牛支原体感染率增至近100%。此外，饲养方式、环境条件改变等应激因素也是牛支原体肺炎的诱发因素。该病多在经长途运输后2周左右发病，与运输应激密切相关，其发病率达到21%，死淘率高达40%以上。

（三）致病机理

牛支原体表面具有免疫原性的可变表面脂蛋白（VSP）被认为参与致病作用。

VSP 的变化可以看作是一种为了适应周围环境变化的行为，也可能是牛支原体具有缓慢感染宿主能力的原因。牛支原体美国株 PG45 株具有 13 个编码 VSP 蛋白的基因，而 13 个基因构成了一个基因簇，当牛支原体表达 VSP 蛋白时，任意几个编码 VSP 蛋白的基因可以一起共同表达导致位于牛支原体表面的 VSP 蛋白发生改变。另外，每个编码 VSP 蛋白的基因可以自身发生突变，这导致了牛支原体可以轻易地逃避宿主免疫系统。

牛支原体可以黏附到正常牛的呼吸道黏膜表面的上皮细胞上，在应激条件下，寄生于上呼吸道的病原经气管、支气管停滞于细支气管终末分支的黏膜上，可引起原发性病灶，如果散布在多数支气管黏膜时，可引起肺部多处出现原发性病灶。

牛支原体感染可对机体免疫系统造成极大的破坏，牛支原体可以侵入宿主的免疫细胞来逃避宿主的免疫反应；牛支原体也可以引起宿主的外周血液淋巴细胞凋亡；牛支原体也可通过分泌抑制炎症的细胞因子（如 IL-10）和抑制促炎因子的表达来抑制免疫反应。

另外，牛支原体感染对机体免疫系统造成极大的破坏作用，也可进一步促进继发感染或混合感染的病原微生物的致病作用，其他条件性致病菌如多杀性巴氏杆菌 A 型、溶血曼氏杆菌、呼吸道合胞体病毒等会乘机大量增殖，导致病情加重。

（四）临床症状

按病程可分为急性和慢性两种类型。

（1）急性型　患病牛食欲严重下降，体温升高（40~41.3℃），消瘦（彩图 7），精神沉郁不愿走动，多数死亡病例发生于患病 2~3 周。患病牛干咳，咳嗽时表现痛苦，鼻孔有脓性鼻涕，呼吸快而浅，肺部听诊可以发现有明显的湿啰音、肺泡破裂音、呼吸音变粗，胸部触诊敏感，胸、颈部水肿（彩图 8）。

（2）慢性型　由急性转化而来，以咳嗽、消瘦、体弱为主要临床表现，可逐渐恢复，也可反复，随着肺部病理变化的进一步加重，逐渐衰弱而预后不良。慢性和急性有相同的病理变化，只是程度有所差异。

牛支原体是牛呼吸疾病综合征的主要病因之一，除引起奶牛肺炎症状外，还可引起病牛角膜、结膜炎，中耳炎，关节炎（关节肿大），生殖道炎症，乳房炎，并表现出相应的临床表现。这些症状在患奶牛支原体肺炎的牛群中，也有一定数量表现。

中耳炎主要表现为病牛耳朵下垂、摇晃脑袋和摩擦耳朵；当单侧或两侧鼓膜感染时，会从耳道中流出脓汁。临床上常见头部倾斜，这严重影响病牛的生长发育，严重时还可造成共济失调。

关节炎主要表现为跛行、关节脓肿等症状，关节腔内积有大量液体，滑膜组织增生，关节周围软组织内出现不同程度的干酪样坏死物。

角膜结膜炎主要表现为眼结膜潮红，有大量浆液性或脓性分泌物，角膜浑浊等（彩图 9）。

（五）病理解剖变化

奶牛支原体肺炎的典型病理变化表现在肺部及胸腔器官。肺呈现大面积纤维素性肺炎病理变化（彩图 10），肺实质大理石样病理变化明显，表面有纤维素性分泌物粘附，并散在许多黄豆大小的白色化脓灶，切开肺组织可见肺组织中也有同样的化脓灶，并流出相应脓汁。肺大小基本正常，病变部位呈暗红色肉变（彩图 11），质地变硬、弹性丧失，肝样肉变明显。胸腔中积液不多，但积液混浊、含有纤维絮片，胸膜变厚、表面粗糙，与肺表面有一定粘连（彩图 12）。心包膜变厚，与肺粘连。肺门淋巴结肿大不明显。

（六）诊断

目前，国内外用于确诊牛支原体病的主要方法包括病原体的分离鉴定、核酸诊断和血清学检测等。

1. 病原体分离鉴定

牛支原体的分离鉴定是确诊牛支原体病最常用的方法之一。主要操作步骤如下：按照无菌操作规程将小块组织样本涂于类胸膜肺炎微生物固体培养基表面，于 5% 的 CO_2 培养箱中，同时将小块组织样本投入到 PPLO 液体培养基中，2~3d 后在光学显微镜下低倍观察菌落形态，支原体菌落应具有“煎蛋样”典型特征，液体培养基由红色变为黄色且透亮，通过配套的生化试验对牛支原体进行鉴定。在实际操作过程中，牛支原体分离鉴定难度大、灵敏性低、且较为费时，至少需要 48h 才能见到菌落，因此该方法不能作为快速诊断牛支原体感染的方法。

2. 核酸诊断常用的是 PCR 方法

早期主要使用 16sRNA 序列设计引物扩增目的条带，但是由于牛支原体和无乳支原体核苷酸序列同源性高，这种方法不能区分牛支原体和无乳支原体感染。随着 PCR 技术的成熟和对牛支原体研究的深入，现在常采用套式 PCR 技术进行 16S. rRNA 和 oppD/F 片段等的扩增来检测牛支原体，其敏感性比常规 PCR 的敏感大幅提高，利用 LAMP 扩增看基因 uvrc 可以进行牛支原体和无乳支原体的鉴别。

3. 血清学检测

血清学检测被认为是诊断牛支原体感染的重要手段之一。牛支原体感染牛后，其脂质及蛋白抗原能激发机体免疫系统产生免疫反应，血清中抗牛支原体抗体可以持续存在几个月，故血清学检测被认为是诊断牛支原体感染的重要手段之一，尤其对慢性感染或应用过抗生素治疗的病例更加适合。牛支原体血清学检测方法包括间接血凝试验及间接酶联免疫吸附试验等方法。最初的血清学诊断方法主要使用牛支原体全菌蛋白包被进行ELISA检测，用单个的蛋白代替牛支原体全菌蛋白构建ELISA检测方法可以提高检测的特异性和敏感性。目前已有使用牛支原体的MilA蛋白、PDHB蛋白、P48蛋白构建的ELISA检测方法。血清学检测虽然被广泛用于牛群牛支原体感染的检测，但是牛群的牛支原体血清高阳性率限制了其作为常规诊断方法的应用，而且血清中抗体滴度高低与诊断学的判断并未有直接关系，这也限制了血清学诊断的应用范围。

（七）预防措施

1. 疫苗预防

目前，我国尚无商业化牛支原体疫苗。

有研究证实，牛支原体疫苗（灭活苗）可以刺激机体产生可检测的抗体反应，包括IgM、IgG1、IgG2、和IgA等，在肺泡中也可产生IgA。国外目前市场有两种商业化的牛支原体的灭活苗，分别为Pulmo-Guard TM（Boehringer. Ingelheim. Vetmedica），Myco-Bac TMB（Texas.Vet.Lab，Inc），均为美国农业部门许可的畜用疫苗，用于牛支原体肺炎的防治。该疫苗仅限于美国市场，且应用推广范围不大，对于牛支原体病的预防效果不明显。有科研人员利用临床分离的牛支原体膜蛋白来免疫牛，可以诱导牛产生较高的免疫应答，但不能保护强毒株的人工感染。

在其中的一个研究中，抗体水平可以在免疫后16d检测到，并可持续约6个月。尽管牛只经运输到饲养场后抗体水平高，但还有不少牛死于牛支原体肺炎，这说明血清中抗体滴度水平和保护力并没有直接关系。虽然牛支原体疫苗在一些人工感染试验中表现出一定的预防作用，但其临床应用价值仍有待评价。

2. 综合预防措施

有研究资料报道，经过长途运输的牛到达目的地时，约有50%的牛鼻腔分泌物支原体检测呈阳性。由此可见，长途运输过程中导致牛感冒、呼吸系统免疫力下降是诱发本病的重要原因，在运输过程中要采取各种措施减少应激，运输车辆要用棚布做好防风、挡风工作，减少由于大风直吹导致牛着凉感冒和呼吸系统免疫力下降。

由于犊牛免疫力较差，对环境及应激的适应能力较差，经过长途运输的犊牛新入场后要加强饲养管理，采取相应的措施尽快让其恢复体力，适应环境，这样可以有效的减少一些条件性致病菌或常在性致病菌对犊牛的不良影响。犊牛到场下车后，可及时给牛饮用一定量的多维葡萄糖温水，补充在运输过程中的能量及水分散失，促进自身免疫力提高，多维葡萄糖温水连续饮用 3d。牛到场后，要在运动场上铺短玉米秸或稻草等（尤其是冬天或气温较低季节），为牛提供一个良好的躺卧休息场地，促进体力迅速恢复，并减少饲养密度。

对存在牛支原体发病风险牛群及已发病牛场，应对新入场的未发病牛，每天肌内注射氧氟沙星、泰乐菌素各 1 次进行药物预防注射，连续 3d。

奶牛相对于黄牛或肉牛而言，对牛支原体更为敏感，众多的黄牛体内带有本病原，但不表现发病。如果黄牛或肉牛奶牛混养，或者对难以配种受孕的奶牛群用公黄牛或公肉牛进行自然交配配种，那将显著提高奶牛发生支原体肺炎的风险。

（八）治疗

此病要充分重视早期治疗，一旦肺组织形成化脓性感染，其治愈率将显著降低；另外，牛支原体肺炎的疗程显著长于一般疾病的治疗疗程。

对牛群中的发病牛要及时观察、及时隔离治疗；对无治疗意义的病牛要及时淘汰。

治疗主要选用肌内注射泰乐菌素 + 氧氟沙星 + 维生素 ADE 注射液；或泰乐菌素 + 土霉素注射液 + 维生素 ADE 注射液进行治疗；维生素 ADE 每头牛注射 2~3 次即可。

由于牛患此病后存在体温升高及较为剧烈的疼痛，在治疗过程中应该及时配合使用氟尼辛葡甲胺等非甾体类解热、镇痛药物进行治疗。另外，也要重视及时准确的对症治疗。

六、奶牛口蹄疫

口蹄疫是由口蹄疫病毒引起的偶蹄兽的一种急性、热性、高度接触性传染病。其特征为传播速度快，成年牛的口腔黏膜和鼻、蹄、乳房等部位形成水泡和烂斑，犊牛多因心肌受损而死亡。本病是世界性的传染病，人和非偶蹄动物偶有感染、但症状较轻，此病不属于人畜共患传染病。本病传播性较强，在一个牛群中发病率几乎能达100%，往往造成广泛流行，引起巨大的经济损失，被国际兽疫局（OIE）列为A类家畜传染病之首。又因病毒具有多型性和易突变的特性，使诊断和防治更加困难。

（一）病原

口蹄疫病毒属于小RNA病毒科，包括7个血清型和65个以上的亚型。口蹄疫病毒在实验室里、流行过程中及经过免疫的动物体均容易发生变异，故常有新的亚型出现。病毒颗粒近似圆形，口蹄疫病毒在病畜的水泡皮内及水泡液中含量最高。病毒对酸、碱、高温和紫外线很敏感，对干燥的抵抗力较强，在牛的皮革中最长可存活352d。该病毒对酒精、乙醚、石炭酸、氯仿、吐温-80等有抵抗力，而对福尔马林、次氯酸和乳酸则缺乏抵抗力，2%氢氧化钠、2%醋酸或4%碳酸钠对该病毒的消毒作用也较好。

（二）流行病学

口蹄疫病毒可感染多种动物，自然发病的动物常限于偶蹄兽，奶牛、黄牛最为易感，其次为水牛、牦牛、猪，再次为绵羊、山羊及20多个科70多种野生动物，如骆驼、鹿、羚羊、野猪等。新流行疫区内奶牛的发病率经常高达100%。

患病动物、持续感染和畜产品的移动是本病的最主要传染源，约占疫源的70%~80%。一旦进入流通领域，可造成跳跃式、持续不断的发病，危害极大。牛感染后9h至11d开始向外排毒，呼出气体、破裂水泡、唾液、乳汁、精液和粪尿等分泌物或排泄物中均带毒。病愈后动物在一定时间内可以携带病毒。通常病牛带毒时间可达4~6个月，但有时康复1年后仍然带毒、且可导致本病传播。附着在皮毛上的病毒也可成为传染源，特别是在蹄部角质下面缝隙中包藏的病毒可长达数日，个别病例达8个月之久；屠宰后通过未经消毒处理的肉品、内脏、血、皮毛和废水可广泛的远距离传播本病。

本病可经同群动物间进行直接接触传播，但各种传播媒介的间接传播是最主要的传播方式。经消化道感染，亦能经伤口甚至完整的黏膜感染。空气也是一种重要的传播媒介，甚至能引起远距离的跳跃式传播。半数以上患病牛，康复后仍可通过刮取食道咽部分泌物分离到病毒。这些健康带毒者，带毒时间长短不一，水牛最长，5年仍可查到病毒。所携带病毒可在个体间互相传播。

本病一年四季均可发生，没有明显的季节性。但气温和光照强度等自然条件对口蹄疫病毒的存活有直接影响，而且不同地区的自然条件、交通状况、生产活动和饲养管理等不尽相同，因此，在不同地区的流行表现一定的季节性差异。有的国家存在 3~5 年一小发，7~8 年一大发的流行规律。亚洲是口蹄疫的重灾区，我国的许多邻国几乎不分季节的发生此病。亚洲发生的口蹄疫以 O 型为主，近年出现了亚洲 I 型。

（三）临床症状

口蹄疫临床症状以发热和口蹄部出现水泡为共同特征。表现程度因动物种类、品种、免疫状态和病毒毒力不同而有所区别。犊牛常突然死于急性心力衰竭。

自然感染牛的潜伏期为 2~5d，而人工感染一般为 1~2d，但也有报道潜伏期长达 2~3 周。病牛体温高达 40~41℃，犊牛尤为显著。病牛精神不振，食欲减退，产乳量突然下降。口腔黏膜潮红，几分钟后在唇内面、齿龈、舌面和颊部黏膜上出现水泡，水泡迅速增大，并常融合成片，患病牛出现流涎（彩图 13）。水泡容易破溃，破溃后液体流出，露出红色糜烂区（彩图 14），因病灶感染可出现舌黏膜坏死、剥离、脱落（彩图 15）。而后被新生上皮覆盖，在蹄部水泡与口腔水泡同时发生，蹄冠、蹄底、指（趾）间隙皮肤均可见到水泡，水泡破裂后，形成痂块，感染后会导致趾（指）间皮肤溃烂、坏死（彩图 16、彩图 17）。病牛疼痛，跛行，呆立或卧地不起。水泡痊愈后，瘢痕可保留数周。严重的病例，由于水泡延至蹄匣内，使真皮与角质分离，导致角质蹄匣脱落。奶牛患口蹄疫时，乳房及乳头上出现大小不一的水泡（彩图 18），水泡破溃感染可导乳房和乳头溃烂（彩图 19、图 10-4）、挤奶困难。若发生乳房炎，产奶量一般下降 1/8~3/4，整个泌乳期都受到影响，严重者或停止泌乳。

犊牛的口蹄疫主要表现为心肌炎和胃肠炎，心率快、心悸亢进、口腔水泡和糜烂明显，但蹄部和皮肤水泡症状不明显。全身症状以高热、衰弱为主，常见下痢，视诊病犊精神尚好，但听诊心音亢进者常在 1~2d 内死于心肌炎。犊牛恶性型口蹄疫的死亡率高达 50%~70%。成年牛的症状较轻，多取良性经过，但怀孕母牛经常流产。若无继发细菌感染，致死率一般在 3% 以下。

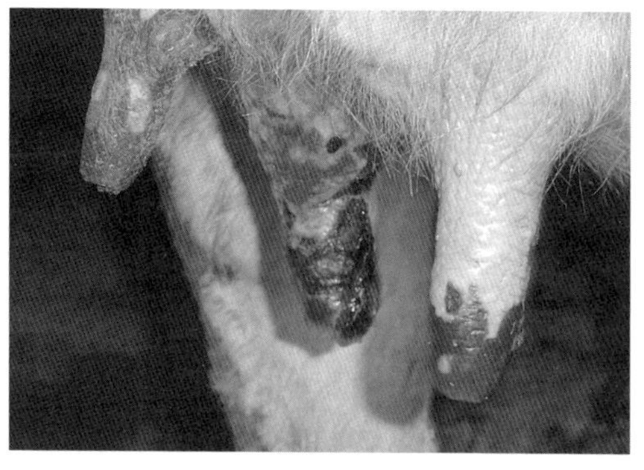

图 10-4　口蹄疫引起的乳头溃烂

（四）病理变化

病理剖检变化主要是上消化道和无毛部皮肤同时发生水泡，如唇内面、齿龈、齿垫、舌背、舌侧面、舌系带附近、颊部、鼻黏膜、鼻镜、食管黏膜、眼结膜、咽壁及支气管黏膜等，小到豆粒大，大到鸡蛋大，且因水泡膜较厚而起伏不平。在瘤胃肉柱沿线常见水泡。蹄部常沿蹄冠缘和趾间皮肤发生小水泡并迅速扩大，大如榛实。奶牛乳头皮肤经常发生水泡，有时可见于乳房的无毛皮肤。发病后1~2d水泡破裂，露出鲜红色糜烂斑。口蹄疫常因继发细菌感染而使病情恶化，患部化脓坏死，可引起蜂窝织炎、败血症。蹄部水泡延伸入蹄匣下，使皮肤基部与角质分离，导致蹄匣脱落。恶性口蹄疫可引起成年牛和犊牛大量死亡，死因不是因为继发性细菌感染，而是由病毒本身引起心肌病变而致死，水泡居次要地位。主要病理变化见于心肌和骨骼肌，在成年牛骨骼肌比心肌变化明显；在犊牛则相反，心肌变化严重而骨骼肌变化轻微。心肌浑浊暗灰色，质地松软，常呈扩张状态，尤以右心室明显，在黄红色心肌内散在灰黄色或灰白色斑点或条纹状病灶。在心肌外膜和心内膜下，以及切面上均可见到上述病灶，主要散布在左心室壁和室中膈，状似虎皮斑纹，故通常称为“虎斑心”。

（五）诊断

主要根据流行病学、临床症状、病理变化可确诊。实验室诊断可进行病原分离、动物实验、血清学诊断等。

因能引起奶牛口腔、乳头上出现水泡的疾病较多，故应做好鉴别诊断，尤其要注意与水泡性口炎、牛痘、牛瘟的鉴别诊断。

（六）防控及扑灭措施

口蹄疫病毒可感染多种动物、高度接触性传染、病毒抗原具有多型性和变异性，接种疫苗后免疫期短等特点，使得在实际工作中控制口蹄疫变得十分困难。

未发病牛场应严格执行防疫消毒措施、坚持进行疫苗接种，每年2~4次（兔化弱毒苗、鼠化弱毒苗、灭活苗、基因工程亚单位苗、合成肽疫苗、重组活疫苗、核酸疫苗等）。在做好消毒工作同时，应执行“以防为主”的方针。已经消过毒的车辆、器具，特别是奶牛场的运奶桶等，在奶站很容易被污染，进场时必须再消毒。杜绝一切病原体传人场内，是防疫工作的根本出发点；此外，疫苗防疫是有效的，也符合我国国情，但做好综合防控工作才是防制的万全之策。

当口蹄疫暴发时，必须立即上报疫情，确切诊断，划定疫点、疫区和受威胁区，并分别进行封锁和监督，禁止人、动物和物品流动。在严格封锁的基础上扑杀患病动物，并对其进行无害化处理；对剩余的饲料、饮水、场地、患病动物污染的道路、圈舍、动物产品及其他物品进行全面严格的消毒处理。

对受威胁的牛立刻进行紧急接种预防，并密切观察牛群情况。

当疫点内最后一头患病动物被扑杀后，3个月内不出现新病例时，上报上级机关批准，经终末彻底大消毒后，可以解除封锁。

（七）讨论

口蹄疫属于一类动物疫病，流行、感染跨国界，危害大、暴发性强、传播快、扑灭难度大。可造成巨大经济损失，可对动物或动物产品的国际贸易产生重大不良影响，如何有效防控此病也是全球面临的一个难题。

针对目前我国奶牛口蹄疫的防病现状，谈几点自己的思考与建议。

第一，进一步加强口蹄疫病毒的确型或类别定性工作，对预防本病有充分的现实意义，这样可以增强疫苗防控的准确性、有效性和针对性。

第二，应该加强疫苗研究攻关，为养殖场提供安全、高效、针对性强的口蹄疫疫苗。目前，某些地区为了防控本病，强制性实行1年4次疫苗免疫注射（即3个月免疫1次），这种高密度免疫注射会对奶牛造成高密度的免疫应激，能否达到预期的防控效果，很值得讨论、研究。如果按注射此疫苗后14d产生有效的保护作用来计算，这种疫苗的保护期只有2个半月，保护期如此短的疫苗，不仅增加了牛场兽医的劳动力投入，也对牛造成了严重的免疫应激，一年4次的注射也会对奶牛的免疫功能造成严重不良影响，所付出的经济成本巨大。

第三，从口蹄疫的流行病学方面来看，在我国范围内，奶牛口蹄疫多发生于冬季，夏天几乎不发生。在疫苗免疫保护作用有限的情况下，可以考虑夏季不进行口蹄疫疫苗免疫注射的可行性，减少一次强制性免疫。

如果在世界某一个地方，存在高频次免疫，高频次发病的现象，那就更应该思考或调整相应的防控思路和对策。

七、奶牛传染性鼻气管炎

牛传染性鼻气管炎（IBR）又称牛传染性脓疱性外阴—阴道炎、坏死性鼻炎、红鼻病，是由牛传染性鼻气管炎病毒引起牛的一种急性、热性、接触性传染病，以

高热、呼吸困难、鼻炎、鼻窦炎和上呼吸道炎症为特征。此病于1950年在美国最先发生，现已经在世界范围内流行，给世界养牛业造成了巨大的经济损失，该病于20世纪80年代传入我国。2012年对北京、天津、陕西、山西、山东、新疆、河南、河北等地的11个奶牛场进行的流行病学调查表明，该病的群抗体阳性率77.8%，个体抗体阳性率为0~55%。该病的感染发生无年龄区别，犊牛感染本病造成的损失尤为严重。20~60日龄的犊牛最为易感，6周龄以下的犊牛发病、致死率可达85%~100%。

犊牛在出现呼吸道症状的同时，伴有神经症状，病死率高于50%，为脑膜脑炎型；2~3周龄的犊牛，在发生呼吸道症状的同时，出现腹泻，甚至排血便，病死率可达20%~80%为肠炎型；有的病牛鼻镜发炎充血呈红色，故有“红鼻子病”之称；若在病毒感染并发细菌感染时，可因细菌性支气管肺炎死亡。

该病对奶牛的产奶量、公牛的繁殖力等有较大影响，而且急性的呼吸道感染可继发牛细菌性肺炎，这是造成奶牛经济损失的主要原因之一。

（一）病原

牛疱疹病毒Ⅰ型属于疱疹病毒科的单纯疱疹病毒属成员。病毒粒子为对称正二十面体，有囊膜，对氯仿和酸敏感。

（二）流行病学

迄今为止，美国各大洲都有发生牛传染性鼻气管炎的报道。我国部分省市、地区的中国荷斯坦奶牛等均有牛传染性鼻气管病毒感染。该病的感染谱较窄，自然宿主是牛，并且多见于育肥牛和奶牛，其中以20~60日龄的犊牛最为易感，病死率也高。山羊、猪、水牛也能被感染。

病牛及带毒牛是本病的主要传染源。病牛呼吸系统的分泌物，通过呼吸、飞沫、唾液排毒；结膜通过眼分泌物可发生感染，生殖系统分泌物同样通过污染环境可散毒，也可以经病牛间的直接接触感染、交配传染和胎盘感染；但主要经飞沫、交配和接触传播。本病毒感染的牛，在临床症状消失后仍可不定期排毒，特别是隐性经过的种公牛危害更大，病毒在牛群中无法根除。病牛有持久的潜伏期和长时间的间歇性排毒，带毒牛往往因应激反应而排毒。

本病在秋冬寒冷季节较易流行，特别是舍饲的大群奶牛，环境较差又密切接触的条件下，更容易迅速传播。一般发病率为20%~100%，奶牛继发性流产有时高达50%，死亡率为1%~12%。

（三）临床症状

根据临床表现形式可分为3个亚型，通过限制性内切酶分析进行鉴定。亚型1主要引起呼吸道感染，亚型2主要引起呼吸道和生殖道感染，亚型3主要引起神经感染。所有毒株，包括弱毒活苗以潜伏状态存在于临床表现正常的动物体内，潜伏感染被激活后，病毒会再次排到呼吸道、眼、生殖道分泌物和血清中。

自然感染有多种临床表现而且症状轻重差别很大，其中较为多见的病型是呼吸道感染，伴有结膜炎、流产和脑膜脑炎，其次是脓疱性外阴—阴道炎或龟头—包皮炎。病毒感染后潜伏期一般4~6d，病程主要取决于感染的严重程度，一般4~8d。轻症不易见到症状，但某些呼吸道感染的病牛可在发现症状后几小时就发生死亡。

呼吸道感染是最常见的症状，多发于冬季，病情轻重不一。牛发病初期发热40~42℃，精神不振、厌食、呼吸急促、困难并伴随鼻腔和气管浆液性或脓性分泌物流出，鼻孔张开，偶尔局部气道阻塞导致张口呼吸。鼻甲骨和鼻镜充血并变红，又称“红鼻子病”。有些呼吸型病牛合并发生结膜炎，病初由于眼睑水肿和结膜高度充血、流泪，角膜轻度混浊，无明显的全身变化。重症病例，可见结膜形成灰黄色针头大颗粒，致使眼睑粘连或结膜外翻，眼分泌物为脓性。肺部听诊一般只发现肺泡音增强或有闭塞音，如为啰音或其他肺音，应考虑为其他呼吸道疾病或者并发症。

犊牛发生脑膜炎时，病初表现流鼻涕、流泪、呼吸困难等症状，3~6d后可见肌肉痉挛，兴奋或沉郁，共济失调，偶尔转圈。角弓反张，病程短，此类型发病率低，死亡率高。

由本病毒感染引起的传染性脓疱性外阴阴道炎的初期症状轻微不易发现。潜伏期短，通常为1~3d，如果病情严重可形成会阴水肿和黏脓性分泌物流出，病牛时常举尾，排尿时有痛感。检查可发现阴道和阴户黏膜上有大量白色坏死的脓疱和斑块，脓性分泌物聚集在阴户底部。

妊娠母牛感染后，一般于怀孕的5—8个月流产，流产前症状不明显，流产胎儿不见有特征性肉眼病变。

（四）病理变化

特征性病变见于严重呼吸道感染的病牛。呼吸系统鼻和气管炎症是本病最常见的病变部位。在鼻镜、鼻腔、咽、喉、气管和较大的支气管均呈卡他性炎症变化。

黏膜高度充血、潮红、肿胀、有出血斑，出血点和散在的灰黄色小豆粒大脓疱。溃破后形成糜烂和溃疡，表面有干酪样伪膜覆盖。呼吸道内的分泌物由浆液性很快发展成为黏液性、纤维性和脓性分泌物，这种分泌物大量蓄积，往往阻塞气管，造成呼吸困难，咽、喉部的伪膜和渗出物导致吞咽困难。重症病例鼻镜干燥，形成结痂，痂皮脱落露出的组织因高度充血而呈鲜红色。内脏器官可见化脓性肺炎、脾脏脓肿、肝脏表面和肾脏包膜下具有灰白色或灰黄色的坏死灶、第四胃黏膜发炎、溃疡以及大小肠出现卡他性肠炎。急性死亡的犊牛可见肺气肿，慢性病例往往由于继发细菌感染引起化脓性肺炎。

结膜炎初期眼睑浮肿，结膜高度充血，大量流泪后转变成脓性分泌物，严重者结膜上可见针头大、小豆大、蚕豆大乃至更大的淡黄色颗粒状隆起的炎症灶，同时可见针头大到粟米大出血点，有时眼睑粘连，闭锁或结膜外翻。但一般不形成溃疡，临床上多数病牛缺乏明显的全身反应。

脓疱性外阴阴道炎病例，局部黏膜出现小脓疱和化脓性病变，会阴部水肿，有黏液性分泌物，阴唇和阴道黏膜，特别是阴道前庭黏膜潮红、肿胀、散在大头针帽到小米粒大灰白色透明水泡，以后变成脓疱，脓疱破裂后形成糜烂和溃疡，黏膜表面附着大量黏液样渗出物，重者黏膜表面形成弥漫性干酪样假膜，在阴道和子宫黏膜上可见点状、条纹状出血，附着大量黏脓性无臭分泌物，局部淋巴结肿胀。

脑膜脑炎多见于小牛和青年牛，6 个月以上牛少见。中枢神经系统出现非化脓性脑炎和脑膜炎变化，除脑膜轻度充血外，眼观上无明显变化。

（五）诊断

1. 诊断方法

根据该病的流行病学、临床症状和病理剖检等特点可进行初步的诊断。在新疫区要确诊本病必须进行病毒分离鉴定或抗原检测。

2. 临床诊断注意事项

笔者于 2013 年，对 140 头份疑似犊牛传染性鼻气管炎的血清作 IBR 抗体检测，其结果为阳性 137 头，阴性 3 头；同时，对 140 头犊牛中具有代表性的 36 头病牛鼻腔分泌物进行了病原（IBRV）检测，结果均为阴性。

在我国的奶牛群中，血清 IBR 抗体阳性已经达到一个很高的水平（20%~90%），但抗体阳性者并不代表该牛体内就存在 IBRV，血清 IBR 抗体阳性并不等于该牛就发生了 IBR，确诊是否是传染性鼻气管炎应以病原检查作为最终依据。

IBRV 侵入上呼吸道黏膜，可使鼻甲骨和鼻镜充血、变红、发炎，甚至鼻镜上出现溃烂灶或溃烂斑，所以该又名红鼻子病。在寒冷的冬天，由于犊牛易患呼吸系统疾病（例如：犊牛感冒等）及一些消化系统疾病。当发生上述疾病时，犊牛会出现发烧或脱水症状，在发烧或脱水的情况下犊牛鼻镜干燥、干裂，犊牛不断用舌头舔鼻镜、鼻孔，就容易导致犊牛鼻镜、鼻孔黏膜充血变红，犊牛鼻镜、鼻孔黏膜上出现溃烂灶或溃烂斑，这很容易让兽医将此症状与 IBR 的相应临床症状相混淆。

在 IBR 的诊断上，其病理解剖对该病与其他疾病的区别诊断具有重要意义，肺部病理变化和气管黏膜的出血、溃疡等特征病理变化是诊断本病的重要临床指标，兽医临床诊断本病时应该充分参考，最后综合临床表现、病理变化、实验室病原监测等才可做出准确的诊断结果。

（六）防控措施

潜伏感染和长期排毒成为消灭和根除本病的主要问题。预防本病应在加强饲养管理的基础上，加强冷冻精液检疫、管理和奶牛引进制度。

在生产过程中，应定期对牛群进行血清学抗原检测，发现阳性感染牛应及时淘汰。

由于本病缺乏特效治疗药物，一旦发病应根据疫情的具体情况采取封锁、检疫、扑杀病牛和感染牛，并结合消毒等综合性措施进行防控。

对于老疫区，可通过隔离病牛，消毒污染圈舍，应用广谱抗生素治疗等方法来防止细菌继发感染，再配合对症治疗来促进病牛痊愈。

疫区或受威胁牛群可对未被感染牛进行弱毒疫苗或油佐剂灭活疫苗免疫接种，遗憾的是我国目前尚未研发生产出用于防控 IBR 的疫苗。因此，加快我国的传染性牛鼻气管炎疫苗研发工作进程，应该是目前的一个重点工作，国家在科研立项上应该积极引导、促进此方面的研究。

八、奶牛巴氏杆菌病

牛巴氏杆菌病是由多杀性巴氏杆菌感染引起的一种急性、热性、出血性败血性传染病，简称牛出败。其临床表特征为突然发烧、咽喉、颌部、颈部皮下水肿、肺炎、内脏器官广泛出血。病程度急促、发病率高、死率高。

牛巴氏杆菌病在世界许多国家都有发生，由于该病发病率高、病程急短，对奶牛养殖业危害巨大。牛巴氏杆菌病被认为是东南亚、中东和南部非洲最重要的牛传染性疾病。近年来，经历了多年的沉默后，该病有所抬头，发病呈上升趋势，后备牛、成乳牛均可感染发病，该病在我国以散发或地方性流行为主体。

（一）病原

多杀性巴氏杆菌为革兰氏阴性细小球杆菌，瑞氏染色时呈两极着色，卵圆形，大小为（0.3~0.6）μm×（0.7~2.5）μm，在普通培养基上生长不良，在血液培养基上生长良好。从自然病料中分离出的菌荚膜较宽，包裹整个菌体，此型为S型，菌落在45°折射光线下呈蓝绿色带金光，边缘有红黄光带，毒力较强。反复继代培养后变为荧光性减弱或无色透明的黏稠型（M），继而变成粗糙型（R）。

在感染本病的患牛各组织器官、分泌物、体液、排泄物中均可检出本菌。其中脾脏含菌最多，其次为胸腔、腹腔液及颌下和颈部的水肿液。少数慢性病例仅限于局部病灶，例如肺组织能分离到本菌。

巴氏杆菌对环境因素的抵抗力较差，对阳光和干燥抵抗力弱。在干燥空气中，2~3d即可死亡，在圈舍中可存活1个月，在水和腐败物质中不能繁殖。一般消毒药对其有较好的杀灭作用。5%的生石灰1min、1%漂白粉1min可杀灭此菌；对头孢、青霉素、链霉素、磺胺等药物较敏感。

（二）流行病学

本病一年四季均可发生，但夏季多发，以散发和地方性流行为主。犊牛、育成牛、青年牛、成乳牛均可发病，由于本病的流行与气候、地理条件、饲养管理条件、免疫状态等有密切关系，在一个地区表现泌乳牛易感性高，但在另一个有些地区则可表现育成牛或青年牛或犊牛易用感性高。在新疫区该病的发病率可达10%~50%。

健康牛的上呼吸道也可存在本菌，其带菌率达0~80%不等。当动物机体受到应激、长途运输、温度骤变、雨季、潮湿、拥挤等外界因素变化影响时，可使动物机体免疫力和抗病力下降，病原菌即可乘虚而入，大量繁殖，发生内源性感染，导致牛巴氏杆菌病发生。

患病牛或带菌牛是主要的传染源，不同畜禽间一般不发生互相传染。患病牛通常通过排出的排泄物、分泌物向外散播病原菌，并污染相应的饮水、饲料、空气等；易感牛主要通过消化道、呼吸道感染发病。

（三）临床症状

牛巴氏杆菌病可分为肺炎型和败血型。肺炎型由血清A型*P.multocida*引起，以纤维素性大叶性胸膜肺炎为特征；败血型巴氏杆菌病由血清 B 型或 E 型 *P. multocida* 感染所致，呈急性、致死性败血症状，通称“出血性败血症”。

（1）败血型　败血型就是我们所说的最急性和急性巴氏杆菌病。

患败血型牛巴氏杆菌病的病牛体温可升高至 42℃。精神萎靡、心跳加快、食欲不振，腹痛，张口呼吸，舌头突出、水肿、发紫，粪便有黏液和血液、恶臭。内脏器官出血、腹腔有大量渗出液，常常还未查明病因和进行治疗处理病牛已迅速死亡。

（2）肺炎型　肺炎型就是我们常说的亚急性和慢性巴氏杆菌病。

患败血型牛巴氏杆菌病的病牛主要表现为体温升高 40~42℃，沉郁，食欲下降，鼻孔有黏脓性鼻液或浆液。湿咳，腹式呼吸，呼吸困难，喉部肿胀，头颈前伸张口呼吸（彩图 19），口流白沫，弓背，喜卧，颈、喉、前胸、前肢皮下炎性水肿（彩图 20），严重者会因窒息而死亡。

（四）病理变化

心外膜有各种大大小小的出血点，尤其是冠状沟附近出血斑点最为明显；胸腔有多量纤维素性、或出血性渗出液，肺部呈大叶性肺炎、纤维素性肺炎病理变化，肺上有出血、淤血；肺、心脏、脾脏和肾脏等各器官均有出血现象；下颌、颈、前胸肿胀处切开后呈胶样浸润；肺门淋巴结、纵膈淋巴结肿大、局部淋巴肿大、切面有出血点。

（五）诊断

根据临床症状、剖检变化和流行病学特点，可作出初步诊断。

确认本病需要进行细菌分离鉴定，取肝组织涂片或血液涂片染色，显微镜镜检即可看到两极深染的巴氏杆菌。

（六）治疗措施

巴氏杆菌对头孢、青霉素、链霉素、磺胺等多种抗生素或磺胺类药物敏感。

头孢噻呋每千克体重 2mg，一次肌内注射，每天 1~2 次，连续注射 3d。

也可用磺胺嘧啶钠注射液静脉注射，2 次 /d，连续注射 3d。

同时，氟尼辛葡萄甲胺注射液每千克体重 2mg，一次肌内注射，每天 1 次，连续 3d。

治疗注意事项：

① 此病发病急，病程急短，治疗要及时，一旦延误治疗，其治疗效果将大大下降；

② 此病的治疗必须持续进行一个疗程，一个疗程度最短为 3d。

③ 在用抗生素或磺胺及解热镇痛药进行治疗的同时，要通过输液的方式给患病牛补充相应的能量、体液、维生素等，万不可单纯地只依靠肌内注射抗生素来治疗此病，这种治疗方法的效果很有限。

（七）预防措施

① 对发病牛要立即采取隔离治疗，对相应的圈舍进行认真的清扫、消毒，发病期间每天圈舍消毒 1 次。

② 对未发病牛要进行一天两次的体温监测，凡体温升高者要立即进行隔离治疗；

③ 加强饲养管理，减少应激，保持牛群免疫水平正常。

④ 可进行紧急疫苗接种，对常发生本病的牛场应该定期进行免疫接种。

我国现有的巴氏杆菌疫苗有氢氧化铝胶灭活疫苗和油佐剂灭活疫苗。

氢氧化铝胶灭活疫苗是用免疫原性良好的 B 型 *P. multocida* 接种适宜培养基培养，将培养物用甲醛溶液灭活，加氢氧化铝胶制成。

现阶段存在两种 A 型巴氏杆菌油佐剂疫苗：第一种是油包水型乳剂，其中 Marcol52、Montainde103 和抗原成分比是 6∶1∶3；第二种是双重乳剂（Double. emulsion，DE），除了抗原，另含有 Marcol52、Ailcel.A 和吐温 -80。

氢氧化铝胶灭活疫苗免疫期较短（6 个月），油佐剂疫苗免疫期较长（12 个月），国内市场均有销售。

但由于我国现有的牛巴氏杆菌病疫苗主要是针对荚膜血清 B 型，尚无针对 A 型的疫苗，而不同血清型之间交叉免疫力差，给牛巴氏杆菌病的防控带来了极大困难，研制牛巴氏杆菌病 A 型、B 型二价苗迫在眉睫。

九、奶牛流行热

奶牛流行热是由牛流行热病毒引起的一种急性、非接触性传染病。依据该病的流行特点，它又被称为三日热、暂时热、僵硬病。此病非洲、亚洲和澳大利亚都有发生、流行，夏秋季蚊虫活跃期发生较多，尤其是天气闷热的多雨季节和昼夜温差较大的季节易引起流行。此病能快速传播，流行面广，有一定的周期性，曾在我国多个省份多次发生。

牛流行热病毒可感染奶牛、黄牛、水牛、牦牛，但以奶牛最为易感，且造成的经济损失最大。牛流行热多发生于夏季，而夏季正好是热应激严重、奶牛体质最差、各种代谢病多发的季节，一旦发生此病，将会给奶牛养殖造成巨大的经济损失。

（一）病原

牛流行热病毒属于弹状病毒科、暂时热病毒属。该病毒有一个子弹状或锥状的外壳，成熟病毒粒子长 100~230nm，宽 45~100nm。病毒粒子有囊膜，囊膜厚 10~12nm，表面具有纤细的突起，该突起由糖蛋白 G 组成。粒子中央为电子密度较高的核心，由紧密盘绕的核衣壳组成。牛流行热病毒只有 1 种血清型。

牛流行热病毒对热敏感，56℃ 10min，37℃ 18h 即可灭活，pH 值 2.5 以下或 pH 值 8.0 以上数十分钟内可使之灭活。对乙醚、氯仿等敏感，枸橼酸盐抗凝的病牛血液于 2~4℃贮存 8d 后仍有感染性。反复冻融对病毒无明显影响，在－20℃以下低温保存可长期保持毒力。

目前，对牛流行热的发病机理、细胞免疫机理及传播机制并未完全阐明。

（二）流行病学

该病流行具有明显的季节性，夏季是本病的高发季节。该病的传播和流行迅猛，在传播扩散方式上不受山川、河流的影响，呈跳跃式蔓延。该病毒传播方式不是通过近距离接触，而是通过媒介昆虫传播。目前比较明确的传播媒介是蚊子、库蠓，蚊子是其传播的主要媒介，但该病的确切传播机制还有待进一步阐明。目前的研究结果表明，一些气象和环境方面的因素与该病的传播有关，如季风及其风速和方向、温度和湿度、季雨及地理、地貌在远距离传播和媒介分布上有一定作用；另外，动物的运输也是该病毒传播的强有力途径。该病的发生流行有一定的周期性，一般认为每隔几年或 3—5 年发生 1 次较大规模的流行。

本病在我国曾经发生过几次较大规模的流行，1983 年我国曾发生过此病，波及全国十多个省区，发病率超过 44%。2004 年和 2005 年的流行过程中，死亡率高达到 18%，2011 年的流行过程中死亡率为 5%。奶牛最为易感，对于不同年龄阶段的牛群来说其易感性依次为成乳牛＞青年牛＞育成牛＞犊牛。

（三）临床症状

该病的潜伏期绝大部分为 3~5 d 。表现为突然发病，体温高达 40.0~42.5℃，维持 2~3d 后降至正常。该病的特点是发病率高、死亡率低。发病牛主要表现下述三个方面的临床症状：

病牛呼吸急促、心跳加快，随病情加重，病牛腹部扇动，鼻孔开张，抬头伸颈，张口呼吸，可见鼻孔流含血液的分泌物（彩图 22）。眼球突出，目光直视，后期上、下眼睑肿胀、眼结膜潮红、流泪，烦躁不安，站立不安，患病牛可见颈部和胸前皮下气肿，按摩有捻发音。

病牛食欲减退甚至废绝，反刍停止，瘤胃停止蠕动，肠臌气或缺水，肠蠕动机能亢进或停止排出的粪便呈干燥或呈水样便；口角流涎、或流泡沫状液体，表现相应的胃肠炎症状。

病牛步态强拘、一肢或几肢僵硬、蹒跚、易摔倒、关节疼痛（轻度肿胀）、跛行，严重者卧地不起、瘫痪、四肢直伸、平躺于地等运动障碍症状。

（四）病理变化

本病的特征性病理解剖变化主要是肺间质气肿，个别的肺充血和肺水肿；肺气肿时，肺高度膨隆，间质增宽，内有气泡，触压肺脏时出现捻发音，有的被膜隆起，被膜下有过度扩张的大肺泡，肺实质组织被气泡撑破，形成空洞。

肺水肿时，胸腔积有多量暗红色液体，内有胶冻样浸润，两肺膨隆肿胀，间质增宽。肺切面流出大量暗红色液体，气管内积有多量泡沫状黏液，黏膜发红，间有出血点或出血斑；肝、脾、肾等实质器官轻度肿胀，有散在的小坏死灶。

消化道黏膜充血或出血，特别是真胃、小肠、盲肠黏膜常有渗出性出血，呈卡他性炎症和渗出性出血性炎症；淋巴结肿胀或出血。

（五）诊断

依据群体突然爆发，传播速度快，有明显的季节性特点，发病率高，死亡率低等特点；结合典型的临床特征，例如：高热，呼吸系统症状突出，部分病牛关节疼痛、跛行，白细胞数量减少等，可做出初步诊断。

确诊本病需要结合病原分离定性。目前尚未建立起国际标准化的诊断技术，但许多国家的研究者都在特异性血清学诊断方法方面进行了大量的研究工作。根据 2002 年 8 月 27 日中华人民共和国颁布的农业生产标准，微量中和试验是检测确定本病的标准方法。

（六）治疗

本病发病迅速，传播快，尚无特效药物及特效治疗办法。临床治疗主要采用对症治疗和支持治疗方法。

针对高热，可肌内注射氟尼辛葡萄甲胺等非甾体类解热、镇痛药物进行治疗。

为防止继发感染可肌内注射头孢等抗生素进行治疗。

针对食欲下降、脱水等症状可通过输液的方式补水、补糖、补电解质、调整体液酸碱平衡，补充相应的维生素等，还可以采用中西结合的方法进行相应的对症治疗。

（七）预防措施

1. 认真做好早期正确诊断

在疫病多发而非常复杂的情况下，正确诊断是防控疾病的关键，真正做到早发现、早隔离、早诊断、早治疗、用药准、剂量足，对防控本病有重要意义。

2. 杀灭蚊蝇

牛流行热病毒依靠吸血昆虫为媒介进行传播，可在蚊蝇活动频繁季节每周 1~2 次用环保型灭蚊蝇药物进行灭蚊蝇工作，切断传播途径。

3. 保持环境卫生

及时清理牛舍周围杂草污物、粪沟和污水沟，保持环境卫生，防止蚊蝇等吸血昆虫滋生。

4. 免疫预防

定期对牛群进行免疫接种是控制该病的有效措施之一。目前，我国已经研制出针对该病进行免疫防控的疫苗，在该病流行之前，对易感牛进行免疫接种，可产生较好的保护作用。

5. 做好牛群监控工作

对未发病牛要进行一天 2 次的体温监测，凡体温升高者立即进行隔离治疗。

十、奶牛传染性皮疣

奶牛传染性皮疣是由疣病毒感染引起的一种传染性皮肤病，主要病理表现为皮肤上出现丘疹、结节，质地硬实。此病是近一两年我国奶牛场出现的一种疾病，对此病的研究内容十分稀少，牛场对此病缺乏了解。

（一）病原及发病机理

乳头状瘤病毒是疣病毒中大家最为熟悉的病毒，疣病毒具有接触传染性，如吸血昆虫、挤乳、黏膜损伤进入到皮肤内，进入皮肤后主要存于表皮的棘层，侵害表皮棘层细胞，引起棘层细胞增生，从而形成皮肤增生，由于病毒亚型及侵害部位不同引起的皮肤增生表现形态也不尽相同（例如，乳头状、菜花状、扁平状等）。

（二）流行病学

本病呈散发、地方流行，具有接触传染性，可通过吸血昆虫、挤乳、黏膜的损伤等途径传播流行。目前的初步观察统计表明其发病率为 10% 左右，以成乳牛发病为主。

（三）临床症状

最初的直观表现是患病牛体表被毛出现一撮一撮翘立现象（彩图 23），再仔细观察可见被毛翘立处皮肤呈丘状、疙瘩、或结节状增生，大小由黄豆到核桃大，触摸感觉质地硬实。由于患病牛皮肤瘙痒，身体会在颈枷、栏杆等设施上摩擦，摩擦会导致皮肤病变处脱毛、破溃、感染。

发病牛的病理变化几乎可发生于全身皮肤（体侧皮肤、肩部皮肤、头部皮肤、眼部皮肤、后躯皮肤、乳房皮肤等），发病局域面积广泛。

患病牛由于皮肤瘙痒，会严重影响奶牛的休息和采食，从而导致泌乳性能下降，甚至变消瘦。此病为一过性皮肤病，该病一般在牛群中病程为 2~3 月，不会导致奶牛死亡。

切开奶牛皮肤病变可看到皮肤内有明显的皮肤增生。

（四）治疗

此病为病毒感染性疾病，无特异性治疗方法及药物。

由于奶牛患本病后，皮肤会出现数量较多的病灶，当病灶破溃后为防止继发感染，可及时在病变处涂抹碘酊，以防破溃的病灶化脓感染。

针对病毒选用板蓝根注射液、胸腺肽、干扰素等抗病毒药及维生素 B_{12} 治疗有一定疗效，但从经济方面考量意义不大。

加强饲养管理，提高自身免疫力，减少感染数量应该是预防本病的中心工作。

十一、奶牛附红细胞体病

附红细胞体病是由附红细胞体寄生于红细胞表面、血浆、组织液和脑脊液中而引起的一种人畜共患传染病。奶牛附红细胞体的临床特征是体温升高、贫血和黄疸。

继猪附红细胞体病之后，奶牛附红细胞体病也呈现局部流行的趋势。有些奶牛场附红细胞体感染率高达 80%，以至于难以对发病牛进行输血治疗。目前，30 多个国家和地区对本病已有报导。附红细胞体病对奶业生产构成了严重危害，牛感染此病后不仅可导致动物泌乳性能下降，还可导致死亡；而且还对人体健康也构成了一定威胁。

内蒙古医学院对部分人群的流行病学调查表明，有些人群的感染率高达 39.2%~87.0%；近年来在我国安徽、兰州、宁夏回族自治区、云南河北等地均发现了人畜共患的附红细胞体病例。

（一）病原

附红细胞体属于立克次氏体目、无形体科、血虫体属。

奶牛附红细胞体呈短杆状、球状、月牙状等形态，大多附着于红细胞表面，也可在血浆中自由存在，还可存在于骨髓之中。

初步研究表明，牛附红细胞体可感染绵羊、山羊和人。

（二）流行病学

奶牛附红细胞体病在我国某些地区的牛群中广泛存在，感染率一般在 33%~80%。虽然感染率很高，但发病率一般在 5% 以下，多为隐性感染，感染而不发病。该病呈地方性流行或群发。

本病在发病过程中不表现年龄差异，犊牛及成年牛均可感染、发病。

一年四季均可发病，但 5—8 月多发。

主要传播途径如下。

（1）吸血昆虫传播　节肢动物蚊、虱、蜱等是重要的传播媒介。夏季是本病的多发季节，临床观察表明，虽然本病表现一定的季节性，但一年四季均可发病、流行。

（2）血源传播　本病可通过被附红细胞体污染的针头、打耳号用具等传播。

（3）消化道传播　可通过被附红细胞体污染的饲料、饮水等传播本病。

（4）垂直传播　患病母畜可通过胎盘将此病传染给胎儿。

（三）临床症状

患病牛持续高烧、体温为40~42℃，精神沉郁，食欲严重减退，有时只吃少量青绿饲料或胡萝卜。结膜明显苍白、贫血，病牛消瘦明显。四肢无力，严重时喜卧。病牛粪变干或稀而黑，气味恶臭。呼吸较快，有些病例流少量脓性鼻涕；产奶量显著下降或停止泌乳。

注射安乃近或复方氨基吡啉及输液后症状稍有好转达，一天后又恢复原来症状。有个别病例注射解热镇痛药后体温不但不下降，甚至升高。

人患附红细胞体病后症状与牛有一定差异，同样是隐性感染多，发病率低。轻度的感染常被忽视，常见发热、乏力、出汗、肌肉酸痛、头晕、头疼等类似感冒的症状。

贫血、皮肤或黏膜黄染，肝、脾及淋巴结肿大。严重者出现肝肾功能损害及骨髓病理变化。化验时发现红细胞容积、血色素、血红蛋白及血小板降低，血液稀薄。

（四）诊断

1. 悬滴法

取静脉血一滴，加2倍生理盐水稀释，盖上盖玻片，用油镜放大1 000倍观察。可见红细胞形态呈菠萝状、锯齿状、星状等不规则形态，可见大小不一，形态多样的折光小体在血浆中做翻滚、扭转、伸屈运动（图10-5）。

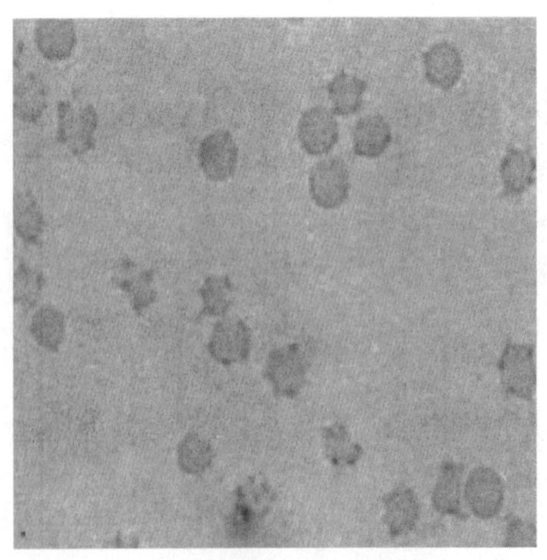
图10-5　悬滴法观察到的红细胞异常形态

2. 直接涂片法

用血液制作成血液涂片后，直接用油镜放大1 000倍观察，可看到附着于红细胞表面的球形、杆状、弧形、颗粒状附红细胞体（图10-6）。

寄生有附红细胞体的红细胞呈菠萝状、锯齿状、星状等不规则形态（图10-7）。

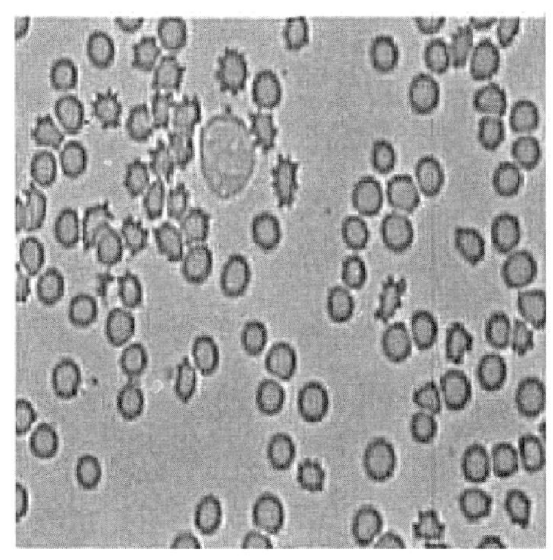
图 10-6　血液涂片观察到的红细胞异常形态

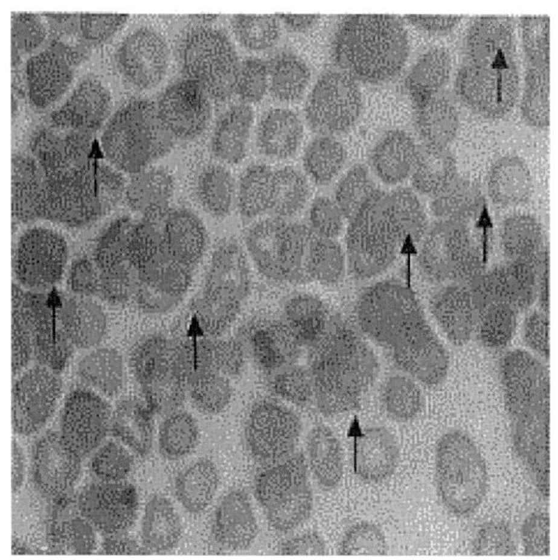
图 10-7　血液涂片染色法观察到的红细胞异常形态

3. 血液涂片染色法

血液涂片染色（姬姆萨、瑞氏）后附红细胞体可被染成紫红色，红细胞呈红色，用油镜放大 1 000 倍观察，就可以清楚地看到附着于红细胞表面的附红细胞体。

（五）治疗

目前，在治疗家畜附红细胞体病上，尚无一种十分理想的药物。杀原虫药、广谱抗生素（或磺胺）和支持疗法联合应用是治疗本病的基本思路和方法。支持疗法及杀原虫药和广谱抗生素（或磺胺）的联合应用，在提高本病的治疗效果上有良好的结果，单一治疗效果较差。

肌内注射贝尼尔，每千克体重 7mg，每天 1 次。连续 3d。

同时，每天输液治疗 1~2 次，复方生理盐水 1 000mL、25% 葡萄糖注射液 1 000mL、5% 碳酸氢钠 200mL、维生素 B_{12} 10mL、维生素 C 注射液 30mL 进行对症和支持治疗。

第 4d，仅将肌内注射贝尼尔改换为静脉注射 0.5% 环丙沙星注射液 250mL、磺胺对二甲氧嘧啶注射液 100mL，其他药物基本不变，每天 1~2 次，连续 3~5d。

在治疗期间，如果患病牛能采食青绿饲料或胡萝卜等，应让其尽量多采食。

另外，输血疗法也是一种很好的治疗方法。

十二、奶牛假结核病

假结核也叫伪结核或干酪样淋巴结炎，此病牛、羊均可感染发病，奶山羊发病率最高。奶牛次之。伪结核是由伪结核棒状杆菌感染而引起的一种接触性、慢性传染病，以局部淋巴结的化脓性干酪样坏死为特征。

（一）病原及流行

奶牛假结核的病原为假结核棒状杆菌，该菌的对环境抵抗力强，能在牛羊圈舍环境中繁殖存在。此病一般呈零星散发，牛羊场一旦发生本病则不易净化、消除。其感染途径主要是外伤感染，另外也可通过消化道和呼吸道感染。

大育成牛、青年牛发病率相对较高，这是因为育成牛、青年牛生长速度较快，如果育成牛、青年牛的颈夹较小或与牛的大小不适应，育成牛、青年牛又好动、敏感，容易受到惊吓，颈部、肩前在颈夹上摩擦、撞击容易形成皮肤损伤，病原则通过外伤感染而发病。

（二）临床症状

奶牛假结核是一种慢性传染病，一年四季均可发生，育成牛、青年牛多发。主要侵害淋巴结，导致淋巴结化脓、肿大、坏死。病灶多见于肩前和颈部，头颈部也较多见。严重都者乳房和内脏上也可发生。

最常见、多发的病理变化部位的是肩前、头颈部，发病后此处的淋巴结形成结节样肿大，不热不痛，外观好似脓包，初硬、后软、再脱毛、变红、破溃、流出黄色干酪样脓汁。此感染可以沿着淋巴管转移、扩散，治疗好一个病灶，过一段时间后可在附近发现又出现了一个新病灶。

个别严重病例病变发生在肺部，会有咳嗽、流鼻涕、呼吸困难表现；发生在胃肠时食欲减少，消化不良，贫血，瘦弱。用药则好转，停药则复发，多次反复，最后死亡或被迫淘汰。

（三）诊断

根据该病的流行特点、临床症状特点和病例变化一般可做出初步诊断，确认需要做细菌病原检定。

（四）治疗

可以在病灶未成熟时手术摘除病变淋巴结。

病灶脓肿成熟时切开、排脓、清洗、涂碘，隔日 1 次。

可在病变周围分点注射青霉素、链霉素。也可肌内注射磺胺类药或其他广谱抗生素药物进行治疗。

（五）预防措施

加强圈舍消毒，清除圈舍中的病原菌是预防本病的根本办法。

及时调整牛群或颈夹，减少皮肤损伤，可降低本病的发病率。

对于内脏型伪结核应该及时淘汰，此类型病例无治疗价值，而且会成为重要传染源。

十三、奶牛白血病

奶牛白血病是一种致死性恶性肿瘤疾病。该病首先发现于德国，近 20 年来发病地区不断扩大，现波及世界许多国家，20 世纪 80 年代初在我国发现本病，现在许多地方的奶牛群中已有本病发生。目前，牛白血病已成为世界养牛业和公共卫生方面的一大威胁。

牛白血病也叫淋巴肉瘤、恶性淋巴瘤、牛白血病复合症。其特点为患病牛淋巴细胞增生持续性升高和形成淋巴肉瘤，多数病例先有淋巴细胞增生，而后出现淋巴瘤，所以有人认为淋巴细胞增生可能是牛白血病的亚临床型，但有 35% 的牛白血病只有淋巴瘤而不表现淋巴细胞持续增生。

（一）病原

该病的病原为牛白血病病毒（BLV），牛白血病病毒呈 C 型病毒粒子的典型形态，病毒粒子基本呈球形，也有呈杆状的，直径 90~120nm，电镜下可见有双层膜，外层膜即囊膜，囊膜上有纤突，纤突长 10~15nm，核衣壳呈 20 面体对称，膜内含有丝状和点状结构。此病毒对外界环境的抵抗力较弱，对温度较敏感，56℃下 30min 大多数毒株被灭活，60℃以上迅速失去感染力，用巴氏灭菌法可杀灭牛奶中的病毒。对乙醚等敏感，pH 值 4.5 时一些普通消毒药也能使其失去活性，紫外线照射、反复冻融以及低浓度的甲醛等对病毒均有较强的灭活作用。

（二）流行病学

牛白血病主要发生于牛，绵羊、瘤牛，水牛和水豚也能感染。人工接种除牛外，绵羊、山羊、黑猩猩、猪、兔、蝙蝠、野鹿均能感染发病。该病主要发生于成年牛，尤以4~8岁的牛最常见。潜伏期长，可达2~10年。一般来说，奶牛对BLV的感染率较高，但其发病率较低。其主要感染途径如下。

① 胎内感染：母体可通过胎盘将病毒传染给犊牛而得病，有人将37头产自患病母牛的犊牛产后立即隔离，进行实验室诊断，结果发现35头犊牛患了牛白血病。

② 生乳感染：犊牛吃了病牛的牛奶可导致本病水平传播，但如果将牛奶进行巴氏消毒后再喂犊牛，则犊牛不会感染此病。

③ 接触感染，健康牛和患病牛相互接触，可发生本病。一些实验表明，夏季的接触传染率高于其他季节，所以有人推测，昆虫与牛白血病的传播有一定的相关性。

④ 患病公牛的精液也可传播牛白血病。

（三）类型及临床特征

牛白血病根据其临床特征可分为四个类型，即犊牛型、青年型（胸腺型）、成年型和皮肤型，前三种类型与年龄有关，后一种与年龄无关。

（1）犊牛型　也叫幼年型，多发生于6月龄以内的牛，奶牛的发病率高于肉牛，多呈零星发病，很少同时发生。患病犊牛常外表正常，但体重减轻，全身淋巴结肿大，精神沉郁，体弱无力，少数病牛体温高，心动过速，后躯麻痹，多在出现症状后2~8周死亡。

（2）青年型　也叫胸腺型，主要发生于6~18月龄的青年牛，肉牛的发病率明显高于奶牛。此型多散发，肿瘤多发生于颈的腹侧及胸腔入口处。病牛常表现呼吸困难，瘤胃臌气。其肿瘤易与颈腹侧的脓肿和蜂窝织炎相混淆。

（3）皮肤型：主要发生于3岁以上的牛，其他年龄的牛也可患此病。皮肤上出现荨麻疹或皮肤肿块，直径1~5cm（彩图24），常发部位为颈部、背部、臀部和大腿部，肿块随后脱毛、破溃、坏死、上面形成一层灰白色痂皮，个别病例皮肤病变消失后可复发。

（4）成年型：是奶牛中最常见的一种类型，既可散发也可呈地方性流行，在我国此类型最为多见。其主要临床特征是贫血，短期迅速消瘦，食欲下降，产奶下降，体温正常或稍高；体表淋巴结显著肿大，尤其以肩前、膝前和乳上淋巴结肿大较为突出（10cm × 16cm），触摸时似红薯大小。直肠检查时会发现骨盆腔入口周围或盆腔内有较大的肿块，无痛、无热、也不敏感。

奶牛白血病以 4~8 岁奶牛多发，多数感染牛不呈现临床症状，以在血液中存在白血病抗体并出现持续的淋巴细胞增多症和异常淋巴细胞为特征。只有生成肿瘤之后，才出现体表或颈浅淋巴结及内脏淋巴结肿大，直肠检查可触摸到肿大的内脏淋巴结。

由于肿瘤部位机械性损伤和压迫作用，使病牛呈现一系列与之相对应的临床症状。病牛食欲不振，体重减轻，发育不良，全身乏力，泌乳性能明显降低，可视黏膜苍白或黄染，前胃驰缓和瘤胃臌气等。当侵害心脏时，心搏动亢进，心跳加快，心音异常，出现瘤块压迫性呼吸、吞咽困难，全身出汗，眼球突出，胸前浮肿。腹泻，粪如泥样，有恶臭味，混有血液，尿频或排尿困难。当骨盆腔及后腹部发生肿瘤时，病牛呈现共济失调、跛行、起立困难。子宫肿瘤病牛，可发生流产、难产或屡配不孕。

由于肿瘤发生的部位不同，所表现的临床症状也有所差异。如肿瘤发生于脾，脾破裂时有内出血的症状，如肿瘤压迫脊髓或神经就会出现后躯麻痹或瘫痪，肿瘤在鼻腔时会出现常流鼻血的症状，肿瘤在真胃时会出现煤焦油样粪便。

剖检时可见病牛全身淋巴结均出现不同程度的肿大，切面灰白色并有局灶性坏死和出血；内脏器官、肠系膜、心脏等上面有淋巴肉瘤，腹腔液增多，有粉红色胶胨样物。

肿瘤结节除增生外会有程度不同的变性坏死。此外，剖检的全部病例消化道黏膜出现程度不同的出血，内含有数量不等的血样液。肿瘤细胞之间有网状上皮和网状纤维所支持的网架。有时见到少数毛细血管，其中充满大量瘤细胞。肿瘤内也有少数淋巴管，有的瘤细胞核浓缩和崩解。

（四）诊断

此病的诊断方法有血清学诊断、染色体分析、生化诊断等多种方法，但临床上主要以临床症状结合血液学诊断和活体淋巴穿刺进行诊断。

1. 血液学诊断

主要通过检查外周血液中的白细胞总数及淋巴细胞所占比例来进行诊断确诊。

① 白细胞总数显著增高，个别可增高 7~10 倍。

② 淋巴细胞所占比例大于 70%。

2. 淋巴结穿刺

活体采取淋巴细胞涂片、染色（瑞氏或姬姆萨染色），通过观察淋巴细胞形态来进行诊断。可见幼稚淋巴细胞明显增多，胞体大小不一，胞浆少、蓝染，有些出现裸核，多呈分裂状。

（五）防治措施

由于目前尚不完全了解牛白血病的病因及发生、发展规律，缺少及时可靠的诊断方法，所以，国内外对本病尚无有效的防治措施。

该病的发生呈慢性、持续性特点，防控该病首先要加强监测和检疫，明确本场奶牛有无地方性牛白血病以及感染程度。采取相应的措施进行防控。根据检疫和监测的结果隔离饲养或淘汰感染牛，将牛群分为健康群、假定健康群、感染群及隔离群。不断淘汰阳性牛，对感染不严重的牛群通过血清学筛查进行白血病净化，夏季定期消灭吸血昆虫、蚊蝇等。除之外，在防控或净化过程中要注意如下几点。

① 对确诊为本病的奶牛立即进行屠宰掩埋。

② 定期进行血清学检查，半年 1 次，发现阳性牛立即隔离观察或淘汰，注意净化牛群，培养无 BLV 感染牛群。

③ 另外，初步的实验表明，饲料中添加氯化镁及亚硒酸钠可降低本病的发生，氯化镁添加剂量为每千克体重 60mg，亚硒酸钠每千克体重 0.1mg。

十四、奶牛钱癣

钱癣属于一种人畜共患的皮肤真菌病，本病是由疣状毛癣菌引起的一种病变界限清楚、形似铜钱、表面脱毛、有鳞屑覆盖为特征的一种皮肤真菌病，也叫牛皮癣。本病世界各地均有流行，呈地方性流行，具有很高的传染性，发病率高达 90%，近年来在我国不少奶牛场时有发生。

（一）病原

奶牛钱癣的病原为以疣状毛癣菌为主体。另外，须发毛癣菌也可引发本病。疣状毛癣菌在人工培养基上可以生长。该菌在 37℃培养基上生长速度比在 28℃时快，在 37℃沙氏试管斜面培养基上培养 15d 后，菌落向培养基里面呈放射状雪花样生长，呈乳白色蜡样。在 28℃沙氏试管斜面培养基培养 15d 后，表面成皱褶状，向内生长呈白色棉絮状，在转接种的平皿培养基上生长的菌落质地光滑，有轻微毛状，表面呈灰黄色。菌落中央呈放射纹状凹陷，背面无特征性颜色。在37℃培养基培养可见大量的厚壁孢子，而28℃培养基上主要为抱子及菌丝，菌丝和孢子革兰氏染色均为阳性，疣状毛癣菌对干燥和阳光有较强的抵抗力，分离物可存活5年，孢子在干燥环境中可存活42个月。

（二）流行病学

本病以直接或间接接触进行传染、传播，病牛的皮肤病灶中存在本菌，本病在炎热季节、潮湿条件下发病率高。本病一年四季均可发生，各种年龄阶段的牛都可感染，以后备牛感染率为较高，运输应激、免疫力下降、外伤、维生素缺乏等是该病发生的主要诱因。感染本病后，奶牛身体瘙痒，膘情下降。本病发病率高，在某些牛奶中发病时，幸免的奶牛不多，但几乎无死亡率。

各品种的牛、羊、鹿、草食物及马均可感染本病，人也可感染本病。

（三）临床症状

病变常从头部、背部开始，可蔓延到全身，初期出现圆形脱毛病灶，界限清楚，形似铜钱，随后病灶表面覆盖一层鳞屑成分的痂皮、高出皮肤（彩图25），痂皮下感染可有渗出物流出，进一步发展几个圆形病灶可连为一片，剥去痂皮会有出血。

病愈后痂皮脱落，病变部可长出正常的被毛，不易观察到以前曾发生过本病。本病治愈后，奶牛会对本病产生坚强的免疫力，很少有再次感染发病情况。

人也可感染本病，在治疗、诊断过程中要注意个人防护。另外，尽管此病为人畜共患病，但并不会一触即染，感染率并不高，人感染本病的临床局部表现与奶牛基本一致（图10-8）。

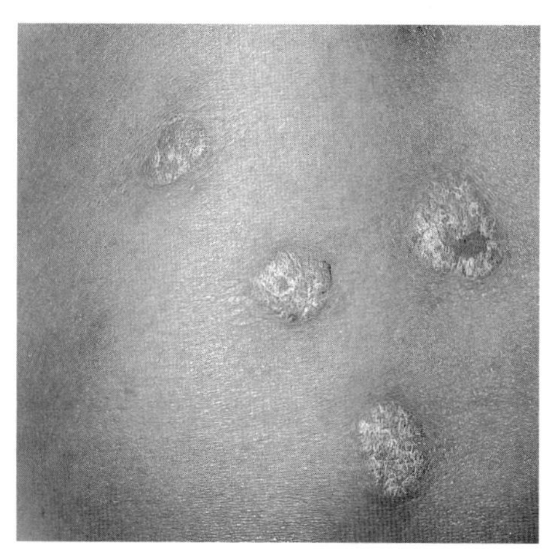

图10-8　人钱癣病

（四）诊断

根据本病皮肤病变的典型特征，结合流行病学特点或做出初步诊断，确诊需进行病原分离、培养、鉴定。取病变痂皮，将其在0.1%葡萄糖肉汤中，37℃培养6h，然后涂片、固定、染色镜检可看到本病原。

（五）治疗

如果发病数量少、患病牛身体上病灶不多，每天用来苏儿消毒液涂抹 1~2 次即可；或刮去上面的皮屑后涂抗真菌软膏酮康唑、益康唑、咪康唑等。

如果牛群发病数量较多，病灶多、面积大，可用 4% 硫酸铜药浴进行药浴的方法来控制，但此方法仅适宜于天气较热季节。

（六）预防措施

严格来讲，目前在本病的治疗上还没有的理想的治疗办法，由于该病发病率高、个体治疗工作量大、死亡率几乎为零。对于后备牛来说，在其发病后进行隔离饲养管理，防止感染扩散，应该是本病的主要防控措施。一般来说，经过 3~4 月的病程后，患病牛会康复。

目前，俄罗斯、保加利亚已经研制出防控本病的疫苗，使用疫苗后可获得良好的预防效果，但目前我国尚无此疫苗。

奶牛代谢病

一、奶牛妊娠毒血症

奶牛妊娠毒血症是一种严重的消化、代谢障碍性疾病，此病发病突然，病程短，病程急，后期治疗效果差，死亡率高。此病与干奶期或青年牛饲养后期营养水平过高导致的肥胖有关，也称肥胖母牛综合征，其病理性表现特点是进行性消瘦、脂肪肝、酮血症。

目前，此病已成为奶牛场面对的一个重要代谢病，在某些牛群中发病率高达50%，死亡率高达25%，群发性的奶牛妊娠毒血症可给牛场造成重大经济损失。

（一）病因

① 日粮中某些特定蛋白质缺乏，导致载脂蛋白生成量减少，影响肝脏脂肪移除，从而导致本病发生。

② 分群不科学，干奶牛、青年牛与泌乳牛混群饲养易导致本病发生。

③ 干奶期母牛或妊娠后期 3 个月日粮中精料比例过大，或精料中能量、蛋白质过高或实际采食量超过营养标准是导致奶牛妊娠毒血症的主要原因。

④ 精饲料配合不科学，精饲料中豆粕、棉籽等蛋白质类成分添加过多，可导致本病发生。

⑤ 粗饲料质量低劣，导致奶牛采食精料相对过多，也可导致本病发生。

⑥ 过瘤胃脂肪等高能量添加剂添加超量，可导致本病发生。

⑦ 糟粕料添加过量（例如：啤酒糟）等可导致本病发生。

（二）发病机理

研究表明，奶牛体能的贮存在泌乳期为59%，在干奶期为85%，干奶期能量贮存的增加就会造成奶牛肥胖，使体内贮存大量脂肪。

肥胖可使奶牛分娩前后食欲大为降低，采食量下降可导致生糖的原先质缺乏，从而引起正常的糖异生受阻，血糖下降。

一头牛每天约需7.4kg的葡萄糖，由于血糖下降，体内脂肪分解就得加强，脂肪分解过程中会释放出大量的脂肪酸进入血液，并随血液进入肝脏，在肝脏内由于缺乏合成脂蛋白必需的磷脂，致使甘油三酯在肝脏中大量蓄积，使肝细胞发生严重的脂肪变性（脂肪肝）。

其次，在体脂肪分解过程中，还会产生大量的中间代谢产物，这些产物包括丙酸酮、乙酰乙酸、β-羟丁酸等物质。另外，肝脏细胞发生严重的脂肪变性后，肝脏的解毒、分泌等功能障碍，这就会造成大量对机体有毒害作用的中间代谢产物（例如：酮体等）在血液中蓄积，从而引起全身性中毒，这也是奶牛妊娠毒血症这一名称的由来。

当该病发展到后期出现临床症状时，许多器官的细胞发生了变性，因此药物治疗很难见效，这也是本病死亡率高的原因。严格地讲，奶牛妊娠毒血症并不是一个简单的酮病、肥胖或脂肪肝，而是一种复杂的严重的代谢障碍性疾病。

（三）临床症状

1. 最急性

最急性病例大多发生于分娩后，也可以发生于临分娩前两周内，常常以突然死亡而被发现，来不及治疗。

当青年牛在怀孕后期出现这种突然死亡病例时，应该联想到奶牛妊娠毒血症，并针对妊娠毒血症进行相应的监测、诊断，不能将诊断只局限在传染病方面，由于饲养是导致本病发生的重要原因，所以，在饲养失误的奶牛场此病的发生会表现出一定的群发性。

2. 急性

大多数急性病例食欲废绝，瘤胃蠕动微弱，病牛精神沉郁，反应迟钝，步态不稳，粪干或排出腥臭黑色稀粪便，心率、呼吸正常，体温大多数正常、偶有体温高于39.5℃病例，发病后2~3d内卧地不起，常以治疗无效而淘汰或以死亡告终。

3. 亚急性

亚急性病例呈产后奶牛酮病的主体临床症状。病程可延长到产后20~30d，体温呼吸、心率正常，发病牛由食欲差发展到不食，消瘦，分娩前后膘情变化显著，尿液pH值＜7.2、偏酸，尿酮阳性，粪便少而干，可排少量黑色稀粪便，奶逐渐减少、甚至无奶，卧地不起，治疗效果差，也可继发子宫炎、乳房炎等病，最后因丧失治疗价值而被淘汰或衰竭而死。

总的来说，此病病程短，治愈率低。随着奶牛饲料条件的大幅提升，此病的发病呈上升局势。在进口牛群中，这一疾病的发病率要高于非进口牛群，为什么会出现这一问题呢？其主要原因为：

第一，近年来，我国进口的奶牛大多来自于澳大利亚、新西兰、乌拉圭的育成牛或青年牛，这些国家草场资源丰富，他们大多采用的是放牧加补饲的饲养方式，尽管这些牛经过长期选育具有优秀的高产基因，但由于采用的是放牧加补饲的饲养方式，胎次产奶量一般为4 000~6 000kg，对高精料饲养需要一个适当的适应、过渡阶段。如果我们将这些育成牛或青年牛进口到国内奶牛场后，立刻改为高精料饲养条件饲养，这些牛就很容易出现肥胖问题，就可导致青年牛在产前、产后出现妊娠毒血症。所以，引进的进口奶牛，我们必须根据其膘情因地制宜地制订相应的日粮标准，不可教条地照抄相应的营养标准。

第二，由于进口奶牛价格相对较高，遗传品质优良，国内奶牛场往往会给进口奶牛提供高品质的饲料条件，优质苜蓿、优质豆粕、压片玉米等，甚至不计饲料成本，这种过度“溺爱”式饲养，不仅造成饲料浪费，也是导致妊娠毒血病发生的一个原因。

（四）诊断

可依据本病的发病情况、临床表现、病理解剖变化做出临床诊断，也可以结合实验室化验做出最后诊断。

1. 主要病理变化

产前病牛肥胖，产后消瘦迅速。肝脏肿大，边缘变钝厚，颜色呈土黄色，质地变脆，甚至用手就可将肝脏轻松撕裂，肝脏撕裂的断面或切面外翻，切面油腻、有一层油脂颗粒样物质。胆汁黏稠，胆汁中漂浮了一层黄色脂肪颗粒样物质。肺有淤血、气肿病理变化。

肝脏组织切片，显微镜下观察，可见肝脏细胞发生严重的脂肪变性，肝细胞中有大的空泡（彩图26）。肾脏组织切片，显微镜下观察，肾细胞发生脂肪变性，肾

间质有红细胞聚集。

2. 实验室诊断

因为奶牛妊娠毒血症是一种复杂的严重的消化、代谢障碍性疾病，所以，奶牛发生此病后会表现出许多指标异常变化（表 11-1），诊断时也可参考这些指标。另外，测定血液中游离脂肪酸含量高低对诊断此病也有重要参考意义。

表 11-1　妊娠毒血症奶牛的几项生化检查指标

指标名称	正常参考值	妊娠毒血症测定值
血清总蛋白 TP/(g/L)	67~75	55.5~60.5 ↓
血清白蛋白 ALB/(g/L)	30~36	26.5~28.5 ↓
谷草转氨酶 AST/(u/L)	45.3~150	183.6~194.5 ↑
总胆红素 TBI/(μ moL)	0~9	12.8~16.2 ↑
直接胆红素 DBI/(μ moL)	0~5	8.4 ~9.7 ↑
葡萄糖 GLU/(mmol/L)	2.6~4.3	2.06~2.41 ↓
无机磷 IP/(mmol/L)	1.19~2.65	2.84~3.09 ↑
血清钙 Ca/(mmol/L)	2.05~2.69	1.74 ~2,58 ↓
血清镁 Mg/(mmol/L)	0.79~1.19	0.58~0.65 ↓

注：所测妊娠毒血症指标来源为患病牛 5 头，↓表示指标降低，↑表示指标升高

（五）治疗

① 50% 葡萄糖 1 000mL，静脉注射。

② 5% 碳酸氢钠 500~1 000mL，静脉注射。

③ 复方生理盐水 1 000 mL，静脉注射。

④ 10% 磷酸二氢钠注射液 500mL。

⑤ 氢化可的松注射液 100mL，静脉注射。

⑥ 烟酸 15 g、氯化胆碱 80g 、纤维素酶 60g、丙二醇 300~400mL、钙磷镁合剂 1 000mL 灌服。

⑦ 复合维生素 B 注射液 10~20mL，隔天肌内或皮下注射 1 次。

按此参考处方治疗，一个疗程为 4~5d。

（六）预防措施

科学配制日粮，保证精粗比例、精料中能量、蛋白质饲料等配比科学，做好体况评分工作，防止干奶牛、青年牛妊娠后期肥胖。

分娩后给奶牛群灌服丙二醇，每天一次，一次 300~400mL，连续 3~5 次，对此病有预防作用。

从产前 2 周开始，每天补饲烟酸 8 g，氯化胆碱 80g，纤维素酶 60g，对此病有一定防控作用。

保证日粮钙磷平衡，防止奶牛日粮中磷缺乏，对防治本病有一定意义。

给干奶期或怀孕后期的青年牛提供高磷低钙日粮，对此病也有一定防控作用。

二、奶牛产前截瘫

产前截瘫也叫妊娠截瘫，本病是奶牛怀孕末期运动器官机能障碍而引起的一种疾病。奶牛发生产前截瘫时，病牛无导致瘫痪的局部病变，也无明显的其他全身症状。

（一）病因

对本病的病因目前还缺乏深刻了解。一般认为，奶牛产前截瘫可能是怀孕末期许多疾病的一个临床症状。可能与下列因素有关：

① 双胎及胎儿过大，机体瘦弱，以致母牛后躯负重过大，而导致本病发生。

② 病牛患有其他潜在性疾病。

③ 母牛日粮中钙磷不足或比例不当。

（二）临床症状

产前截瘫大多发生于产前数天或数周。病初仅见站立无力，两后肢交替踩地，频频换蹄。行走时步态不稳，后躯摇晃，卧下时起立困难。后期则完全不能站立、卧地不起。产前截瘫的奶牛多表现为两后肢运动机能障碍。

发病后体温、脉搏、呼吸均正常，食欲及反应也基本正常。临床检查后躯无病理变化，疼痛反射正常。

如果卧地时间较长，可发生褥疮，甚至导致肌肉、缺血、萎缩，也可继发其他疾病。发生于产前 1~2d 的奶牛，大多可在产犊后不久康复。

（三）诊断

依据临床症状一般可对本病做出初步诊断。

（四）治疗

① 加强对患牛在治疗期间护理是防治本病的重要措施之一。对病牛要精心饲养护理，保证每天供给富含蛋白质、维生素、矿物质及易消化的饲草料和饮水，每天翻身 2~4 次，每天按摩病牛后躯（用脚踩即可）2~3 次，每次 20~30min，在病牛的身下要垫好垫草。

② 静脉输注 10% 葡萄糖酸钙或氯化钙 300~500mL、肌内注射维生素 D，对钙磷不足所引起的产前截瘫有较好的治疗作用。

③ 选用百会穴、后海穴及巴山穴施行电针治疗，对本病也有一定疗效。

本病距离预产期近则治疗难度小，距离预产期远则治愈率低。对于距离预产日期较近的发病牛一般经适当的治疗及认真护理，当母牛坚持到分娩后即可治愈。

对于距离预产日期较近，但临床表现严重的牛可用氯前列烯醇进行引产，胎儿引出后配合产后治疗及护理，病牛也可康复。

三、奶牛产后瘫痪

产后瘫痪是母畜分娩后突然发生的一种严重的代谢性疾病，也叫乳热症或低钙血症或生产瘫痪。这是一个传统性常见病，随着我国奶牛养殖水平的大幅提高，尤其是 TMR 技术的大面积应用，此病在规模化牛场得到了较好的控制。目前，在饲养管理好的高产牛场该病的发病率一般在 1% 以下。产后瘫痪的临床特征是：急性低血钙、知觉丧失（昏迷）、四肢瘫痪；奶牛产后瘫痪的发生具有以下几个特征。

① 高产奶牛多发。

② 3~7 胎奶牛多发。

③ 产后 1~3d 的奶牛多发，个别发生于临分娩前。

④ 初产奶牛极少发生。

⑤ 治愈的母牛下次分娩可再次发病。

（一）病因及病理

奶牛产后瘫痪的发病机理目前还不十分清楚，但 50 多年前人们就发现引起本病的直接原因是产后血钙浓度急剧下降，并知道用静脉注射钙剂的方法进行治疗。另外，生产瘫痪的临床表现过程与大脑皮质缺氧有极大的相似性，所以有些人也认为产后瘫痪是由于大脑皮质缺氧所致。

1. 低血钙

母牛在产后，其血钙浓度会出现不同程度的下降，但患病牛的血钙下降更为严重，常降到正常水平的一半或更低的水平，产后正常牛的血钙浓度为 8.0~12.0 mg/100mL，发病牛的血钙浓度则为 3.0~7.0 mg/100mL。导致产后血钙浓度急剧下降的主要原因有以下几种。

① 大量血钙被转移到初乳中，这是引起血钙下降的一个主要原因 。

② 分娩前后从肠道吸收的钙量减少，也是引起血钙降低的一个原因。

妊娠末期胎儿迅速发育、胎水增多，胃肠器官受到挤压，因而蠕动降低，进食量减少，从而导致从胃肠消化吸收的钙量减少。

分娩时雌性激素水平增高，使母体食欲下降，也影响了消化道对钙的消化吸收。

③ 产后机体动用骨钙的能力下降，进一步加重了血钙浓度的急剧下降。

甲状旁腺是机体动用骨钙的一个重要器官，甲状旁腺素是机体调节和释放骨钙的重要激素，分娩后甲状旁腺功能减退，使机体动用骨钙缓解血钙下降的功能受到抑制。从而使血钙的降低无法得到及时补充和缓解。

分娩过程中，大脑皮质过度兴奋，分娩后由于腹压突然降低，导致腹腔器官被动性充血，同时又有大量血液进入乳腺，从而使大脑出现贫血，大脑皮质功能抑制，进一步使甲状旁腺的分泌功能降低。

妊娠末期如果不变更饲料，或继续用高钙日粮，由于产前血钙浓度较高，这又可刺激甲状腺分泌大量的降钙素，使分娩后血钙进一步下降。另外，降钙素分泌增加，可直接抑制甲状旁腺的功能。

妊娠末期，由于胎儿骨骼发育迅速，母体骨骼中贮存的钙量大为减少，可动用的骨钙也大量减少，即使在甲状旁腺功能影响不大的情况下，也不能充分补偿产后血钙的大量流失，而使血钙下降。

④ 血镁降低也可影响骨钙的动用。奶牛发生产后瘫痪时，常伴发有血镁降低，镁对钙代谢环节具有调节作用，血镁降低可降低骨钙的动用能力。

⑤ 同时也发现，产后瘫痪时患病牛的血磷（无机磷）也伴有明显降低。对奶牛产后瘫痪进一步的研究发现，低血钾也是导致奶牛发生产后瘫痪的又一个因素。

由此可见，奶牛产后瘫痪的发生可能是某种因素单独作用的结果，也可能是几种因素综合作用的结果。

2. 大脑皮质缺氧

有人认为，本病是由于一时性脑贫血、缺氧所致，其低血钙是脑缺氧的一个并发症。

① 分娩后腹压突然降低，由于腹腔器官被动性充血而导致脑贫血。

② 大量血液进入乳腺，是引起脑贫血的又一原因。

③ 分娩后肝脏血液贮存量增加，也是导致脑贫血的一个原因。

脑贫血时，一般都有短暂的兴奋期，肌肉震颤，搐搦，敏感性增高，随后出现肌肉无力、知觉丧失、瘫痪等，这些症状和产后瘫痪的症状有类似之处。

对于补钙无法治愈的病例，用乳房送风法却能治愈，这一点也有力地支持了脑缺氧机理。

利用皮质激素来升高患病牛血压、缓解脑贫血的治疗方法，也对脑贫血引发产后瘫痪的机理给予了支持。

另外，过食易发酵的碳水化合物饲料，可促进低血钙的发生；静脉注射氨基葡萄糖化合物类抗生素可促进生产瘫痪的发生或加重其症状，尤其是庆大霉素、新霉素、双氢链霉素等；因此，在分娩牛的治疗上也要注意用药。

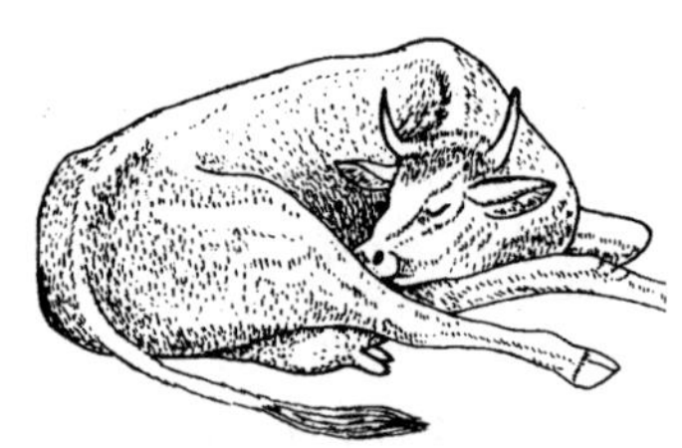

图 11-1　牛产后瘫痪犬卧状姿势

（二）临床症状

牛产后瘫痪的症状按照病程发展可分为如下三个阶段。

1. 前驱期

兴奋不安，紧张乱动，肌肉震颤、搐搦、磨牙、摇头、头颈部肌肉抽搐、神经敏感性增强、哞叫、惊慌，食欲下降或不食，排粪、排尿停止。

2. 躺卧期

鼻镜干燥，精神沉郁、发呆，反射及感觉性降低、兴奋性降低，胃肠蠕动减弱或消失，不愿意走动，四肢交替负重，后躯摇摆站立无力，共济失调，站立困难，以至瘫痪（彩图 27）。卧地后，头、颈呈“∽”状异常弯曲或头颈弯向一侧，呈“犬卧状”（图 11-1、图 11-2）。个别可挣扎着站起，体温稍低，四肢末端发凉，心音减弱、频率增加，呼吸变深。

图 11-2　牛产后瘫痪头颈“S”状弯曲

3. 昏迷期

病牛意识抑制和感觉丧失、昏睡、反射消失、肛门松弛、胃肠道麻痹、吞咽困难，体温多降低（35~36℃），心跳微弱、增数可达 120 次 /min 以上，呼吸微弱，死亡前多昏迷不醒。

（三）诊断

① 通过临床症状可做出初步诊断。

② 血钙测定。

（四）预后

对于急性病例，由于发病迅速，如不及时治疗有 50%~60% 者常于发病后 12~48h 内死亡，个别在发病后几小时内可死亡。若及时治疗则 90% 可痊愈或好转，但有些可复发。

非典型性病例大部分经治疗后愈后良好，少数严重者或继发其他疾病者预后不良，或发展为产后爬卧综合征。

（五）治疗

1. 静脉注射钙制剂治疗

① 一次静脉注射钙制剂（10% 氯化钙或 10% 葡萄糖酸钙 500~1 000mL）。约有半数病例会在治疗后不久站起，有些愈后反复，所以可在半天内重复输钙治疗一次，剂量减半。为延长药效，还可用葡萄糖酸钙进行皮下注射，剂量为正常的 1/3。

② 采用静脉输钙进行治疗时，第一次钙剂用量要充足，如果剂量不足会延长病程，降低治愈率。

③ 静脉输钙时速度不宜太快，尤其是冬天液体温度较低时容易引起心脏功能障碍，在输液过程中要注意监听奶牛心率。也可以用等量的葡萄糖或糖盐水把钙制剂浓度稀释一半后进行输液。

④ 对瘫痪而体温较高的牛，应先采用肌内注射氟尼辛葡甲胺、抗生素；静脉输复方生理盐水、糖盐水等方式将体温降到正常时再静脉输钙。

2. 注射磷、镁制剂治疗

用单一钙剂治疗其疗效不好者，可用 15% 磷酸二氢钠注射液 200~500mL，25% 硫酸镁注射液 150~200mL，静脉注射进行治疗。

3. 其他疗法

还可能配合地塞米松、维生素 D，灌服钙、磷、镁制剂等进行治疗。

（六）预防措施

① 干奶后一个月给牛用低钙高磷日粮，这样可充分激活甲状旁腺功能，提高产后机体动用骨钙的能力，从而起到预防产后瘫痪的作用。

② 奶牛分娩后，静脉输钙、输糖对产后瘫痪也有很好的预防作用。

③ 奶牛分娩后灌服钙、磷、镁复方制剂也是防控奶牛产后瘫痪的一个有效办法。

④ 分娩前 2~7d 肌内注射维生素 D1000 万单位，临产时重复一次，也有一定预防作用。

⑤ 有人认为产后瘫痪主要是由于体内阴阳离子不平衡或总数不足所造成，干奶期给奶牛添加添加阴离子制剂对奶牛产后瘫痪也有预防作用。

四、奶牛骨质疏松症

奶牛骨质疏松症是成年牛骨骼生长完成后，由于钙磷代谢紊乱而发生的一种慢性全身性代谢病。其病理变化特点以骨质脱钙、骨质疏松、骨骼变形为主要特征。

奶牛发生本病后可导致泌乳性能下降，繁殖性能降低，生产年限缩短；还可导致骨骼、蹄变形及骨折。此病也是引起产后低血钙症、产后瘫痪和产后爬卧综合征、胎衣不下、子宫复旧不全、发情障碍的一个基础原因。严重的病例会因生产性能低下、免疫能力低下或继发其他疾病而丧失饲养价值。有效预防或控制骨质疏松症的发生对提高牛群整体健康和生产水平有重要的实际意义。

此病初期全身症状不明显，而且属于一种慢性疾病，所以没有引起大家的充分重视，容易被忽视，对奶牛生产造成较大损失。在北京地区 6 个规模化牛场的临床普查结果表明，奶牛骨质疏松症在牛群中发病率为 3.8%。

（一）奶牛骨质疏松症的发病机理

钙磷是机体组织器官的一个重要组成成分，如神经细胞、肌肉细胞的组成成分中都含有钙磷这 2 种物质，钙磷还具有调节神经系统功能、血液凝固性、肌肉兴奋性、心血管功能等作用。可以说，细胞的生命活动离不开钙和磷。

当饲料中钙磷不足或胃肠道吸收的钙磷不能满足奶牛的生理、生产需要时，血液中的钙含量就会下降，间接的引起甲状旁腺分泌功能加强、甲状旁腺素分泌增多，在甲状旁腺素的作用下机体会将贮存在骨头中的钙分解释放到血液中，以维持血钙浓度的相对恒定，动用骨钙是机体维持血钙恒定的一种保护措施。但是长此以往，奶牛的骨头就会出现严重脱钙，骨头的结构就会受到破坏，出现骨骼变脆、变形、变疏松、容易骨折等现象，从而发生骨质疏松症。

（二）奶牛骨质疏松症的发病原因

1. 饲料中钙磷不足

奶牛每产 1kg 牛奶需要消耗 1.2g 钙、0.8g 磷，如果每天产奶量为 30kg，每天因产奶而消耗的钙、磷分别为 36g、24g；奶牛每天维持本身的生理活动每还需要钙 20g、磷 15g。那么，泌乳奶牛每天所需要的钙磷总量分别在 56g 和 39g 以上。

牛对饲料中钙的吸收率一般在 22%~55%（平均为 45%），这样算来，一头日产奶 30kg 的奶牛，每天应该采食的钙、磷量应该在 124.4g 和 86.7g 以上。如果饲料中所含的钙磷量低于这个标准。奶牛就会分解贮存在骨头中的钙磷来维持泌乳和生理活动需要，从而导致骨质疏松症发生。

2. 饲料中钙磷比例不当

对于成年牛来说，骨骼灰分中钙占 38%，磷占 17%，钙磷比例约为 2∶1，在配制日粮时要求日粮中的钙磷比例基本上要与骨骼中的比例相适应，一般情况下钙:磷为（1~2）∶1。

奶牛肠道对钙磷的吸收情况，不仅决定于钙磷的含量，也与饲料中钙磷比例有关。研究发现，肠道对钙磷的最佳吸收比例为 1.4∶1。

如果不注意饲料搭配，当日粮中钙过多、磷过少，或磷过多钙过少时，也会引起钙磷不足，导致本病发生。

3. 维生素 D 缺乏

维生素 D 可以促进肠道对钙的吸收；还可减少钙通过尿排出，维生素 D 与机体内钙磷代谢密切相关。当饲料中维生素 D 不足时，就可导致牛对饲料中钙磷吸收能力下降，从而导致奶牛骨质疏松症发生。

4. 饲料和饮水中含有钙、磷拮抗因子（可阻碍钙磷吸收的一些因素）

饲料中氟含量过高，或饮水中含有过高的氟，就会影响牛对钙的吸收及骨代谢。 例如，电解铝厂、钢铁厂、水泥厂排放的高氟废气，可导致相应区域的饲草或饮水含氟量升高。

5. 慢性肝功能障碍、肾功能障碍、消化道疾病等可影响钙磷吸收及骨的正常代谢

甲状旁腺机能亢进：可使骨骼中大量钙盐溶解，导致骨质疏松。

脂肪肝、肝脓肿：可影响维生素 D 的活化，从而使钙磷吸收和成骨作用发生障碍，继发本病。

肾功能障碍：可促进钙从肾脏的排出，从而继发本病。

慢性消化道疾病：直接影响钙磷吸收，从而继发本病。

另外，年龄和遗传因素也影响钙磷吸收，一般胎次较高的奶牛骨质疏松症患病率高；拥挤、通风不良、低温等因素，对钙磷需要量有难以预测的影响。

（三）临床症状

随着饲养管理水平及饲料条件的改善，奶牛骨质疏松症的发病情况得到了明显控制。但不管饲养管理条件多么优越，本病总在牛群中有一定的发病率。因为奶牛的生理代谢功能存在个体差异，生理状态也有差别。例如，犊牛对奶中钙的吸收率高达 90%，而成年牛对饲料中钙的吸收率为 45%。所以，对于群体饲养来说，我们无法让每一头处于不同生理状态下的牛获得准确、足够的钙磷。

奶牛产后瘫痪是产后低血钙症的一个典型表现，但此病至今在我们的牛群中普遍存在，其骨质疏松是产后瘫痪的基础因素。

另外，骨质疏松症患病牛无明显症状；随病情加重，其症状主要表现在如下几个方面。

1. 消化功能紊乱

病牛出现异食现象，常舔食墙壁、牛栏、泥土、沙子、喝粪汤尿水；消瘦，被毛粗乱。产奶量下降；发情、配种延迟。

2. 运动障碍

出现跛行，步态僵硬、不愿行走，严重者运动时可听到肢关节有破裂音（“吱吱”声音），走路时拱腰、后肢抽搐、拖拽二后肢，饲养员形象的将其表现称为“翻蹄亮掌拉拉胯”（彩图 28），严重者不能站立。有些病牛两后肢跗关节以下向外倾斜，呈“X”形。

3. 骨骼变形

此病持续时间较久时会表现骨骼变形，骨骼脱钙最早发生于负重较轻的骨骼，如肋骨、尾椎、蹄等部位。

① 尾椎骨变软，易弯曲，尾椎骨骺变粗、尾椎变形，最后一、二尾椎萎缩或

吸收消失（图 11-3a、图 11-3b）。

② 肋骨肿胀、畸形，肋软骨呈“串珠样”，有些牛最后一根肋骨被吸收剩下半根。

③ 有些病牛二后肢跗关节以下向外倾斜，呈“X”形。

④ 病牛骨骼骨髓腔扩张，骨皮质变脆变软，易骨折。

⑤ 蹄变形。蹄生长不良，磨灭不整，呈翻蜷状等变型蹄；骨质疏松病牛在后期常出现蹄底溃疡病理变化。

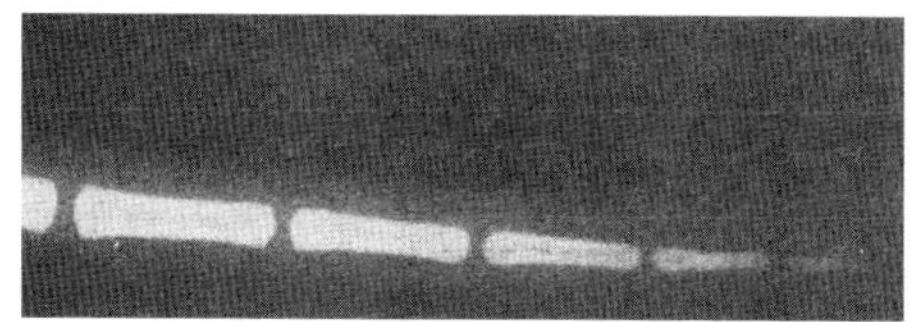

图 11-3a　正常牛尾椎 X 光照片

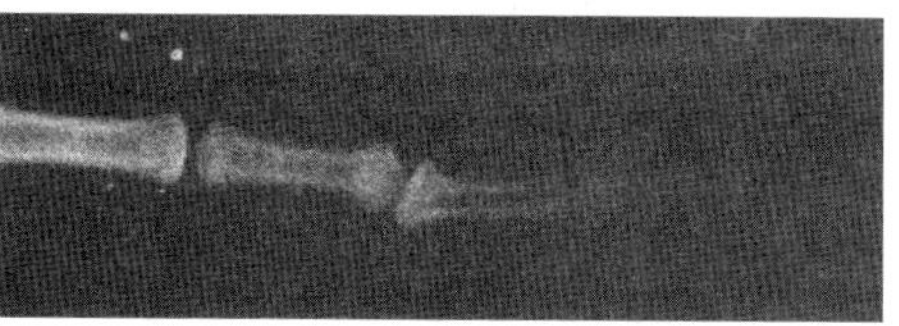

图 11-3b　骨质疏松牛尾椎 X 光照片

（四）诊断

① 根据发病牛食欲下降、异食、跛行、骨骼变形等特征性症状可做出初步的临床诊断。

② 尾椎检查也是一个简单而实用的诊断方法，尾椎骨变软，易弯曲，尾椎骨骺变粗、变形，最后一、二尾椎萎缩或吸收消失。

③ 通过测定血清钙、磷含量；或测定血清中羟脯氨酸、碱性磷酸酶（ALP）含量可对此病做出准确诊断。

④ 分析计算饲料中钙、磷含量及比例可作为诊断此病的一个参考手段。

（五）治疗

此病如果能在发病早期进行治疗，会取得良好的治疗效果和治疗效益。如果在骨变形、尾椎溶解等病理变化已经形成后再进行治疗，可以阻止病情进一步恶化，也可使骨恢复正常生理功能，但变形等严重结构异常则难以恢复。

奶牛个体成本巨大，一头奶牛价值万元以上，在注重群防群治的基础上，对个体病例进行诊断、治疗有重要的经济价值。有资料报道，本病的发病率达 5% 以上；笔者临床普查所得的发病率为 3.8%。由此可见，奶牛养殖场不可以忽视本病的诊断治疗。对于奶牛骨质疏松症我们可以采用如下方法进行治疗。

① 在奶牛饲料中补碳酸钙（石粉）或乳酸钙或磷酸钙等，每天 30~50g，连续

7~10d；也可以选择商品性产品（例如，美琳钙）进行灌服治疗。

② 静脉注射10%氯化钙200~300 mL或20%葡萄糖酸钙500 mL，或20%磷酸二氢钠300~500 mL，每天1次，连续5 ~7d。

③ 维生素AD注射液15 000~20 000IU、维丁胶性钙注射液20mL，一次肌内注射，隔日1次，连续2~3d。

④ 在按上述某种方法进行治疗的同时，我们还可以采用中医中药治疗本病，也可收到良好疗效。

（六）预防措施

在治疗的同时如果不调整饲料、保证充分合理的钙磷总量和钙磷比例，即使治愈了也可复发，所以，预防本病更为重要。有效预防本病可从如下几个方面着手。

① 保证饲料中有足够的钙磷，一头日产奶30kg的奶牛，每天采食的钙量应该不低于125g，磷不低于87g以上。不足时可在精料中添加一定量的石粉、磷酸氢钙等进行调整。

② 重视钙磷平衡，钙磷比例，饲料中钙磷比以1.4∶1最为适宜。

③ 给奶牛提供一定数量优质干草，增加饲料中维生素含量，促进钙磷代谢，冬天可给牛喂一些胡萝卜，或添加一定量的复合维生素。

④ 也可以在产后给奶牛静脉输钙进行预防。在产后瘫痪发病率较高的奶牛场，奶牛在产后当天是否需要通过静脉输钙的方式来预防产后瘫痪，我们可以通过对奶牛骨质疏松症的临床诊断来确定是否需要实施静脉补钙，这样可以减少奶牛产后瘫痪预防上的盲目性，减少兽医劳动强度，减少医疗开支。

⑤ 为防止因蹄变形而加重本病对生产性能的影响，应该定期、科学修蹄。

⑥ 高产奶牛及老龄奶牛在产奶量较高时易发生骨代谢异常，对高产奶牛及老龄牛更应注重此病的预防工作。

⑦ 科学配制日粮，认真做好TMR制备。

⑧ 加强奶牛保健工作，提高牛体免疫能力，防止奶牛因患其他疾病而引发骨质疏松症。

五、奶牛尾椎变形与产后低血钙症

本临床研究选择产后40d以内的2~4胎尾椎变形奶牛和尾椎正常牛各10头，于产后第22d，分别测定其血清钙和血清磷，并进行了临床对比研究。结果表明：

尾椎正常组和尾椎变形组奶牛血清钙含量差异不显著（$P>0.05$）；尾椎正常组奶牛的血清磷含量平均值比尾椎变形组高 0.85mg/100mL，两组差异显著（$P<0.05$）。

由此可见，在尾椎变形发生率较高的牛群中，缺磷的问题大于缺钙，在日粮配制上要重视磷的补充，如果在尾椎变形发生率较高的牛群中开展奶牛分娩后输液补钙预防产后低血钙症工作，应该避免单纯补钙的做法，重视磷的补充。

（一）实验牛选定及尾椎变形标准

1. 实验牛选定

在规模化饲养的高产（日产奶量为 30kg）中国荷斯坦牛群中，选择产后 40d 以内的 2~4 胎尾椎变形奶牛 10 头，设为尾椎变形组；再选与尾椎变形组胎次、泌乳时期、泌乳量相同，但尾椎正常的中国荷斯坦奶牛 10 头，设为尾椎正常组；对这 2 组荷斯坦奶牛进行血钙、血磷测定和对比分析。参加本实验奶牛健康状况均为临床观察正常。

2. 尾椎变形奶牛的判定标准

① 肉眼观察可见 2 个以上尾椎间隙发生明显组织增生，两尾椎之间的组织增生形成球形突起，单个观察时呈算珠状，3 个上以上尾椎间发生明显组织增生，牛尾某段外观呈“糖葫葫芦串”状（彩图 29）。

② 肉眼观可见 2 个以上（包括 2 个）尾椎间隙发生明显组织增生，两尾椎之间的组织增生形成球形突起，或尾椎呈现弯曲或扭曲性变形（彩图 30）。

凡具备上述 2 类变化中的其种一种者，判定为尾椎变形。

3. 尾椎正常奶牛的判定标准

整个尾巴上顺溜，无弯曲或扭曲表现，无肉眼可见的尾椎间组织增生。

凡具备上述判定标准者，判定为尾椎正常（图 11-4）。

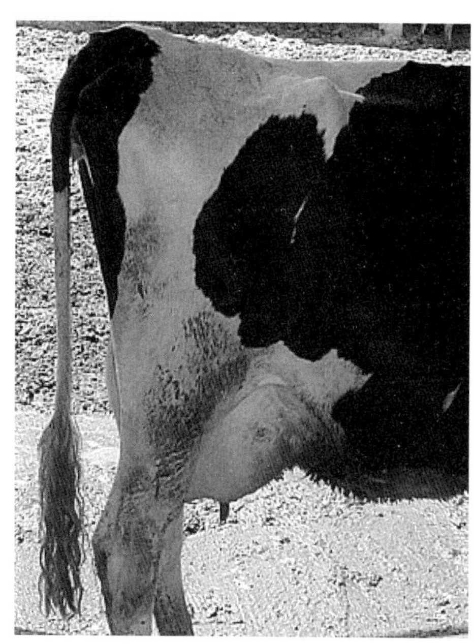

图 11-4　奶牛正常尾

（二）实验方法

采用尾静脉采血法，于产后第 22d，

分别从“尾椎变形组”、“尾椎正常组”奶牛各采取血样 2 份（10mL），用离心机（3 000 r/min）离心 5min。然后，利用干式生化分析仪测定血清钙、磷含量，并进行分析研究。

（三）实验结果

1. 血清 Ca、P 测定结果

“尾椎变形组”血清 Ca、血清 P 测定结果（见表 11-2），“尾椎正常组”血清 Ca、血清 P 测定结果见表 11-3。由表 11-2 可见，在尾椎变形组的 10 头试验牛中，有 1 头血清钙含量低于正常牛的血清钙范围（8.0~12.0 mg/100mL），其他牛血清钙含量均处于正常范围之内。由表 11-3 可见，尾椎正常组 10 头实验奶牛的血清钙、血清磷含量测定结果均在正常的生理范围内。

表 11-2 “尾椎变形组”血清 Ca、血清 P 测定结果 （mg/100mL）

组　别	牛 号	血清 Ca	血清 P
尾椎变形组	10153	9.90	6.00
	10206	8.50	4.70
	04157	9.00	4.50
	11098	9.40	5.00
	9283	9.40	6.60
	11082	9.90	5.70
	11111	9.40	4.60
	11118	8.90	4.60
	107168	7.70*	5.30
	9167	9.40	5.40

注：标记“*”号者，为血清钙含量低于正常牛血清钙范围的具体数值

表 11-3 “尾椎正常组”血清 Ca、血清 P 测定结果 （mg/100mL）

组　别	牛 号	血清 Ca	血清 P
尾椎正常组	11231	9.60	5.50
	11021	9.90	5.80
	9283	9.70	6.50
	10229	10.00	7.00
	11052	9.50	5.20

（续表）

组　别	牛 号	血清 Ca	血清 P
	10212	9.20	6.70
	11197	9.00	6.90
	10077	8.90	5.90
	10094	9.60	5.30
	10013	9.30	6.10

2. 血清 Ca、P 分析结果

“尾椎变形组”与“尾椎正常组”血清 Ca、血清 P 分析结果见表 11–4。从表 11–4 可看出，尾椎变形组奶牛的血清 Ca 平均值为（9.12 ± 0.21）mg/100mL，尾椎正常组奶牛的血清钙平均值为（9.49 ± 0.13）mg/100mL，尾椎正常组奶牛的血清钙平均值比尾椎变形组高 0.37mg/100mL，但组间差异不显著（$P>0.05$）。

尾椎变形组奶牛的血清 P 含量平均值为（5.24 ± 0.22）mg/100mL，尾椎正常组奶牛的血清 P 含量平均值为（6.09 ± 0.21）mg/100mL，尾椎正常组奶牛的血清 P 含量平均值比尾椎变形组高 0.85mg/100mL，两组差异显著（$P<0.05$）。

表 11–4 “尾椎变形组”与“尾椎正常组”血清 Ca、血清 P 分析结果（mg/100mL）

组　别	牛 号	血清 Ca	血清 P
尾椎变形组	10	9.12 ± 0.21	5.24 ± 0.22
尾椎正常组	10	9.49 ± 0.13	6.09 ± 0.21
P		$P>0.05$	$P<0.05$

（四）讨论与小结

第一，随着奶牛产奶性能的进一步提升，奶牛产后低血钙、低血磷已成为大家关心的热点问题，由低血钙、低血磷或钙磷不平衡所导致的奶牛尾椎变形也变得较为常见。笔者在北京市二个规模化奶场的观察统计发现，其中一个奶牛场产后 40d 内成乳牛群中尾椎变形的发生率高达 25.5%（26 头 /102 头），另一牛场牛群中尾椎变形的发生率为 5.4%（3 头 /56 头）。

尾椎变形是由于奶牛钙磷代谢紊乱，血钙、血磷含量下降，奶牛为了维持正常的血钙、血磷水平，在甲状旁腺素等激素参与下，骨钙动用能力加强，导致骨骼因大量脱钙而呈现骨质疏松，这种疏松结构的骨质被过度形成的未钙化的骨样组织替

代，并形成骨痂，从而导致尾椎的变形及尾椎骨两端（骨骺）的局灶性膨大。

因此，将牛群中奶牛尾椎变形这一表现，作为衡量奶牛日粮中钙磷含量是否合理的一个参考指标，并以此来制订相应的奶牛产后代谢病防控措施不仅具有科学性，也具有较好的实用性。

第二，实验结果表明，尾椎变形组奶牛血清 P 含量平均值为（5.24±0.22）mg/100mL，尾椎正常组奶牛血清 P 含量平均值为（6.09±0.21）mg/100mL，尾椎正常组奶牛的血清 P 含量平均值比尾椎变形组高 0.85mg/100mL，两组差异显著（$P<0.05$）。

由此可见，在尾椎变形发生率较高的牛群中，缺磷的问题大于缺钙，在日粮调配制上要重视磷的补充；如果在尾椎变形发生率较高的牛群中开展奶牛分娩后输液补钙预防产后低血钙症工作，就要避免单纯补钙的做法，应该钙、磷同补，选用钙、磷、镁合剂等钙磷复合制剂开展奶牛产后输液补钙保健工作。

第三，由表 11-2 可见，在尾椎变形组的 10 头试验牛中，有 1 头血清钙含量低于正常牛的血清钙范围［（8.0~12.0）mg/100mL］，其他奶牛的血清钙含量均处于正常范围之内。这一结果具有如下三个方面的意义。

其一，产后 0~40d 尾椎变形的奶牛，其 90% 的血钙含量仍然处在正常范围内，并不能说发生尾椎变形的奶牛就是亚临床型低血钙症患牛。

其二，产后 0~40d，我们虽不能依尾椎变形就定性该牛为亚临床型低血钙症患病奶牛，但该牛一定曾经发生过骨中钙质、磷质溶解。如果在奶牛产后保健中要进行产后输钙预防产后低血钙症，那么这头牛应该列入产后输液补钙之列，因为此牛以前有过低血钙症发病经历。

其三，由实验可见，奶牛尾椎变形这一病理变化，主要由以前胎次的钙、磷不足所致，奶牛在本胎次的产后 0~40d 可出现低血钙问题或症状，但由于产后时间较短，还不足以引起牛发生尾椎变形，尾椎变形是由较长时间的低血钙、低血磷、钙磷不平衡所致。

六、奶牛酒精阳性乳

（一）概念

酒精阳性乳是指用 68% 或 70% 酒精与等量的牛奶混合产生微细颗粒或絮状凝乳片的牛奶。过去常将酒精凝固试验作为衡量牛奶酸度高低的一个指标，来间接判定牛奶是否腐败变质；如今在生鲜乳乳收购化验中，常将奶的酒精凝固试验作为衡量牛奶质量高低的一个常规指标。酒精阳性乳热稳定较差、难于储存、风味不好、影响乳品加工，所以乳品加工企业在收购生鲜乳时均进行酒精阳性乳化验。

酒精阳性乳包括高酸度酒精阳性乳和低酸度酒精阳性乳两种，严格地讲低酸度酒精阳性乳才是真正的酒精阳性乳。而高酸度酒精阳性乳实质上属于贮存、运输过程中由于细菌在乳中繁殖引起的一种变质乳。

1. 高酸度酒精阳性乳

酸度在 18° ~20° T 之间，主要由于保存、贮藏、运输过程中乳中微生物大量繁殖、致使乳糖分解为乳酸所致，这种奶实际上属于发酵酸败乳，加热后会发生凝固。

2. 低酸度酒精阳性乳

酸度在正常范围（12° ~18° T），采取刚从乳房挤出的新鲜乳进行酒精凝固试验就会出现凝固现象，此乳加热时不凝固。

（二）酒精阳性乳的发生情况

① 各胎次均有发生，但多发于 1~3 胎。

② 在一个泌乳期中多发生于泌乳期初期和泌乳后期（这说明在一个泌乳期中，其初期和后期的牛奶对酒精的稳定性降低）。

③ 低产和高产牛均可发生，发生酒精阳性乳后产奶量和质量均下降。

④ 高钙日粮、高蛋白日粮牛群酒精阳性奶发病率高。

⑤ 高温、高湿气候季节多发。

⑥ 气温变化较大的季节多发，例如，每年春季奶牛酒精阳性乳发病率显著高于其他季节。在我国范围内，春季北方地区发病率要高于南方（例如：东北、西北地区），而夏季南方地区的发病率高于北方。

（三）酒精阳性乳的发生机理

高酸度酒精阳性乳是指酸度在 18° ~20° T，是由于保存、贮藏、运输过程中乳中微生物大量繁殖、致使乳糖分解为乳酸所致，这种奶实际上属于发酵变质乳，加热后会发生凝固的机理大家已经了解。

但低酸度酒精阳性乳的发病原因和防治更具复杂性。牛奶是一个稳定的胶体系统，其稳定性主要决定于牛奶中的酪蛋白（约占总蛋白的 2/3），因为牛奶中其他蛋白质对酸、碱、温度及酶的稳定性都很好。酪蛋白和钙离子结合后会形成微胶粒，这个微胶粒的稳定性就决定了牛奶的稳定性。当向牛奶中加入一定量的酒精

后，酒精对蛋白质有脱水作用，酒精进入酪蛋白的结构空隙中，可以使酪蛋白变性，使酪蛋白中结合的钙游离出来，牛奶中游离钙达到一定程度就可出现牛乳凝固现象。由此可见，乳中酪蛋白的稳定性高低是决定是否发生酒精阳性乳的一个重要因素。

（四）酒精阳性乳的发生原因

酒精阳性乳是奶牛乳腺细胞生理功能紊乱所呈现的一个临床症状，它的发生与饲养管理、日粮组成、机体健康状况、环境因素等有关。可以说它是机体全身反应的一种局部表现。归纳起来可以发现，如下几种因素是导致奶牛酒精阳性乳发生的主要原因。

1. 乳腺细胞代谢异常

（1）乳腺机能减退　乳腺合成酪蛋白的能力下降、乳中酪蛋白稳定性下降，导致乳中游离钙增加。

（2）乳腺毛细血管通透性升高　当乳腺毛细血管通透性升高时，血中的钙大量进入乳中，使乳中游离钙离子升高，奶的稳定性下降，在酒精作用下出现凝固现象。

2. 应激

① 春季是奶牛酒精阳性乳的高发时期。笔者近年来所遇到的几起奶牛酒精阳性乳群体发病案例，多处在每年的 4—6 月，发病地区有宁夏回族自治区、陕西、山东、北京、内蒙古自治区、东北，这个季节虽然气温不高，但气温由低升高的变化幅度较大。由此可见，酒精阳性乳发生与气温剧变所致的季节性应激密切相关。

② 夏季高温季节是奶牛酒精阳性乳发生的第 2 个多发时期，这主要由热应激所致的代谢紊乱所致。

③ 更换饲料、牛舍等应激因素也是引起本病发生的一个原因。

3. 饲料品质低劣及饲料配合不当

① 精料过高、饲料发霉变质、青贮品质差。

② 日粮钙磷比例失调或饲料中钙过高。

③ 饲料中矿物不足、过量或维生素缺乏。

4. 继发于其他疾病

当某种传染病在牛群中处于潜伏期或发病初期时，牛群会出现酒精阳性乳。例如，当奶牛感染口蹄疫时，在感染的潜伏阶段或发病初期牛群会出现群发性酒精阳性乳现象。

隐性乳房炎、隐性酮病、繁殖疾病（如卵巢囊肿、注射雌激素）；肝功能障碍、胃肠疾病时也可继发酒精阳性乳。

（五）诊断

奶牛酒精阳性乳的诊断大多数牛场技术人员都已经掌握，在试管中先加入2~3mL鲜奶，再向其中加入等量的70%酒精，振荡摇匀，如果观察试管壁出现凝固絮片或颗粒即为酒精阳性乳。

如果我们用治疗低酸度酒精阳性乳的药物来治疗高酸度酒精阳性乳，自然不会取得治疗效果；如果导致酒精阳性乳的直接原因是隐性乳房炎，而我们用治疗低酸度酒精阳性乳的药物来治疗自然也不会取得良好的预期效果。由此可见，酒精阳性乳的治疗具有相对严格的专业性，治疗酒精阳性乳必须以准确的定性诊断为前提，治疗时必须先搞清楚是哪一种酒精阳性乳。

（六）治疗

1. 络合血中多余钙离子

① 磷酸二氢钠50g左右，每天一次连续7~10d。

② 柠檬酸钠120g，每天内服1次，连续7d。

2. 改善乳房内环境

① 1%小苏打30mL，挤完乳后乳房灌注，每天1~2次。

② 0.1%柠檬酸钠50mL，挤完乳后乳房灌注，每天1~2次。

3. 改善乳腺功能

① 口服碘化钾10~15g，每日一次，连续5d。

② 肌内注射复合维生素及维生素B_1。

③ 肌内注射维生素C。

④ 静脉注射5%碳酸氢钠500mL，每天一次，连续3d。

由于引起酒精阳性乳的深层次原因是乳腺细胞的生理代谢功能紊乱，所以，在治疗上没有一个很理想的方法或药物，如何更好地防控此病也是大家关心的热点问题之一。北京农业职业学院“奶牛产学研一体化”工作室与华秦源（北京）动物药业有限公司合作，对奶牛酒精阳性乳的防治进行了深入临床研究，在此病的治疗方面有所突破，其专利产品（一种治疗奶牛酒精阳性乳的制剂）对酒精阳性乳的治愈可达70%以上。目前，此产品在全国范围内得到了验证。

七、奶牛低酸度乳

（一）概念

总酸度低于 12° T 的牛乳被称为低酸度乳。低酸度乳不同于低酸度酒精阳性乳，低酸度乳在做酒精凝固试验时并不出现凝固现象。这种乳热稳定性差，在高温杀菌消毒处理时也易发生凝固现象，影响乳制品的品质，因此，乳品厂将此项内容作为一项质检指标。近年来，由于低酸度乳导致的生鲜乳拒收给奶牛养殖者造成的损失呈不断上升趋势。

正常乳的 pH 值 通常 为 6.5~6.7，酸败乳和初乳 pH 值在 6.5 以下。

正常乳的酸度通常为 16° ~18° T，这种酸度与贮存过程中因微生物繁殖所产生的乳酸无关，我们称这种酸度为自然酸度。这种酸度主要由乳中的蛋白质、柠檬酸盐、磷酸盐及二氧化碳等的酸性物质所构成。例如，新鲜乳的自然酸度为 16° ~18° T，其中来源于蛋白质的为 3° ~4° T，来源 CO_2 的为 2° T，来源于磷酸盐和柠檬酸盐的占 10° ~12° T。

牛乳挤出后在存放过程中，由于微生物的活动，分解乳糖产生乳酸，而使牛乳酸度升高，这种因发酵产酸而升高的酸度称为新生酸度。自然酸度和新生酸度之和称为总酸度。通常我们所说的酸度就是指总酸度。牛乳的总酸度越高，对热的稳定性越差。

（二）病因

乳成分变化及乳汁胶体平衡体系破坏是导致低酸度乳发生的直接原因，奶牛生理代谢功能变化所引起的乳腺细胞分泌功能异常是导致低酸度乳发生的根本原因。所以，低酸度乳的发生原因有其深刻的复杂性，凡是能引起机体或组织器官生理代谢功能紊乱或障碍的因素都可能会引起到乳腺细胞的生理代谢异常。

1. 胎次因素

孙荣鑫等（2004）研究发现奶牛胎次对酸度也有影响，1 胎牛的酸度较多在 14.0° ~15.9° T，2、3 胎牛多在 15.0° T 以下，4、5 胎牛酸度较多在 14.0° T 以下，1~5 胎奶牛随着胎次的增加，牛奶酸度有下降趋势。

2. 泌乳天数因素

随着泌乳天数的增加，酸度的概率也从较高酸度区间往较低酸度区间移动，即泌乳后期比前期的酸度略低（孙荣鑫等，2004）。在泌乳期的前 15~20d 逐渐下降，整个泌乳期酸度逐渐下降，酸度下降最显著的是泌乳初期，从第 2 个月到第 7 个月，酸度相对稳定（W. J. CAULFIELD，1936）。

3. 产奶量与乳蛋白率因素

产量较低时，低酸度比例较大；产奶量高时，高酸度比例较大。因此，当奶牛产量从泌乳高峰走向泌乳低谷时，酸度有下降的趋势。低蛋白率时，低酸度比例较大；高蛋白率时，高酸度比例较大（孙荣鑫等，2004）。

4. 奶牛体细胞数（SCC）

研究表明，奶牛乳房炎乳汁 pH 值与体细胞数量之间存在一定的相关性 。

SCC 在 0~20 万 / mL 区间内，奶牛乳汁 pH 值在 6.4 ~ 6.6。

SCC 在 20 万 ~50 万 /mL 区间内，奶牛乳汁 pH 值在 6. 6~ 6.8。

SCC 在 50 万 ~150 万 /mL 区间内，奶牛乳汁 pH 值在 6.8~ 7.0。

SCC 在 150 万 ~ 500 万 /mL 区间内，奶牛乳汁 pH 值在 7. 0 ~ 7.2。

SCC 在大于 500 万 / mL 时，奶牛乳汁 pH 值在 7. 2 以上。

由于奶牛体质和细菌数量、毒力等因素的影响，引起乳腺组织炎症过程加剧，血管渗透性增高，机体通过自身调节，大量白细胞渗出，使得体细胞数量急剧增加，随着炎性反应的加重，血液与牛乳之间的 pH 值梯度差缩小，导致牛乳 pH 值逐渐增高，趋向于血液值 7.4，牛奶酸度偏低。

5. 酸碱平衡失调

当瘤胃 pH 值低于 6.5 时，氨呈离子状态存在，很少透过瘤胃黏膜吸收入血液；但当瘤胃内氨浓度过大、pH 值超过 6.5 时，使得氨的吸收增加，瘤胃内氨降低，血氨含量升高。

在实践生产中，奶牛养殖者为了提高奶产量，常常增加精料喂量，并在其中加入大量小苏打（$NaHCO_3$）以防止发生酸中毒，饲料中 HCO_3^- 量过高，血液中碳酸氢盐浓度可直接影响血液的 pH 值，进而影响到原料奶酸度。

CO_2 分压反映了奶牛血液呼吸性酸碱平衡状况，夏季奶牛处于热应激状态，呼吸频次增加，CO_2 的呼出量高于体内的形成量，血液中 CO_2 分压降低，引起血液中的碳酸分解，导致呼吸性碱中毒，血液的 pH 值上升，导致牛奶酸度降低。

6. 日粮营养不平衡

日粮中蛋白质含量过高或品质较差，而能量不足，导致瘤胃内微生物利用氨的效率降低，过多的氨进入血液，造成血液碱性升高。日粮中钙含量过高或过低、维生素和微量元素缺乏等也可导致低酸度乳。粗饲料中青贮料过多、优质干草不足也可导致低酸度乳。

7. 阴阳离子平衡失调

日粮阴阳离子差平衡（DCAD）是指日粮中每千克干物质所含的主要阳离子（Na^+、K^+、Ca^{2+} 和 Mg^{2+}）mmol 数与主要阴离子（Cl^-、S^{2-} 和 PO_4^{3-}）mmol 数之差。牛乳中对缓冲作用影响最大的成分是磷酸盐，其次是酪蛋白及其他物质（柠檬酸盐和碳酸盐）。磷酸与柠檬酸能与 K^+、Na^+、Ca^{2+}、Mg^{2+} 相结合，形成较多复杂的盐类。这些弱酸与金属形成的弱酸强碱盐，在乳中水解后能产生不同水解度和 pH 值。

研究表明，奶牛血液 pH 值、尿液 pH 值及 HCO^{3-} 浓度均随着其日粮中 DCAD 的增加而增加。随着日粮 DCAD 的升高，Na^+ 的摄入量也增加，因而肾小球滤出液中 Na^+ 的浓度也增加，同时，Na^+ 从肾小管的重吸收也增加，并与 H^+ 交换，促进肾小管上皮细胞对 H^+ 的分泌，进而促进了碳酸氢盐的重吸收，结果导致血液 pH 值和碳酸氢盐浓度升高，奶牛血液细胞外液趋向于碱性变化。

8. 应激

热应激、饲料应激、气温变化应激也可导致牛奶酸度降低。在奶牛养殖过程中，牛奶酸度低问题常发生于高温高湿的夏季。

9. 奶牛消化功能紊乱及某些代谢性疾病会导致乳腺细胞代谢障碍，从而引发低酸度乳问题。

10. 采样不正确

奶样若取自牛奶的上层，因其中乳脂含量高易发生絮状沉淀，其脂肪酸含量也相应增高，酸度增大；如果奶样取自牛奶的下层，则奶样中水分含量增加，故降低了奶的酸度。所以在不能确定奶样是否均匀的情况下，不能对奶样进行采集及测定。

（三）防控措施

1. 科学调配日粮组分

保证日粮结构科学，检查日粮是否存在高蛋白质低能量的现象，精粗比是否合适，干物质供给量是否足够。防止小苏打添加量过大，小苏打在奶牛日粮中适宜比例是占日粮干物质的 0.7%~1.5%。计算日粮中阴阳离子差，如果是高阳离子（碱性）日粮，可适当饲喂高阴离子日粮原料，如酒糟、豆腐渣、玉米蛋白粉等。也可在日粮中添加阴离子盐，但应保证日粮中氯离子含量不能超过 0.8%，否则会降低采食量。增加优质粗饲料，提高奶牛干物质采食量，以满足奶牛的营养需求。日粮中按标准添加多种维生素和微量元素，营养供给均衡，如维生素 E、维生素 C 等。

2. 有效控制 SCC

① 做好 SCC 监测工作，如果发现 SCC 过高及时在饲料中添加相应的 SCC 控制制剂进行治疗。

② 重视挤奶环节管理，切实落实科学的挤奶流程及挤奶操作技术，定期对挤奶器进行测试、检修，保证挤奶机处于最佳工作状态。

③ 做好环境和牛体卫生工作，为奶牛提供舒适度较好休息、采食、运动场所，促进奶牛体质提升。

④ 及时隔离、治疗临床型乳房炎，对于临床型乳房炎牛只要严格隔离并进行药物治疗。治愈后，对原料乳进行检测，合格后方可混入大罐。如长期治疗无效，可考虑淘汰牛只。

3. 夏季要做好热应激防控工作，保证防暑降温设备正常运转

当奶牛处于热应激时，需水量是平时的 1.2~2 倍，要给奶牛提供充足的饮水。也可根据奶牛发生热应激的程度补加抗热应激添加剂。

4. 避免饲料应激，避免频繁更换饲料，饲料更换必须有过渡期，约 7~15d。

（四）治疗

日粮中加喂磷酸氢钙（磷酸二氢钙效果更好）50g/（头·d），或者添加柠檬酸 50g/（头·d），连用 3~7d。

可以参照低酸度酒精阳性乳的治疗方法对低酸度乳进行治疗。

八、奶牛酮病

酮病又叫酮尿病、醋酮血症是以酮血、酮尿及低血糖为特征的一种糖代谢障碍性疾病。目前，临床型酮病的病率高达 2% 左右，亚临床酮病发病率 10%~48%。

所谓酮血、酮尿、酮乳是指血、尿、乳中的酮体含量显著高于正常水平。

所谓酮体是指丙酮酸、β- 羟丁酸和乙酰乙酸三种物质的总称。

酮体是脂肪代谢的中间产物，酮体合成来源于肝脏，然后通过血液循环被运送到肌肉、心脏、脑和肾脏等组织被氧化利用，最后生成为 CO_2 和 H_2O。正常情况下血液、尿液、乳汁中的酮体含量很低，在其正常生理范围，对奶牛的正常生理功能不构成任何影响；当酮体生成增加后就会导致牛的生理过程发生紊乱，从而表现出临床症状。

乙酰乙酸和 β- 羟丁酸都是较强的有机酸，如果在体内蓄积过多可引起代谢性酸中毒，使细胞外的晶体渗透压升高，导致水和电解质的平衡发生紊乱。

乙酰乙酸还是一种有毒的有机酸，脱羧后可变为丙酮，还原后可变为β-羟丁酸。丙酮和β-羟丁酸分别经过还原和脱羧反应可生成异丙醇，而引起牛的神经症状及神经组织损伤。

本病只发生于反刍家畜，是危害奶牛业的一个重要疾病，肉牛和役牛极少发生。奶牛酮病发生表现以下几个特点。

第一，高产奶牛群多发。

第二，饲养管理差的奶牛群多发。

第三，产后6周以内的牛多发（长可至产后2个月）。

第四，3~6胎的奶牛多发。

第五，冬季比夏季多发。

第六，不产奶的牛及公牛不发生本病。

（一）病因

1. 饲料中蛋白质、脂肪过高而碳水化合物或糖不足

① 饲养条件低下，饲料中蛋白质、脂肪、碳水化合物同时供给不足这种情况已比较少见。目前，此病常出现于饲养条件较差，而产奶量又较高的个体，这是由于机体对糖的需求增高所致。

② 维生素 B_{12} 缺乏。

③ 干奶期过肥。

④ 内分泌失调，肾上腺分泌功能下降。

⑤ 瘤胃慢性酸中毒。

⑥ 其他疾病继发。如真胃变位、前胃弛缓、肝脏疾病、生产瘫痪、迷走神经性消化不良、创伤性网胃炎等可继发本病。

（二）症状

奶牛酮病可分为隐性酮病（亚临床型酮病）和临床型酮病两种。

（1）隐性酮病　缺乏明显的临床症状，病牛食欲轻度下降、慢性进行性消瘦，初期泌乳量下降幅度小、后期下降明显。血酮升高、大部分有低血糖现象。尿酮检测为阳性或弱阳性。奶牛场应该重视隐性酮病的监测和防控工作。

（2）临床型酮病　患病奶牛体肤、呼出的气体、尿及奶中有酮体味。体温一般正常或稍低（37.8℃）；呼吸浅快，心音快、弱、节律不整。产乳量下降，后期下

降最为明显。

病初患牛表现不同程度的不安和对外界刺激反应敏感。急性病例兴奋性表现明显、持续时间长，可达2d左右。兴奋不安、哞叫、机敏，头颈异常抬伸，盲目运动，不听指挥，横冲直撞，空嚼、磨牙、异食（吃褥草）、流涎，眼球振动，视力障碍，甚至共济失调（这些神经症状是由于乙酰乙酸在瘤胃中分解为异丙乙醇所致）。

随后精神沉郁，有时闭眼低头。对外界刺激反应降低或缺乏反应，步态无力，前胃弛缓，食欲下降，只吃少量干草或拒食，排粪、排尿减少。初期粪干、外有黏液、后期稀臭，迅速消瘦。多数病例经及时治疗一般愈后良好，病情会在2周以内得到显著改善，少数病例如稍有耽误则预后不良。如继发其他疾病如肠炎、脱水等则预后谨慎。

有一定数量的酮病常和产后瘫痪并发，故治疗时应兼顾二者。

（三）诊断

一般依据发病时间、产乳变化情况、饲养情况，再结合临床表现，即可做出临床诊断。

要进一步确诊还要做血、尿酮及血糖测定。

健康奶牛血糖范围为56.0~88.0mg/100mL，患酮病牛血糖 <56.0mg/100mL。

健康奶牛血液乙酰乙酸小于0.7mg/100mL，患酮病牛血液乙酰乙酸 >0.7mg/100mL。

健康奶牛血液β-羟丁酸范围为0~9mg/100mL，患酮病牛血液β-羟丁酸一般为32mg/100mL左右。

健康奶牛血液游离脂肪酸正常范围为3~10mg/100mL，患酮病牛游离脂肪酸一般在21mg/100mL左右。

用于奶牛酮病快速诊断方法如下。

1. 便携式电子血酮仪快速诊断法

此方法操作简单、实用、快速，用一小滴血液即可现场做出诊断，此血酮仪是通过测定血液中β-羟丁酸含量高低来诊断酮病的。

2. 酮病试纸条诊断酮病法

此方法操作简单、实用、快速，以尿液中的乙酰乙酸或酮体总量多少对酮病做出定性诊断。

3. ROOS检验法

① 配制ROOS试剂：亚硝基铁氰化钠1g，硫酸铵100g混合后在乳钵中，充

分研细，保存在褐色瓶中。

② 配制浓氨水（28%）。

③ 操作：取尿 5mL 于试管中，加入 ROOS 试剂 1g 振荡溶解。沿管加浓氨水 1mL，静置。如有丙酮和乙酰乙酸时，则在两液面上形成高锰酸钾样紫红色。

其判定标准：

“+++”——立即显色；

“++”——1min 后显色；

“+”——20min 后显色；

“±”——显色不明显；

4. 罗斯粉检验法

亚硝基铁氰化钠	1 份
硫酸铵	20 份
无水碳酸钠	20 份

将上述三种试剂研细、混匀。

操作：取配好的试剂少许放于玻璃片上，加乳（或乳）2~3 滴，30~60s 呈现紫红色即为酮病阳性。

（四）治疗措施

提高血糖浓度、补充生糖物质抑制酮体生成、健胃保肝、纠正酸中毒，是治疗本病的治疗原则。具体治疗方法如下。

① 50% 葡萄糖或 50% 右旋糖酐 500~1 000mL；5% 碳酸氢钠 500mL；维生素 B_{12} 10 支静脉注射，每日 1 次，如无维生素 B_{12} 可以肌内注射复合维生素 B。

② 在以上治疗时配合静脉注射氢化可的松 0.3~0.6g，也可单独应用，每日 1 次，连用 5d（肾上腺皮质激素有促进机体糖异生的作用）。

口服丙二醇，每次 300~400mL，每日 1 次，连用 5d；也可口服氯化胆碱。

（五）预防措施

① 做好奶牛酮病监测，对产后奶牛要认真、及时监测，发现阳性者及时进行防治。

② 产后灌服丙二醇 300~400ml 丙二醇，每天 1 次，连续 3d，对酮病发生有较好防控作用。

③ 分群管理。干乳期减少精料喂量，混合精饲料每日 3~4kg，青贮 15kg，提

供充精足优质干草及青饲。

④ 防止干奶期奶牛肥胖，可有效减少产后酮病发生。

⑤ 饲料中添加过瘤胃胆碱对奶牛酮病有一定防控作用。

⑥ 利用产后注射氟尼辛葡甲胺缓解奶牛产后分娩应激技术，也可降低奶牛产后酮病发病率。

九、奶牛缺水症

奶牛缺水症是奶牛在特殊情况下，因水供给严重不足而引起的一种以脱水为主要特征的代谢性疾病。本病多发生于长途运输过程缺乏饮水条件，冬季供水设施冰冻受损或饮水设施不足等情况下。

在以往的兽医临床资料中难以找到相关报道或研究资料，但随着世界贸易一体化趋势的发展，远距离、大数量奶牛运输事件已经变得越来越常见，由于长途运输过程中奶牛缺乏饮水，以及奶牛入场后饮水设施不完善，导致牛群缺水症发生的事件偶有发生，严重病例会因此而导致死亡，给奶牛养殖企业造成损失。另外，牛群的轻度缺水会对泌乳性能和奶牛发育成长造成严重的不良影响。

（一）症因

① 奶牛长途运输过程中奶牛未能获得充足饮水；另外，奶牛在开放的运输车辆上高速行驶，会进一步加剧因缺水所导致的脱水问题。

② 饮水设施因低温、冰冻受损是导致奶牛缺水症的一个常见面原因，此病在北方寒冷地区较为多见，当电热加温水槽结冰、供水系统受损时要尽快抢修，保证奶牛饮水。

③ 牛群密度大，供水设施不足，奶牛饮水不足。在这种情况下，体力较差的奶牛难以喝到足够的饮水而发生缺水症。

④ 水槽中水结冰，水槽中长期为冰碴水也可导致奶牛缺水症发生。

（二）临床症状

缺水较轻者被毛粗糙、无光泽，皮屑增多，采食减少，体重下降。缺水较重病牛弓背缩腰，不愿走动，有些靠墙呆立（彩图 31），啃舔地面冰、雪（彩图 32），精神沉郁，眼窝下陷，体重减少明显，呈明显的脱水症状，体温、呼吸、心率正常。病情严重的病牛，鼻镜干燥，个别牛鼻镜干裂（彩图 33）。粪便干、黑、少，呈球、饼状，食欲严重下降或食欲废绝，体温下降，如不及时治疗最后会衰竭而死。

（三）病理变化

病理剖检可见，结肠后段和直肠中蓄积有较多量的干硬的球状粪便，肠壁明显变薄。瓣胃中的内容物干燥，细碎，其内容物类似于瓣胃阻塞时的内容物形状。

（四）诊断

根据临床症状、饲养管理问题、供水不足等情况及病理剖检查结果，结合治疗性诊断效果，在全面分析的基础上，可做出确诊。另外，对于 3 头病牛用魏氏法进行了红细胞沉降率（血沉）测定，这 3 头牛的血沉平均值见表 11-5。

表 11-5　3 头患病奶牛的血沉测定平均值（魏氏法）

动物种类	15min	30min	45min	60min
缺水症奶牛	0.17	0.30	0.40	0.45
正常奶牛	0.3	0.7	0.75	1.2

（五）治疗

针对病牛缺水症的治疗原则为：防止脱水、纠正体液及电解质平衡，促进胃肠运动、促进粪便排出。

1. 解决牛群缺水问题，保证全天候有充足饮水供应牛群

请注意，当奶牛因长途运输发生缺水症，奶牛到达目的牛场后要分次给牛饮水，以防奶牛发生暴饮而影响奶牛体质复原或健康受损。

2. 对脱水严重的病例要进行及时治疗

① 复方生理盐水 3 000mL，5% 葡萄糖 1 000mL，5% 碳酸氢钠 200~500mL，安钠咖 30mL，维生素 B_1 30mL，一次静脉注射，1~2 次 /d。

② 健胃散 500g，液体石蜡油 1 000mL，加水 10kg 左右，胃管灌服，1~2 次 /d。

③ 配合青霉素、链霉素或头孢噻呋等进行辅助治疗，以防继发感染。

（六）讨论与分析

水是奶牛组织细胞的重要组成物质，水参与牛体内营养物质的消化、吸收、排泄等生理生化过程，也是泌乳的重要营养物质，水约占体重的一半。水极易被忽视，但对维持奶牛生命和生产来说又是极其重要的营养物质。

研究表明，缺水比缺少其他营养物质更易引发代谢障碍。短时间缺水，就会引起食欲减退，生产力下降。较长时间的缺水，则可导致饲料消化障碍，代谢物质排出困难，血液浓度升高。奶牛体内失水10%，可导致代谢紊乱；当因缺水使体重下降20%时，会导致奶牛死亡。另外，缺水可导致奶牛生产力下降，健康受损，生长滞缓。轻度缺水往往不易被发现，常常在不知不觉中造成很大经济损失。

奶牛每产1kg牛奶需要3kg水，每采食1kg干物质需要消耗3~4kg水，奶牛饲养者应该知道奶牛的正常饮水量，以便提供充足的饮水。奶牛饮水量估算可参照表11-6。

表11-6　奶牛饮水量参照表

奶牛阶段	年龄/条件	每日饮水量（L）
犊牛	1月龄	5.9~9.1
	2月龄	6.8~10.9
	3月龄	9.5~12.7
	4月龄	13.6~15.9
	5月龄	17.3~20.9
育成牛	15~18月龄	26.8~32.3
青年牛	18~24月龄	33.2~43.6
干奶牛	妊娠6~9月龄	31.8~59.1
泌乳牛	日产奶量15kg	81.8~100.0
	日产奶量25kg	104.6~122.7
	日产奶量35kg	136.4~163.7
	日奶量45kg	159.1~186.4

对大多数奶牛场来说，水资源较为充足，出现严重缺水症的情况极少遇见。长途运输，冬天供水设施不完善，新建牛场或缺乏奶牛饲养管理经验是导致奶牛缺水症发生的主要原因。

奶牛对缺水有较强的耐受性，奶牛完全可以耐受不提供任何饮水的3d长途汽运，奶牛卸车进场后必须及时提供充足的饮水，迅速缓解因长途运输而造成的饮水不足。新建奶牛场在大批量购进奶牛时不可仓促行事，要充分考虑牛场设施的完善情况。当然，我们也不能忽视奶牛长途运输过程中的饮水问题，最好能给奶牛提供适量的饮水。

虽然奶牛缺水症较为少见，但对严重缺水症所造成的危害及临床症状要有充分的认识，否则就会造成诊断及防治延误。本病在治疗上并无难度，只要在切实改善饮水条件的前提下，遵循防止脱水、纠正体液平衡，加强胃肠运动、促进粪便排出的治疗原则就能收到较好治疗效果。如果延误诊断治疗，严重缺水症奶牛会衰竭而死。

我国北方区域面积较大，气温差异悬殊，新建奶牛场在选用供水或饮水设施时要充分考虑本地的气温情况，不可照抄、照搬。还应考虑饲养密度，使供水能力和饲养数量等因素。

十、奶牛热应激与乳成分

热应激对荷斯坦奶牛的不良影响具有严重的综合表现，不但可导致奶牛泌乳量严重下降，也可导致牛奶质量成分改变，还会导致奶牛生理代谢功能紊乱，从而引起发情率下降、受胎率下降、免疫力下降等一系列问题。由于夏季热应激所造成的鲜乳拒收、收购价格下降也是我国奶牛养殖场普遍关心的一个热点问题。

（一）夏季奶牛热应激在我国的发性区域

奶牛属于草食家畜，能利用农作物秸秆等副产品在一天内为人类生产出最完美的液态食品（牛奶）。一头高产奶牛，通过采食精料、干草、青贮等饲料，一天之内可产奶 26kg 以上，奶牛的这一合成转化能力是其他动物无法与之相提并论的，卓越的产乳性能、超常的生理负担，导致了奶牛与外界环境因素的息息相关。

北京地区属暖温带半湿润大陆性季风气候，夏季暑期较长，2009 年北京市的年平均气温为 25.9℃，北京夏季泌乳奶牛的热应激发生率高达 100%，产奶损失 20% 以上；对我国南方地区而言，奶牛夏季热应激问题就表现得更为严重；对于我国东北、内蒙古等地而言，夏季热应激仍然也是奶牛养殖者颇为关心的一个问题，因为热是动物的一个综合性感受指标，奶牛热应激不仅与气温（温度）有关，还与温差、湿度、风速、光照、个体等因素有关，由此可见，夏季奶牛热应激在我国的广大区域广泛存在。我国奶牛养殖由于受地理位置、饲养模式、饲养密度、土地资源等条件制约，奶牛夏季热应激防控一直是奶牛养殖者面对的一个难点问题。

（二）夏季热应激对奶牛生理指标的影响

在热应激条件下，奶牛生理代谢功能变化是导致其乳汁成分、行为、生产性能发生变化的基础原因。近年来，围绕奶牛热应激许多人做了不少基础性研究，为防控奶牛热应激提供了科学指导。

1. 热应激对泌乳牛呼吸频率、心率、体温的影响

笔者的研究表明，处于轻度热应激（THI=77.28）状态奶牛与无热应激（THI=67.11）相比，其心率、直肠温度存在显著性差异（$P<0.05$）；中度热应激（THI=82.44）与无热应激（THI=67.11）状态相比，其呼吸频率、心率、直肠温度存在极显著性差异（$P<0.01$）；重度热应激（THI=88.19）与无热应激（THI=67.11）相比，其呼吸频率、心率、直肠温度存在极显著性差异（$P<0.01$），具体实验结果见表 11–7。

表 11–7　热应激对泌乳牛呼吸频率、心率、体温的影响

样本数量（头）	热应激程度	THI	呼吸频率平均值（次 /min）	心率平均值（次 /min）	直肠温度平均值（℃）
10	无热应激	67.11	38.00 ± 11.61	65.00 ± 7.06	38.62 ± 0.10
10	轻度热应激	77.28	55.00 ± 14.47	76.00 ± 4.90^{A}	38.85 ± 0.19^{A}
10	中度热应激	82.44	75.00 ± 12.33^{B}	81.00 ± 5.35^{B}	39.60 ± 0.21^{B}
10	重度热应激	88.19	81.00 ± 11.23^{B}	96.00 ± 12.20^{B}	39.85 ± 0.54^{B}

注：表中均数上标 A 表示与无热应激组相比，两组有显著性差异 $P<0.05$；表中均数上标 B 表示与无热应激组相比，两组有极显著性差异 $P<0.01$

2. 中度热应激对荷斯坦泌乳牛主要血液生化指标的影响

笔者通过对中度热应激组和无热应激组奶牛的 23 个血液生化指标测定，结果表明，在中度（THI=82.06）热应激状态下，实验牛血液中的总蛋白（TP）含量减少、红细胞数（RBC）减少、平均血红蛋白含量（MCH）升高、红细胞压积（HCT）减少，这 4 个生化指标与无热应激组差异显著（$P<0.05$）；

血清肌酐（CRE）含量升高、胆固醇（CHO）含量下降、淀粉酶含量（AMY）下降、红细胞平均血红蛋白（MCHC）含量升高、白细胞（WBC）下降、碱性磷酸酶（ALP）升高，这 6 个生化指标与无热应激组间存在极显著差异（$P<0.01$）。其余 12 个生化指标在中度热应激组、无热应激组之间差异不显著。

（三）夏季热应激对牛奶成分的影响及应对措施

1. 热应激对乳蛋白、乳脂、非脂固型物质的影响及防控措施

刘瑞生研究报道，当环境温度在 27℃以上温度时，奶牛乳脂率开始下降。高

温与乳脂率的相关系数为 -0.23，与非脂固形物相关系数为 -0.61，热应激时乳脂率平均下降 0.3%~0.5%。在夏季热应激条件下，牛奶乳蛋白、乳脂、固体成分下降是奶牛养殖者在生产过程中遇到的一个常见现象，奶牛在热应激条件下采食量下降是导致这一现象的基础原因。

Lgono 等研究表明，荷斯坦奶牛泌乳期间代谢热比非泌乳期奶牛的代谢热高 48%。奶牛的采食量大，粗饲料经过瘤胃发酵会产生大量代谢热，只有及时将体内的代谢热排出体外，才能维持体温的相对恒定。在夏季热应激条件下由于环境温度高，奶牛自身的散热能力受到影响，奶牛为了维持体温稳定及正常的生理功能，自然会减少采食量，以减少因消化饲料而导致的代谢热量在体内蓄积。

因此，增加采食量就成了防控奶牛夏季乳蛋白、乳脂、固体成分下降的基本原则。为此，可以采用增加采食次数、延长采食时间，日粮添加益生素、添加纤维素分解酶、淀粉分解酶，日粮中精料提高 15% 等措施来控制热应激对奶牛乳汁成分的影响。为了针对性的提高乳蛋白含量，还可以通过提高日粮中蛋白质饲料（添加全棉籽、过瘤胃蛋白等）含量来提升乳中的蛋白含量；为了针对性的提高乳脂含量，在奶牛日粮中加入适合的过瘤胃脂肪将会使乳中脂肪含量得到提升。

2. 夏季热应激对牛奶冰点的影响及防控措施

液态物质凝固时的温度就叫凝固点，牛奶的凝固点我们习惯上将其称为冰点，牛奶的冰点会随着牛奶中水分及其他成分的变化而变化，正常情况下其数量是相对恒定的，变化幅度狭小，正常牛奶的冰点为 -0.533~-0.516，如果冰点温度高于 -0.516℃或低于 -0.533℃均被视为异常。

奶牛夏季在热应激条件下，饮水量增加，在饮水设施良好的奶牛场由于奶牛喝水量增多，从而使奶牛血液红细胞减少、红细胞压积数值减小、血清总蛋白含下降，血液相对变稀，乳中干物质含量下降而导致牛奶冰点升高，这是夏季导致牛奶冰点升高的一个主要原因。

其次，严重背离奶牛饲养标准的低差饲料条件，不仅能导致奶牛产奶量下降，也可导致奶牛冰点上升。

另外，夏季当牛奶冷藏保存、运输不当，乳中细菌数含量过高时，牛奶中的细菌会将牛奶中的乳糖分解为乳酸（1 分子乳糖可转化为 4 分子乳酸），可使牛奶冰点下降。

综合上述影响牛奶冰点的因素，保证奶牛夏季具有正常的采食量和营养成分摄入是防控牛奶冰点升高的基本措施；防止挤奶、运输、冷藏等过程中清洗管道、容器的水进行入原奶也是防止牛奶冰点升高的又一个管理措施。做好夏季牛奶冷藏等卫生工作，防止乳中细菌繁殖是防止鲜奶冰点下降的措施之一。

在夏季保证常量及微量元素足够的情况，不要给奶牛增设盐槽对控制冰点升高也有一定作用。

3. 夏季热应激对牛奶 NH_4^+ 含量的影响及应对措施

奶牛在夏季处于热应激条件下，往往会出现牛奶中 NH_4^+ 含量升高的问题。NH_4^+ 主要由肾小球滤过排出体外，血液中 NH_4^+ 的含量高低主要取决于肾小球的滤过能力，肾小球滤过能力下降，则血液中 NH_4^+ 浓度升高。在热应激状况下，奶牛呼吸加快、出汗增加、排尿减少，是导致乳中 NH_4^+ 含量升高的一个主要原因；另外，日粮中蛋白质含量过高、或添加非蛋白氮饲料也可导致乳中 NH_4^+ 含量升高。

在夏季保证奶牛充足的饮水供应，防止日粮中蛋白含量过高，饲料中不添加或减少非蛋白氮类饲料，可有效防止牛奶中的 NH_4^+ 含量升高。

4. 夏季热应激对牛奶 Na^+ 含量的影响及应对措施

在夏季奶牛发生热应激的条件下，还会出现牛奶味变咸的情况，这与夏季奶牛乳房炎高发这一因素有直接关系。笔者的临床试验表明，在中度热应激情况下奶牛血液中白细胞（WCC）数量下降，与无热应激组相比差异极显著。这说明奶牛在中度热应激条件下的免疫力低于正常水平，加之夏季雨水较多、圈舍卫生较差，从而使夏季成了奶牛乳房炎的高发季节。当奶牛发生急性乳房炎时，其所产乳中的乳糖含量会减少，为使血液渗透维持平衡，分泌到乳中的盐类（Na^+ 含量）就会增加，这就是夏季牛奶会稍带咸味的原因。

加强挤奶管理工作，及时诊断、防治奶牛急性乳房炎是防止牛奶 Na^+ 含量升高、乳味变咸的一个常用措施。

5. 夏季热应激与酒精阳性乳的关系及防控措施

在重度热应激情况下，牛群酒精阳性乳的发生率会显著增加。对高酸度酒精阳性乳的发生而言，其发生原因主要为奶牛乳房炎发生率升高、乳品卫生差、鲜乳冷藏不当所致。对低酸度酒精阳性乳的发生而言，热应激导致乳腺细胞分泌功能紊乱是导致酒精阳性乳发生的根本原因。

在做好奶牛抗热应激工作的前提条件下，认真做好乳房炎防治、做好鲜乳卫生保障、做好鲜乳冷藏等工作就可有效控制高酸度酒精阳性乳的发生；对低酸度酒精阳性乳防控而言，给奶牛投服治疗奶牛酒精阳性乳的药物有较好的防治效果。

6. 夏季奶牛原料奶中为什么会出现硫代硫酸钠

硫代硫酸钠又叫大苏打（分子式 $Na_2S_2O_3$）硫代硫酸钠可用于动物氰化物的中毒治疗，还具有抗过敏作用（如皮肤瘙痒、慢性荨麻疹、药诊等过敏）。另外，硫

代硫酸钠还具有漂白作用，牛奶中检出硫代硫酸钠大多数情况下是由于精料或饲料原料中添加了此物的原因。夏季高温、高湿，饲料容易发霉，当精料或饲料原料发霉时个别不良商家会向其中加入此物，一是利用硫代硫酸钠的漂白作用掩饰发霉引起的饲料原料色泽变化，二是通过添加此物可以减轻或防止霉菌毒素引起的过敏和中毒问题。在饲料中添加硫代硫酸钠是一种不良的投机行为，牛奶中的硫代硫钠是否对人体健康构成影响，目前还缺乏资料证明。

（四）预防奶牛夏季热应激的主要措施

1. 奶牛热应激量化监测技术

数据是管理的基础，量化监测是做好奶牛热应激综合防控的基础性手段，在奶牛热应激综合防控方面，如果缺少奶牛热应激程度量化监测手段，奶牛热应激防控就会停留在相对粗浅的层面。目前，在奶牛热应激量化监测方面，大家普遍采用温湿度指数（THI）来表示奶牛的热应激程度，并利用干湿球温度计和奶牛热应激程度速查表，研究设计出了适合奶牛生产一线使用的奶牛热应激量化监测手段，解决了长期以来奶牛生产一线缺乏量化监测手段的问题。此项技术简便实用，易学、易懂、易用，实现了应用技术与奶牛生产从业人群知识水平和认知能力对接，适合奶牛生产一线使用。

2. 利用吹风、喷淋设施防控奶牛夏季热应激的具体效果

吹风、喷淋是奶牛生产上较为常见的两种物理性抗热应激措施，此防暑降温措施对防控奶牛热应激、减少奶牛热应激所造成的经济损失具有很好的效果。

笔者实践研究表明：采用单一的持续喷淋措施，可使牛舍内温度比舍外（露天）降低 2℃，热应激指数比舍外下降 2.2。采用持续吹风 + 持续喷淋措施，可使牛舍内温度比舍外（露天）下降 7.5℃；热应激指数比舍外下降 6.0。采用持续吹风 + 持续喷淋措施比采用单一的持续喷淋措施牛舍内温度下降 5.5℃；热应激指数下降 3.8。

第十二章

奶牛乳房疾病

一、奶牛真菌性乳房炎

真菌是人类宝贵的生物资源之一，广泛存在于我们生活环境的许多地方，自然界存在的真菌约为 150 万种，到目前为止，已被人类认识的真菌只有 7 万种左右。大多数真菌对人类有益，只有少数对人和动物有害。由真菌感染所引起的动物疾病称为真菌性疾病，真菌可引起全身感染，也可引起局部感染，兽医临床以局部感染较为多见，不仅可以引起局部皮肤发生病变，也可引起深部组织器官感染，由真菌感染引起的乳房炎叫真菌性乳房炎。

近年来，随着奶牛生活环境的变化及抗生素、皮质激素及免疫抑剂的广泛使用，奶牛真菌性乳房炎发病率呈明显的上升趋势，奶牛真菌性乳房炎引起了大家的高度重视。初步的临床研究统计表明，奶牛临床型乳房炎的真菌感染率达 12.5%~17.6%，隐性乳房炎真菌感染率为 9%~11%；真菌性乳房炎会给奶牛乳腺组织造成不同程度的不可逆转的病理损伤，真菌性乳房炎很难治愈，复发率、淘汰率高，严重者会导致奶牛死亡。

（一）病原

真菌属于真核生物，由细胞核、细胞质、细胞膜（壁）构成，真菌的菌丝和孢子属于真菌的特殊构造。真菌的形态多种多样，还可产生多种色素，所处的繁殖期不同，形态也有差异。真菌孢子和菌丝大量繁殖后形成的真菌集团称为菌落，可肉眼观察。

目前已经发现有超过 135 种真菌病原可引起奶牛乳房炎，引发真菌性乳房炎的主要真菌有酵母类真菌（彩图 31）、白色念珠菌、克鲁斯念珠菌、热带念珠菌、新型隐球菌，侯引绪等还从患真菌性乳房炎的乳汁中分离出了癣菌（彩图 32）。

念珠菌属和毛孢子菌属不侵入组织，但可生长在黏膜层引发这些区域的炎症反应；另外，真菌生长繁殖过程中产生的毒素也是对乳腺组织产生损害的一个主要原因。

（二）流行病学

真菌性乳房炎在以往常为零星发生，但随着奶牛国际贸易频繁及抗生素和皮质激素的广泛滥用，现在真菌性乳房炎呈现群发的趋势。2012 年 6 月份，黑龙江省林甸县花园乡一个奶牛场暴发真菌性临床型乳房炎，该场共有泌乳牛 150 头，发病 20 头，发病率 13.33%，其他地方也有群发性个案出现。

真菌性乳房炎一年四季均有发生，但较多发生于每年 7—10 月。对于患乳房炎的奶牛来说，随着治疗疗程延长，乳腺真菌感染的比例呈上升趋势，尤其是使用抗生素或皮质激素治疗的病例，这一现象更为明显。由此可见，继发性真菌性乳房炎显著高于原发性真菌性乳房炎。侯引绪等的研究报道，对未经用抗生素治疗的 241 头临床型乳房炎奶样进行真菌检查，真菌检查呈现阳性者 38 份，阳性率为 15.76%；对采用抗生素治疗 5d 以上（包括 5d）的 46 份临床型乳房炎奶样，真菌检查呈阳性者 22 头份，阳性率为 47.83%。

真菌性乳房炎感染的主要途径为两个方面。

其一，真菌通过乳头管开口进入乳腺感染发病；治疗乳房炎过程中被真菌污染的乳房灌注导管、注射器等是奶牛继发真菌感染的一个重要载体。

其二，内源性感染。当奶牛食入被病原性真菌污染的饲料后，如果机体免疫力低下可导致内源性真菌感染而发生乳房炎。例如，长时间使用抗生素治疗奶牛乳房炎，由于抗生素对真菌无杀灭作用，当大量细菌被杀灭后进入乳房的真菌可大量繁殖引发真菌性乳房炎发生；滥用皮质激素使机体免疫力下降，也可导致进入乳房的真菌大量繁殖引发真菌性乳房炎发生。

（三）临床症状

通过对真菌性乳房房从乳房形态、乳汁性状、全身状态三个方面进行系统观察，笔者将真菌性乳房炎的临床症状，根据症状严重程度分为两个类型（仅供参考）。

（1）轻度型　患病乳区红、肿、热、痛，可以是一个乳区感染发病，也可以是几个乳区感染发病，大多数情况下为 1 个以上乳区发病，乳汁变稀、乳中有奶凝絮片，在凝固絮片中有软米粒样奶瓣；乳房呈弥漫性肿胀，触诊似面团样或稍有坚实感，触压有疼痛感。产奶量明显下降，体温正常或稍高，食欲正常，精神状态一般无明显变化。

（2）重度型　可呈地方性发病，患病乳区红、肿、热、痛，乳房肿块触摸时感觉乳区有一树根样大硬结，乳房肿胀严重。产奶性能急剧下降，乳汁变稀、有奶凝絮片，有的呈灰色清水，体温升高 40.0~41.5℃，食欲明显下降或不食、精神沉郁，可表现内毒素中毒症状。真菌性乳房炎用抗生素治疗无效，个别病例甚至会出现注射抗生素后症状加重的现象；热敷后也会出现全身症状加重的情况。此种类型的真菌乳房炎可导致乳腺功能发生不可逆性损伤，危害很大，可导致瞎乳、淘汰，个别可导致死亡。

（四）治疗措施

治疗真菌性乳房炎的药物有多种，但可用于注射治疗的针剂则较少见；口服抗真菌类药物治疗奶牛真菌性乳房炎应该有效，但在口服剂量方面却缺少具体的临床研究。因此，目前在临床治疗真菌性乳房炎上大家多选用乳房灌注抗真菌类药物这一方式进行治疗。

① 乳房内灌注制霉菌素，每个乳区 10 万 IU，一个疗程为 7d，对真菌性乳房炎治疗有一定效果。

② 用双氯苯咪唑治疗烟曲霉菌引起的乳房炎，可使奶牛全身症状减轻。

③ 乳房内灌注酮康唑、咪康唑、氟康唑、伊曲康唑、伏立康唑等都有一定效果。

④ 华秦源（北京）动物药业有限公司利用酮康唑和抗真菌中药蒸馏成分研发的混合制剂，采用乳房灌注方法治疗真菌性乳房炎，获得了很好的临床治疗效果。

真菌性乳房炎治疗注意事项：

① 对于用抗生素治疗 5d 以上仍无疗效的乳房炎，应该重视病原确诊，无条件进行病原诊断时，应该配合抗真菌药物进行预防性治疗。

② 真菌对相应的抗真菌药物易产生耐药性，针对病例在治疗时要及时做相应的药敏试验。

③ 真菌性乳房炎治疗疗程度较长，一个疗程至少要维持 7d。

④ 真菌性乳房炎的临床症状与其他一般性病原菌所引起的乳房炎区别不明显，

在临床诊断过程中应该细致、认真观察。有些真菌性乳房炎病例，当用大剂量抗生素治疗时，会出现临床症状加重的现象，这可能是由于在细菌受到抑制的情况下，真菌大量快速繁殖、产生大量毒素被机体吸收导致的一种结果。

⑤ 真菌性乳房炎可对奶牛的乳腺组织造成不可逆转的病理损伤，在奶牛养殖过程中我们应该高度重视真菌性乳房炎的综合防治。

二、奶牛伪牛痘

伪牛痘又叫副牛痘，国外于 1963 年以后有许多报道；我国从 20 世纪 80 年代开始，陆续报道在无锡、河北、浙江、北京和兰州等地的奶牛场发生了本病。手工挤奶时，此病在泌乳牛群中的发病率可达 60% 以上。近年来，随着机器挤奶模式全面普及，此病的发病率总体上呈明显下降趋势，但此病在我国范围内总有发生，而且传染性较强，发病率较高，不仅会对挤奶管理带来难度，也会影响产奶性能。

（一）病原

伪牛痘是由痘病毒科、副痘病毒属的副牛痘病毒引起的一种传染病。副牛痘病毒于 1963 年被 Moscovici 等分离到，为 DNA 病毒，病毒大小为 190nm × 296nm，为两端圆形的纺锤样。病毒能在牛肾细胞培养物中产生细胞病变，在肾细胞中培养后，病毒能在人胚成纤维细胞中生长，不感染家兔、小鼠和鸡胚。该病毒对乙醚敏感，氯仿在 10min 内可使病毒灭活。

（二）流行病学

伪牛痘在世界各地均有发生，为奶牛常见病。该病在我国 20 世纪 90 年代流行范围较广近几年较少发生，一旦发生，极易引起全群流行。许多文献指出，康复的伪牛痘患牛对本病缺乏免疫力或免疫力低下，病愈一段时间后仍可复发，从而呈现本病在牛群中反复发生的现象。

直接接触感染是本病的主要传播方式。挤奶用具、器械、毛巾、挤奶人员的手等是重要的传播感染媒介。

泌乳牛是本病的主要感染对象，干奶牛、育成牛、青年牛很少感染发病。

在北京地区，本病每年夏季发病率最低，进入秋季后开始升高，冬季 12 月到翌年 1 月发病率最高，随着春季到来又逐渐降低。

（三）临床症状及病理变化

在即将表现出病理变化的前几天，奶牛乳房敏感，抗拒挤奶，经 2~3d 后，患部出现红色丘疹，红色丘疹主要出现在乳头或乳基部。红色丘疹病变直径可达 1~2cm，呈圆形或马蹄形，然后变成水泡、破溃、结痂，在一个乳头上可呈现处于不同时期的病变。发病牛一般无全身症状，由于乳房、乳头皮肤破损，常继发细菌感染，导致乳房炎发病率大大升高。由于乳头皮肤损伤、感染可进一步加重乳房敏感程度，抗拒挤奶，在挤奶过程中常出现踢杯、掉杯等问题。

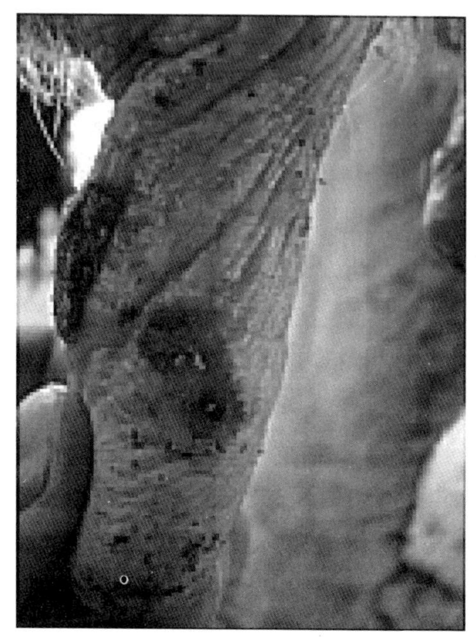

图 12-1　奶牛伪牛痘

乳头病变不全经过由丘疹到水疱、糜烂或溃疡以至痂（彩图 34、图 12-1）皮形成这个典型的过程，而有轻重不同的 3 种表现。

第一种，首先表现为乳头皮肤表面的红色小丘疹，直径 2~5mm，高约 1mm，很快发展成薄软的橙红色、黄灰色或黄褐色痂皮。这种病变似乎不引起局部疼痛，愈合快，挤奶时痂皮容易脱落，局部不留任何痕迹。

第二种，则表现为乳头皮肤上较大的丘疹，丘疹周围有红晕和轻度水肿。这种病变一般要经历水疱形成、破裂以至痂皮形成的过程，但是因受挤奶的机械性刺激，使这个过程又表现为两种情况。

其一，表现水疱完全形成，其直径与原丘疹基本一致或略小 1~2mm。水疱在 24h 内破裂，很快形成较厚的黄褐色痂皮。以后痂皮变得干硬，中央碎裂呈块状或颗粒状脱落，残留周边隆起的痂皮环，即为本病典型的“马蹄形”或“戒环形”痂皮特征。

其二，较多见的却是第 2 种情况，即当丘疹未完全发展成水疱时，其顶部中央因遭受挤奶刺激而破损，使局部表现为典型的火山口状。之后痂皮很快形成，原丘疹逐渐消退，痂皮脱落方式大多如前述第一种表现。在这两种情况的痂皮形成早期，如挤奶活动多次造成痂皮脱落，则致局部糜烂或溃疡逐渐扩大，挤奶中出血较

多，愈合延迟。尤其当局部同时存在多个病变时，更易融合成大的糜烂或溃疡、边缘不整，面积可达 20mm × 30mm，需数月方能愈合。这种严重的病变均表现“向心性”愈合方式，即糜烂或溃疡面积由周边逐渐缩小至完全愈合，整个过程伴有或不伴有痂皮覆盖，愈合后皮肤色素消失，愈合过程中有时会形成边缘不整或外形不正的痂皮环，但其直径未见超过 15mm。

第三种，这种表现较少，表现为大水泡，局部肿胀严重。水泡呈椭圆形，与乳头长轴方向一致，大小约 16mm × 13mm，隆起 2~3mm，是前述乳头病变第 2 种表现中水泡的 2~3 倍。水泡明显分为中央和周边两个部分，中央是约 10mm × 7mm 的椭圆泡，隆起最高；周边是宽约 3mm 的环形泡，隆起约 1mm。水泡液淡黄、清亮，含少量蛋白絮片。剪去水泡皮后，中央泡下面似肉芽组织样凹凸不平，中心有一个直径 2~3mm、深约 2mm 的小凹陷；周边泡下面即仅脱去表皮的皮肤组织，表面平滑，病变轻微。这种大水泡破裂后形成的痂皮极易在挤奶中剥脱，愈合缓慢。

（四）诊断

根据临床症状、乳头病理变化特点、流行病学特点可做出初步诊断，确切诊断需借助光学显微镜、电子显微镜做病理组织学诊断或病原诊断。

另外，因引起乳房、乳头发生疱疹的疫病较多，所以在本病的临床诊断过程中要注意与疱疹病毒所致疾病的鉴定诊断。

采取患病乳头上的早期丘疹组织，应用 10% 福尔马林溶液固定，石蜡包埋切片，H · E 染色后置于普通光镜下观察。

光镜观察可见丘疹表皮棘细胞层显著增厚，棘细胞间距离加大，棘细胞空泡变性、形体肿大，胞核悬浮于中央或位于细胞一侧。浅层棘细胞变性更为严重，胞浆透明，胞核固缩或消失，呈典型的气球样变，胞浆内有大小不一的嗜伊红性包涵体。丘疹中央棘细胞层一处或多处坏死，有大量多形核白细胞和淋巴样细胞浸润。

采取患病乳头丘疹中部 1mm3 带有表皮的组织块，用 3% 戊二醛溶液固定，常规制成超薄切片，醋酸双氧铀和柠檬酸铅双重染色后，电子显微镜下观察。在丘疹棘细胞中原纤维束之间观察到散在分布的病毒颗粒，其形态呈圆形或椭圆形，椭圆形颗粒的大小为（257~285）mm ×（143~171）nm。颗粒中央有电子密度较高且比较均匀的核心，颗粒外面似由电子密度较低的双层膜包裹。也可能会观察到一般痘病毒核心典型的“哑铃状”结构。

（五）防治措施

对于病毒性疾病治疗我们处境尴尬，本病尚无特效治疗方法。

应用等量混合的碘伏甘油治疗伪牛痘病毒感染造成的乳头糜烂或溃疡，能够迅速减轻局部炎症，促进愈合，有一定疗效。

做好挤奶器械具的消毒、碘制剂乳头药浴、防止挤奶机功能异常对乳头造成损伤是防控本病的重点工作。

三、奶牛乳房葡萄球菌病

奶牛乳房葡萄球菌病也叫乳房脓疱病、乳房疖病，以乳房皮肤及皮下形成的一种弥漫性、粟粒样、脓疱状、化脓性炎症为典型病理变化特征，属于一种较为多发的奶牛乳房疾病。

（一）病原

奶牛乳房葡萄球菌病病原为葡萄球菌，葡萄球菌广泛存在于自然界，在空气中、土壤中、尘土中、污水中都可存在，本病属于条件性发病。葡萄球菌革兰氏染色呈阳性，煮沸可迅速致其死亡，常规消毒可将其大量灭活，药敏试验表现为对青霉素、氨苄西林、头孢类抗生素最为敏感，但长期单一应用容易产生耐药性。

（二）流行病学

奶牛乳房葡萄球菌病没有明显的季节性，但是在夏季及多雨季节多发，可散发、也可呈地方性流行。本病多发生于排水不畅、圈舍泥泞、粪便蓄积，环境卫生较差的奶牛场和雨水较多的夏季。

主要通过损伤的皮肤、黏膜、消化道、呼吸道等途径进行传染，也可经过汗腺、毛孔进入动物体内引起发病。

养殖环境恶劣、圈舍地面污染严重，乳房不洁，擦洗乳房的毛巾被污染，乳房外伤、奶牛抵抗力低下等是导致本病发生的主要原因。

（三）临床症状

在奶牛疾病防治中，我们对葡萄球菌所导致的奶牛乳房炎有着较为深刻的认识，但不少人对葡萄球菌所引起的奶牛乳房脓疱病则较为陌生。其实，奶牛乳房脓疱病就是葡萄球菌侵入乳房皮肤或皮下所引起的一种化脓性炎症，以乳房皮肤上出现大小不一的弥漫性脓疱为病理变化特征。

乳房表面形成绿豆大到指头蛋大小的白色脓疱，小脓疱呈灰白色结节状、较硬，大的病变较软；脓疱破溃后流出脓汁，破溃面被脓汁及污物所形成的痂皮覆盖；几个破溃脓疱连接在一起可扩展成一个较大的溃烂灶，也可在破溃的周边形成新的脓疱。

上述理变化可遍布整个乳房，但以乳房间沟、乳房与大腿内侧紧贴的乳房左右侧部和乳头基部附近较为多见，乳房被毛长而密的地方也较为多见。病变小或未破溃时不易被发现，大多在脓疱破溃、流出内容物时才被挤奶员发现。

当脓疱的数量很多时，会出现产奶量下降、食欲降低、体温升高等全身症状。病灶数量少时发病牛无全身症状，体温、呼吸、食欲、精神状态等均正常。

本病一般只发生于泌乳牛，后备牛和干奶牛很少发生；有此病存在的牛场，其乳房炎的发病率也会显著增高。

（四）诊断

此病特异性病理变化较典型，有经验的兽医一般根据病理变化可做出临床诊断。

实验室诊断时，挤破较大或即将要破溃的脓疱，用内容物进行涂片，用瑞特氏染色后，用显微镜（油镜）进行病原菌观察，在显微镜下可看到较多数量的葡萄球菌，结合临床资料即确诊为奶牛乳房葡萄球菌病。

（五）治疗措施

用 0.1% 的新洁尔灭溶液对乳房进行认真清洗消毒，对病变部位进行局部治疗处理，脓疱成熟者将其挤破或剪破，用消毒液对病灶进行清洗处理，然后涂 3% 龙胆紫、或碘甘油、或土霉素鱼石脂合剂、或抗生素软膏，每天 2 次。

对个别有全身症状的病牛，在进行上述局部治疗处理的同时，应该配合肌内注射抗生素进行治疗。

有时乳房疖病变先后反复出现，一次痊愈后又会出现一个或数个疖。

（六）预防措施

对发病牛群，不论是否患病，挤奶前用 0.1% 的新洁尔灭溶液对乳房进行认真清洗消毒，每天 2 次，连续 2 周。

清理圈内积水、积粪，保证圈舍卫生；清除动动场内的砖块、水泥块等异物，防止乳房外伤。

四、奶牛冻伤性乳房炎

冻伤性乳房炎是指奶牛在严寒低温气候状况下发生的冻化性乳房炎，此乳房炎在我国北方地区（内蒙古自治区、山西、河北、北京、东北地区、西北地区等）所造成的损伤颇为严重，在秋冬之交的气候剧变季节，气温剧烈下降时如果管理失误将会给奶牛场造成重大的经济损失。

（一）发病原因及致病机理

当奶牛躺卧在冰冷的地面上时，乳头与冰冻地面直接接触可导致乳头括约肌（奶眼）机能受损。在这种情况下，尽管奶牛奶眼处无肉眼可见损伤，也会导致低温、冻伤性乳房炎大量发生，乳头括约肌的松弛和机能损伤，为环境中的微生物通过奶眼进入乳腺打开了门户。这种情况属于轻度型冻伤性乳房炎，导致奶牛乳房炎发生的示意过程见图 12–2。

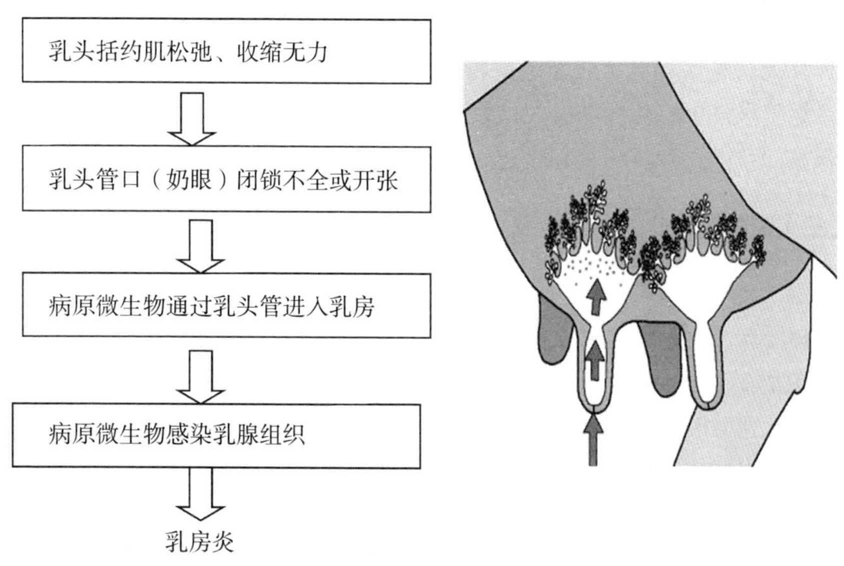

图 12–2　轻度冻伤性乳房炎发病机理示意图

当奶牛躺卧在冰冷的地面上时，乳头与冰冻地面直接接触可导致乳头括约肌（奶眼）结构、形态受损，并出现乳头冻创，也可造奶牛乳房发生冻创。在这种情况下，乳房皮肤的完整性被损伤，乳房的防御机能和免疫能力受到破坏，病原微生物不仅可通过奶眼进入乳房，也可通过乳头、乳房的创伤直接感染乳腺给组织，而发生乳房感染。

（二）临床症状

冻伤性乳房炎多发生于刚入冬时的突然降温或结冰、降雪过程，其乳房炎的发生呈群发或爆发。

轻度冻伤性乳房炎，乳房、奶眼皮肤和黏膜无肉眼可见的冻伤，但乳房表现典型的临床型乳房炎症状，乳汁中有凝固絮片等异常变化，可以是一个乳区发病、也可以是四个乳区发病，一般无全身症状。

中度病例其乳头管口（奶眼）或乳头末端出现大小不一的冻伤病灶（彩图37），往往是后两个乳头先出现冻伤病变，后两个乳区先发生乳房炎；其次是前两个乳区发病。通常习惯左侧卧的奶牛左后乳头先出现冻创，左后乳区先发生乳房炎；习惯右侧卧的奶牛右后乳头先出现冻创，右后乳区先发生乳房炎；一般全身症状不明显。

重度冻性乳房炎乳房及乳头均有严重冻创，严重者整个乳头会因冻伤而发生乳头整体坏死、脱落；乳房底部出现较大面积冻创，甚至因坏死而变紫、变黑、感染、溃烂（彩图38、彩图39）。重度冻伤性乳房炎可呈现体温升高、精神沉郁等全身症状。

（三）预防措施

低温、寒冷（冬季）来临前，清理、整理卧床，用稻壳、锯末等垫好卧床，避免奶牛直接卧于冰冻地面之上，而使乳头、乳房接触冰冷地面。

对于没有卧床的牛场来说，在奶牛运动场上奶牛常卧区域铺垫麦秸、稻草、玉秸等（图12-3），并要及时更换，避免奶牛在躺卧过程中乳房、乳头直接与冰冻地面接触，而发生乳房

图12-3　运动场铺垫麦秸

冻伤。

用同样的方法做好青年牛冻伤性乳房炎预防工作，防止青年牛发生冻伤性乳房炎。

冬季奶牛乳头药浴要选用防冻药浴液进行乳头药浴。

密封牛舍窗户等，做好牛舍保温防冻工作。

（四）治疗

冻伤性奶牛乳房炎的感染菌主要为条件性环境致病菌感染，在做好上述预防工作后，给奶牛提供一个相对温暖的牛舍环境、躺卧地面，采用对症治疗、抗生素治疗就可以获得较好的治疗效果，也可以用治疗冻伤的药物进行局部治疗。但要记住："严重的冻伤性乳房炎，将会对奶牛乳房结构造成一定程度的不可逆转的损伤"。

五、干奶期乳房炎

奶牛干奶期乳房炎是指奶牛干奶后到分娩后第一次挤奶时所表现出来的乳房炎。由于奶牛干奶期不产奶、不挤奶，人们往往容易忽视干奶期间乳房炎的防治工作，等奶牛分娩后挤奶时才发现奶牛患了干奶期乳房炎，此时治疗为时已晚，干奶期乳房炎已对奶牛本胎次的泌乳量带来了重大影响，甚至造成了瞎乳区发生。另外，此时的治疗不但增加了治疗成本，也增加了乳房炎的治愈难度。

（一）奶牛干奶期乳房炎的危害

1. 干奶期乳房炎对奶牛泌乳性能的影响

干奶期是奶牛乳腺休整、功能恢复、结构修复的一个重要时期。没有干奶期的乳房健康就没有奶牛下一泌乳期的高产、稳产，干奶期乳房炎对下一个泌乳期所造成的泌乳损失高达25%以上。

2. 干奶期乳房炎对乳腺结构及功能的影响

干奶期乳房炎病理损害过程长，不易发现，得不到及时治疗。因此，干奶期乳房炎会对奶牛乳腺组织造成严重的不可逆的损伤，导致乳腺上皮细胞变性、坏死，乳腺萎缩、瞎乳，进而导致奶牛被动淘汰，干奶期乳房炎是普通乳房炎中淘汰率最高的一种乳房炎。

3. 干奶期乳房炎会对犊牛哺乳及犊牛的健康成长带来不良影响

干奶期乳房炎会对初乳质量造成严重影响，而初乳质量是决定新生犊牛健康状况的重要因素。初乳细菌数升高、初乳 IgG 含量低下，将导致犊牛成活率下降，生长速度下降、发病率升高等一系列问题。

（二）病因

干奶初期，由于乳腺功能的突然改变及乳汁在乳腺中的残留；干奶期的中后期，由于乳腺细胞发生变性及代谢水平降低，抵抗微生物感染的能力明显降低；乳汁中的乳素对病原微生物有抑制和杀灭作用，干奶后奶牛停止泌乳，乳腺失去了乳素对病原微生物的杀灭作用；干奶后乳腺的血液循环显著降低，通过血液流经乳腺的免疫球蛋白和相应的抗体数量显著降低；这些因素为干奶期乳房炎发生创造了条件。

干奶期乳房炎的具体发病原因与泌乳期乳房炎基本相同，与泌乳期乳房炎发病原因的最大区别就是少了挤奶过程和挤奶机这些致病因素。

化学性因素、物理性损伤、冻化、生物性因素都是引发干奶期乳房炎的致病原因，环境中细菌、病毒等微生物，可通过奶眼、乳房损伤进行入乳腺，也可以经过内源性血液循环导致乳腺感染发生乳房炎。

（三）临床症状

从乳房外部观察角度来看，干奶期乳房炎几乎具有泌乳期乳房炎的所有临床变化，例如：红、肿、热、痛等，刚停奶之后的干奶期乳房炎病例，如果进行挤奶也会出现乳汁异常（乳中有凝絮片、乳汁变色等）现象。

除干奶期发生的梭菌性乳房炎外，干奶期乳房炎患牛一般无严重的全身性临床症状（例体温升高、卧地不起、食欲废绝等）。

（四）诊断

干奶期乳房炎与泌乳期乳房炎一样，通过乳房外在表现可以做出确诊，但要确诊具体是由哪一种病原微生物感染引起的乳房炎则必须通过实验室诊断手段来完成。

（五）治疗

干奶期是治疗泌乳期遗留下来的乳房炎的最佳时期，实验证明，金黄色葡萄球菌引起的乳房炎干奶时治疗率为60%~85%，泌乳期治愈率10%~30%。乳房链球菌及停奶链球菌引起的乳房炎泌乳期治愈率为30%，干奶期治愈率为85%。

对于干奶期乳房炎的治疗，不能挤奶（不包括刚停奶后发生的乳房炎），也不能采用乳头送药法进行治疗，只能采用肌内注射、静脉注射及口服用药的方式进行治疗。

在这一阶段，采用抗生素进行治疗不会产生乳中抗生素残留的问题，但选用抗生素治疗干奶期乳房炎要充分考虑本场导致奶牛干奶期乳房炎的病原特点。另外，要考虑所选药物对奶牛妊娠及胎儿的影响。

（六）干乳期房炎监测及预防控措施

干奶期奶牛停止泌乳，人与奶牛直接接触时间减少，在精细化管理不到位的情况下更容易造成干奶期乳房炎防控疏漏。另外，奶牛干奶期乳房炎监控也是奶牛精细化保健管理中的一个薄弱之处。

干奶期乳房炎监测内容主要包括临床型乳房炎监测和隐性乳房炎监测两大部分，其监控过程主要为停奶前监控、干奶前期监控和干奶中后期监控三个阶段。

1. 停奶前乳房炎监测与防控

（1）临床型乳房炎监测　停奶前2周及停奶当天，用手工挤奶方式挤出欲停奶牛四个乳区的头几把奶，肉眼观察乳汁是否正常，观察乳房外表是否有红、肿、热、痛、损伤等病理变化，确定奶牛是否患有临床型乳房炎或外在性损伤，对患有临床性乳房炎的奶牛要采取相应的治疗措施进行治疗，等治愈后再实施停奶，对乳房的外在性损伤也要采取相应治疗处理。

（2）隐性乳房炎监测与防控　停奶前2周，利用B.M.T诊断液对奶牛的四个乳区进行隐性乳房炎监测诊断，也可以用监测乳中体细胞的方式进行隐性乳房监测诊断。患隐性乳房炎可影响干乳期乳腺结构的修复和功能恢复，也可以发展成干乳期临床型乳房炎。停奶前做好隐性乳房炎监测与防控工作不仅可以防止干乳期乳房炎的发生，也有利于保证干乳期乳腺功能的恢复和结构修复。

（3）治疗处理措施　对临停奶前监测出的临床型乳房炎和隐性乳房炎要采取相应的治疗方法进行治疗；两周后，到了预定的停奶时间，再对4个乳区进行一次化验监测。如果检测结果为弱阳性（摇盘法检测结果为“+”）以下，则按奶牛场例行的停奶方法进行干奶。

两周后，到了预定的停奶时间，如果检测结果为阳性（摇盘法检测结果为“++”）以上，则可延迟停奶时间进行治疗后再停奶，但必须保证奶牛有不少于45d的干奶期。对于隐性乳房炎的治疗可以选择口服隐性乳房炎防治药物或免疫增强剂

进行治疗。

如果经过延期治疗，症状或病理程度明显减少，但仍患有一定程度的乳房炎，而距离奶牛预产期临近 45d 时，这时必须进行干奶，不能再拖延。在这种情况下，干奶时向相应乳区注入加倍数量的干奶药进行停奶，并用长效成膜乳头药浴液药浴乳头，利用长效成膜乳头药浴液的成膜特点封闭乳头管口（奶眼）。如果此时检测结果正常，则按牛场例行的停奶方法进行干奶。

2. 干奶前期乳房炎监测与防控

干奶后的最初几天要注意观察乳房变化，乳房会出现肿胀，而且四个乳区对称性彭大；并不表现发红、疼痛、发热、发亮等异常现象，则说明干奶正常。

从停奶当天开始，乳房体积会逐渐变大，大约在停奶第 4d 时体积达到最大，随后乳房体积逐渐变小，经 3~5d 后乳房中的奶会被逐渐吸收，停奶后大约 10d，乳房中的残留乳汁被完全吸收，乳房恢复柔软，乳腺进入休息状态。如果在停奶前期奶牛乳房的变化与上述过程一致，则说明干奶过程没有问题。

如果在停奶初期奶牛表现出了临床型乳房炎的症状，根据停奶期时间的允许情况，要采取相应的治疗措施。可以挤出干奶药经过一段时间治疗后再进行重新停奶，但必须保证有 45d 的干奶期。此时的治疗可以采用泌乳期临床乳房炎的所有治疗措施。

3. 干奶中后期乳房炎监测及防控

在干奶中后期不能放松对乳房状况的观察，如果在干奶中后期发现奶牛患了临床型乳房炎，也要及时进行治疗。此阶段治疗乳房炎时不能挤奶，也不能采用乳头送药方式进行治疗，只能采用肌内注射、静脉注射及口服用药的方式进行治疗。

选择干奶药注意事项：

干奶药不仅具有预防乳房炎的作用，还有治疗干奶期乳房炎的作用。在选用干奶药时，要选用药效持续时间长、抗菌谱宽、并能促进乳腺上皮细胞修复的干奶药进行干奶。单纯用抗生素药膏进行干奶的干奶方法，其防治干奶期乳腺炎的作用是不理想的。干奶药的技术含量在这几年中得到了迅速提高，由于在药中加入了特殊的缓释剂，其药效在乳房中一般能维持 21d 以上。

六、青年牛乳房炎

青年牛乳房炎是青年牛在分娩前的妊娠期所发生的一种乳房炎，平时不易引起大家注意，也不采取相应的治疗措施，在其分娩后第一次挤奶时，往往才被发现。

青牛乳房炎往往会导致瞎乳或泌乳性能极差而被淘汰，严重影响培育成本转化为经济效益，经济损失巨大。

（一）病因

① 化脓棒状杆菌、链球菌、葡萄球菌等是本病的主要感染病原。另外，各奶牛场环境中存在的特殊病原菌也是重要的病原。其感染途径主要为两个方面。

其一，环境中的病原菌通过奶眼及外伤进行入乳房。

其二，体内脓肿或上呼吸道的病菌通过血液循环进入乳房。

② 夏季地面温度高，牛卧下时在湿热作用下乳房血管扩张，奶眼扩张；奶牛冬季卧在冰冷地面对奶眼结构功能造成损伤，而使病原进入乳房。

③ 在后备阶段牛群中有吸吮其他奶牛乳房的牛存在（彩图 40），或青年牛有自吮乳头的习惯（彩图 41）。也是导致青年牛乳房炎发生的一个重要原因。

④ 运动场泥烂、潮湿、粪便蓄积、卫生条件差、细菌大量繁殖。

（二）临床症状

青年牛乳房炎呈散发，在发生过本病的奶牛场可持续性发生。

多发生于一个乳区，个别情况下有两乳区发病的病例。发病乳区红、肿、热、痛、硬，由于管理疏忽分娩前往往不易发现。

分娩后挤奶时发现乳房红、肿、硬、疼痛，乳汁呈灰白、黄色、浓汁样，有腐臭味。有些有全身症状，食欲差、精神差。病程长时乳房萎缩。

（三）治疗

对由环境中的化脓棒状杆菌、链球菌、葡萄球菌等感染引起的青年牛乳房炎，选择相应敏感的抗生素进行治疗，治疗方法和经产牛乳房炎治疗相似，但不能采用乳房灌注药物的方法进行治疗。饲养员应该随时观察青年牛的乳房炎情况，早发现、早治疗，分娩前采取治疗比分娩后治疗效果要好；此类青年牛乳房炎在分娩后的治愈率很差，大多以瞎乳而告终。

另外，对于发病牛要注意隔离治疗，病乳集中处理，防止环境污染，青年牛乳房炎可能与环境中的某些特殊病菌感染有关。

（四）预防措施

预防青年牛乳房炎主要针对相应的病因进行预防控制工作。

对有吸吮乳头的问题要及时解决，可采取隔离措施或安装鼻钉（图 12-4）的方式加以控制。

低温时期做好青年牛后 2 个月的乳房保护工作，防止青年牛发生冻伤性乳房炎。

夏季做好圈舍排水、清污工作，保持地面干燥，防止地面泥泞、积水，减少圈舍中腐败性病原菌存在。

对于瞎乳或生产性能低下者及时淘汰，以减少牛群中的传染源。

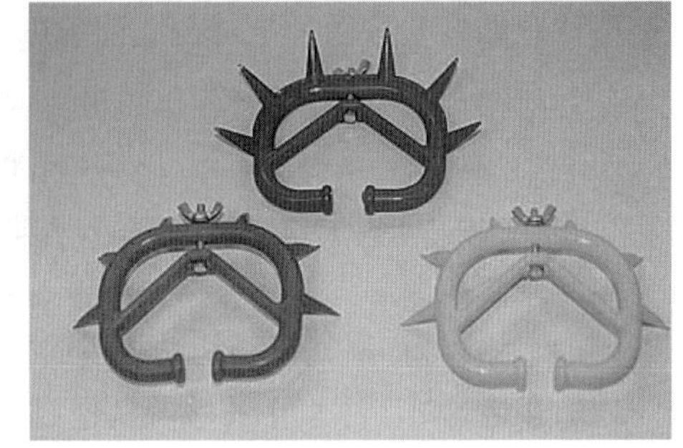
图 12-4 鼻钉

七、无乳或泌乳不足

无乳症是指奶牛产后乳腺机能异常，泌乳量极少或完全无乳的一种病理现象，此病在奶牛群中总有一定比例发生，有人统计在饲养条件较差的牛场其发生率为 8%~10%，造成的产奶损失较大。

（一）病因

① 忽视青年牛饲养管理，致使青年牛营养不良，日粮严重不平衡，蛋白质、维生素、矿物质等营养成分缺乏。这些因素将会严重影响乳腺发育，造成乳腺发育不良、机能低下，或乳腺发育受阻，从而出现产后无乳或泌乳不足。

② 在干奶期或分娩后机体神经、内分泌机能失调。当垂体机能紊乱，激素分泌机能受阻，催乳素、催产素不足时，可使乳腺发育受阻，分泌乳汁能力降低。

③ 分娩应激也是导致奶牛产后无乳或泌乳不足的一个原因。分娩是奶牛生产过程中的一个最大生理性应激，他主要包括伴随分娩所发生的两大生理性应激。

其一，分娩过程中奶牛神经内分泌巨裂变化所带来的生理性应激。

其二，分娩过程及产后的疼痛、不舒所造成的生理性应激（正常分娩造成的疼痛与不舒，异常分娩造成的疼痛与不舒等）。

分娩过程中奶牛神经内分泌巨裂变化所带来的生理性应激，可导致奶牛产后神经、内分泌机能失调或紊乱，从而导致产后无乳现象发生。

④ 挤奶应激也可引起产后泌乳不足问题发生，挤奶应激是指产后挤奶时粗暴的轰赶奶牛，挤奶机噪声、环境噪声等对奶牛产生的异常应激。

⑤ 先天性体质及遗传因素也是导致产后无乳的一个原因。

（二）症状

奶牛产后无乳或泌乳不足多发生于第一胎奶牛和胎次较大的老弱牛，除激素分泌紊乱外，头胎牛多因乳腺发育不良所致，胎次较大的奶牛多因乳腺机能减退或疾病所致。

由于青年牛阶段营不良所致的乳腺营养发育不良主要表现为乳头、乳房体积小，乳腺组织松软。由于其他原因引起的产后无乳，其乳房无特殊表现。最直观的临床症状就是无乳或乳量极少，乳质无异常，不表现全身症状。

（三）诊断

此病无诊断难度，无乳或乳汁极少就是典型的诊断依据。

（四）治疗

① 每次挤奶前，用温水充分擦洗、充分按摩乳房。通过按摩改善乳房血液循环。

② 肌内注射苯甲酸雌二醇 12mg，1 日 1 次，连续 2~4d。

肌内注射催产素 20IU，1 日 1 次，连续 2~4d。

肌内注射维生素 ADE 注射液 2~3 次。

③ 静脉注射催乳素 60 万 IU，连续 4d。

④ 为减少头胎牛因分娩应激所致的无乳症，对青年可在分娩后肌内注射氟尼辛葡甲胺（1 次）进行防治，注射剂量为每千克体重 1~2mg。

（五）预防措施

加强青年牛饲养管理，特别是妊娠后期，为青年牛成长发育提供充足的营养元素保障。仔细观察乳房发育情况，发现青年牛乳房发育不好，及时调整日粮结构，补加蛋白质、维生素等营养成分。

认真做好成乳牛的干奶工作，保证乳腺在干奶期间获得良好的再生、修复和机能恢复。

头胎牛最好在其预产期的前 1~7d，每天触摸乳房 1~2 次，以做好挤奶准备，减少挤奶应激。

八、乳房水肿

乳房水肿是奶牛的一种围产期代谢障碍性疾病，乳房水肿属于一种浆液性水肿，其特征是乳腺细胞的组织空隙出现过量液体积蓄。本病主要发生于奶牛，在高产奶牛群和头胎奶牛群中的发病率为 14%~50%。可影响产奶量，重者可永久性损伤乳房悬韧带，导致乳房下垂。本病的临床特征是整个乳房或部分乳房发生水肿，皮肤发亮，无热、无痛，似面团状，用手指按压时有凹陷。

（一）病因

奶牛乳房水肿发生的病因较为复杂，还有待更深入的探究。目前，认为引起奶牛乳房水肿的病因主要表现中在如下几个方面。

① 乳房水肿具有一定遗传性，子代母牛乳房水肿的发病率是种公牛性能评定一个指标。

② 分娩前后，母牛乳房血流量增加，乳静脉压增高而淋巴液急剧增加，雌激素分泌增强以及妊娠期过长、胎儿过大等皆可引起本病。

③ 乳房水肿与钠盐或钾盐摄入量有密切关系，奶牛每天采食氯化钠和氯化钾混合物，其乳房水肿发病率和严重程度都会升高。当饲料中不添加钠盐或钾盐时，乳房水肿的发病率和严重程度均降低。有人让奶牛每天采食氯化钠和氯化钾混含物 54g，其乳房水肿发病率和严重程度都有提高。

另外，为提高苜蓿产量而施用钾肥也可造成乳房水肿发病率提升高。

④ 干奶牛或青年牛运动不足可促进本病发生。临床统计表明，无运动场（有卧床的封闭式牛舍）的牛群乳房水肿发病率显著高于有运动场的牛群。

⑤ 干奶期饲养不当是导致本病的一个主要临床原因，如精料饲喂过多、优质干草不足。Emery 等发现，在妊娠最后 3 周，给妊娠青年母牛每天每头饲喂 7~8kg 精料时，乳房水肿发病率增多，而不喂精料的青年母牛则未发病。

⑥ 心脏疾病、后腔静脉血栓、乳房静脉血栓、低蛋白血症、副结核等疾病均可引起奶牛乳房水肿。

（二）发病机理

奶牛乳房水肿的产生机理目前仍然未完全阐明，仍是临床实验研究的一个热点。在此介绍两种有关奶牛乳房水肿发生机理的说法。

① 妊娠末期由于盆腔胎儿压力，造成静脉血流出乳房受到限制或淤积，或者说流入乳房的血液增加而流出乳房的血流没有相应增加，导致静脉血压升高、通透性长高，大量积液液体成分进入乳腺组织间隙发生水肿上。

② 由活性氧代谢产物引起的乳腺组织氧化应激可能在乳房水肿的发生中发挥作用。围产期奶牛代谢活动加强，产生过多的活性氧代谢物（如超氧化物和过氧化氢），或者过多接触黄曲霉毒素，都会引起异常的氧化反应，从而导致脂质过氧化，蛋白质、多糖和 DNA 被破坏，破坏细胞膜的完整性及其细胞器的结构，使组织受到损伤，从而释放出大量的自由基；同时由于细胞受损使内源性清除自由基的 SOD 减少，由于水肿的出现，导致自由基潴留，加速 SOD 消耗，这几方面协同作用使机体抗氧化能力下降，加剧细胞损伤，进一步引起自由基代谢产物丙二醛增加和自由基清除剂 SOD 减少，从而诱发水肿。水肿导致自由基增多，SOD 减少使抗氧化能力下降，细胞及细胞膜的过氧化损伤进而加重水肿的恶性循环，使水肿进行性恶化。

（三）发病特点

奶牛乳房水肿通常多发生于奶牛分娩的前后 2~4d。

乳房水肿主要发生于 1 胎、2 胎和 3 胎奶牛，头胎发病率占 45.9%，2 胎发病率占 25.8%，3 胎发病率占 15.5%，然后发病率随着胎次的增加逐渐减少。

随着产奶量的提高，奶牛乳房水肿发病率呈增多趋势，此病与产奶量呈显著正相关。

奶牛乳房水肿发病情况与季节有一定的关系，总体趋势是随着气温的上升，发病率逐渐上升，又随着气温的下降，发病率逐渐下降，夏季发病率最高。

（四）临床症状

根据水肿的程度，可将奶牛乳房水肿分为轻度水肿、中度水肿、重度水肿。

（1）轻度水肿　症状不明显，一般水肿部位在乳房后部或底部，局限于一个或两个乳区，乳房局部明亮，无热无痛，指压留痕。

（2）中度水肿　症状明显，乳房明显肿大，水肿部位可以波及整个乳房，皮肤发红发亮，乳房下垂，指压留痕。

（3）重度水肿　症状很明显，患病奶牛精神不振，步态迟缓，整个乳房增大、严重下垂、红肿、坚实，水肿可波及乳房基底前缘、下腹、胸下、四肢，甚至乳镜、乳上淋巴结和阴门等部位，水肿部位乳房皮肤发红、发紫、甚至出现坏疽、血乳，引发乳房炎症状，并且出现全身发热症状。

（五）诊断

奶牛乳房水肿病的诊断根据病史和症状不难诊断，但需与乳房炎、乳房血肿进行鉴别诊断。该病的特征是水肿按压留痕，特别是在乳房底部，严重时整个乳房都会按压留痕，并且经常伴随出现腹侧水肿。

（六）治疗

大部分病例产后可逐渐消肿，不需治疗。对产前或产后乳房水肿严重的奶牛，应采取积极的治疗措施，治疗原则是利水消肿。

① 乳房按摩，1 日 3 次，1 次 15~30min。通过按摩，可有效改善乳房局部血液循环，促进渗出液吸收。

② 按每千克体重 1mg 的剂量肌内注射速尿水，1 日 1~2 次。

肌内注射孕酮 50~250mg，1 日 1 次，连用 3d。

③ 50% 葡萄糖 500mL 或 10% 葡萄糖 1000mL、5% 氯化钙 200mL、25% 硫酸镁 80~100mL，一次静脉注射。

④ 如果伴随有乳房感染时可配合抗生素进行治疗。

（七）预防措施

① 挤奶时充分做好挤前的乳房按摩工作。

② 在怀孕末期给奶牛提供适当的运动空间，保证有适当的运动量。

③ 干奶期日粮精粗比例要合适，控制食盐给量（精料给量的 1%），不要给干奶牛设食盐补饲槽，如果给奶牛用舔砖要选用干奶牛专用舔砖。

④ 在患有地方流行性乳房水肿的牛群中，通过对阴阳离子平衡的估价来做营养方面的诊断是必要的。应当测定病牛和健康牛的总钾、钠量和血液化学状况。

第十三章

奶牛繁殖疾病

一、排卵延迟及不排卵

奶牛排卵延迟是指排卵时间向后推移；不排卵是指发情时有发情的外表征状、卵巢上也有卵泡发育但不排卵。

（一）病因

机体促黄体素分泌不足、激素作用不平衡是造成排卵延迟及不排卵的主要原因。

营养不良或营养不平衡，过度挤奶，气温变化频繁，严重雾霾也可造成排卵延迟及不排卵。

（二）临床症状与诊断

排卵延迟时，卵泡的发育和外表发情症状都和正常发情一样，但发情持续时间延长，奶牛一般延长 3~5d 排卵，直肠检查时卵巢上有卵泡，最后有的可能排卵，有的则会发生卵泡闭锁。

不排卵时，有发情的外表征状，发情过程及周期基本正常，直肠检查时卵巢上有卵泡，但不排卵，屡配不孕，不排卵的卵泡常以闭锁、萎缩结局。

根据发情表现过程及屡配不孕等临床表现，可做出临床诊断。但在诊断排卵延迟时要注意和卵泡囊肿相区别。

（三）治疗

对排卵延迟及不排卵的患牛，除改善饲养管理条件外，可应用激素进行治疗。

当奶牛出现发情症状时，立即注射促黄体素 200~300IU 或黄体酮 50~100mg，可起到促进排卵的作用。

对于确知由于排卵延迟或不排卵而屡配不孕的母牛，在发情早期，可注射促性腺激素释放激素（GnRH）进行治疗，每次注射 200μg，并配合肌内注射维生素 A、维生素 D、维生素 E 进行治疗。

二、卵巢机能不全

卵巢机能不全是指卵巢机能暂时受到扰乱，机能减退，性欲缺乏，卵泡发育中途停止（卵泡萎缩、卵泡交替发育），长期的机能衰退可导致卵巢萎缩。

（一）病因

卵巢机能不全是各种因素综合作用的结果。临床研究表明，主要和如下几种因素有关。

① 由于子宫疾病、全身性疾病及饲养管理不当，使奶牛机体虚弱而导致了本病理现象发生。

② 饲料中营养成分不足，尤其是维生素 A 不足与本病的发生有关。

③ 气候因素及近亲繁殖也可导致本病发生。

（二）症状及诊断

本病的主要临床症状是发情周期延长，发情症状（表现）减弱，或安静发情，有的则出现性周期紊乱现象（卵泡交替发育）。直肠检查时一般摸不到卵泡和黄体。

如果发展成为卵巢萎缩，则长期不发情，卵巢小而硬，母牛的卵巢变得仅有豌豆大小。

本病多发生于年龄较大体质较弱的奶牛。

本病一般通过临床症状观察和直肠检查卵巢可做出诊断。

（三）治疗

对由生殖器官疾病引发的卵巢机能不全，要做好原发病的治疗。

治疗奶牛卵巢机能不全，可采用如下几种治疗方法。

1. **激素治疗**

（1）生殖激素联合治疗　可用促性腺释放激素、氯前列烯醇、苯甲酸雌二醇进行联合治疗，这种联合治疗的方法可显著提高本病的治疗效果。具体方法如下。

第 1d，肌内注射促性腺释放激素 200μg，注射后 1~3d 观察发情，如发情则进行配种。

第 8d，对未发情的奶牛肌内注射氯前列烯醇 0.6mg，注射后观察发情，如发情则进行配种。

第 9d，对未发情的奶牛肌内注射苯甲酸雌二醇 8mg，注射后 1~3d 观察发情，如发情则进行配种。

（2）促卵泡素（FSH）治疗　肌内注射 100~200IU，每日或隔日 1 次，共用 2~3 次。还可配合促黄体素进行治疗。

（3）绒毛膜促性腺激素（HCG）治疗　肌内注射 1 000~3 000IU，必要时可间隔 1~2d 重复注射一次。

（4）孕马血清（PMSG）治疗　肌内注射 1 000~2 000IU，1~2 次。

（5）雌激素（E）　这类药物对中枢神经及生殖系统有直接兴奋作用，用药后可引起母畜表现明显的外部发情症状，对卵巢无刺激作用，不引起卵泡发育和排卵。但用此类药物可以使奶牛生殖系统摆脱生物学上的相对静止状态，促进正常发情周期的恢复。因此，用此类药后的头一次发情不排卵（不必配种），而在以后的发情周期中可以正常排卵。

2. **维生素治疗**

维生素 A 对于缺乏青绿饲料引起的卵巢机能减退有较好的疗效，一般每次肌内注射 100 万 IU，每 10d 一次，注射 3 次后的 10d 内卵巢上会出现卵泡发育，且可成熟受胎。还可配合维生素 E 进行治疗。

（四）预防措施

对于年龄不大的患病牛，卵巢机能不全治疗一般预后良好。如果奶牛衰老或卵巢已发萎缩、硬化，则无治疗价值。

尽管现在催情的方法和药物种类繁多，但尚无适用于不同症状的一种十分理想的药物和方法；因为卵巢机能的正常活动是许多生理性及环境性因素共同作用的结果。

改善饲养管理，增加运动、合理日照、保证日粮中有丰富的矿物质、维生素、蛋白质是预防本病的重要措施。

三、奶牛阴吹病

奶牛阴吹病是由于奶牛子宫收缩机能下降、产道黏膜及黏膜下层损伤、感染所引发的一种繁殖障碍性疾病。此病在其他家畜中也有发生，但奶牛的发病最高，可导致奶牛屡配不孕或失去繁殖能力，给奶牛场造成一定的经济损失。该病在奶牛兽医临床上总能遇到，但在我们的教科书上却找不到此病。民间根据患病牛表现从产道排气（放屁）这一典型临床特征，将此病称为“奶牛阴吹病”，笔者在此继续传承使用这一名称。

（一）病因

① 有害微生物引起子宫、产道（子宫颈、阴道）感染是导致本病发生的基础性原因。

② 产道损伤（产道狭窄、胎儿过大、难产、助产过程中的损伤）未及时发现治疗，是导致本病发生的常见原因。

③ 子宫复旧不全或子宫收缩能力低下也是本病发生的一个重要原因。

④ 奶牛配种时没有保定好，输精时母牛躁动或人工授精技术操作不熟练，输精枪划伤产道黏膜、刺伤子宫颈口，也是导致本病的原因之一。

⑤ 胎衣不下、子宫脱出、阴道脱是导致本病发生的又一类原因。

（二）发病机理

病原微生物、尤其是产气性病原微生物在奶牛分娩过程或产后子宫颈口未闭锁阶段进入子宫，引起子宫感染发炎，子宫及子宫角的收缩能力减弱，甚至无收缩力，微生物繁殖、产气、积气，加之闭锁后的子宫颈口松弛，当奶牛腹腔压力增大、子宫收缩、努责时，子宫中的气体就会从生殖道排出。

在奶牛分娩、助产、难产过程中，产道（子宫颈口、阴道）的黏膜、黏膜下层组织受到损伤、撕裂。子宫及产道中的液体、恶露挤压分离黏膜下层组织，并在黏膜下积聚形成憩室或囊腔，其中的有害微生物在此大量繁殖产气，当奶牛腹压力增大、子宫收缩、努责时，蓄积在产道憩室或囊腔中的气体就会排出。

（三）临床症状

奶牛阴吹病的主要临床症状是从产道、子宫内间断或连续不断的排出气体，并且伴有“噗噗”、“叭叭”的响声，其排气形式及声音类似于动物放屁。尤其是当奶牛卧地时，排气现象更为多见、明显。直肠检查时，子宫体积变大、收缩无力、积气积液。

一般情况下，该患病牛发情正常，屡配不孕或难以怀孕；多数无全身症状，食欲、饮水、精神等基本正常，老弱严重病例会表现一些全身症状。

（四）治疗

① 对于分娩及助产过程的产道损伤要及时进行相应缝合、消炎处理。对于轻度的产道损伤可涂抗生素软膏（红霉素软膏、林可霉素软膏等）或促进外伤愈合的软膏制剂进行治疗。

② 全身注射抗生素（例如头孢噻呋等）或子宫内投注抗生素对子宫感染进行治疗，也可注射催产素通过促进子宫收缩的方式进行治疗。

③ 对于产道感染及助产操作形成的憩室或囊腔要用抗生素或防腐消毒药进行清洗治疗。

④ 对子宫内积液、子宫绵软无力的积气病例，通过直肠按摩促进子宫内液体排出也是一种有效的治疗方法。

⑤ 对于体质瘦弱的病例，在采用上述方法进行治疗的同时，可配合口服补中益气散进行治疗，一个疗程度为 5~7d。

（五）预防措施

预防本病的基本原则是防止子宫、产道感染，防止分娩及助产过程中的损伤发生。结合这一原则应该从如下几个方面采取相应的防控措施。

① 正确判定奶牛分娩过程中的难产及产道检查时机，减少人为难产、助产，减少产道感染与损伤发生。

② 助产过程中要认真做好助产器械及助产人员手臂的消毒工作，防止助产过程造成奶牛产道及子宫感染发生。

③ 奶牛分娩结束后，兽医必须要进行产道检查，确定产道在分娩及助产过程中是否有损伤，并及时进行相应的治疗处理。

④ 助产过程要科学、规范，不可强拉硬拽，以免造成奶牛产道损伤，或子宫

颈功能及结构受损。

⑤ 仔细观察产后奶牛胎衣排出情况，对胎衣部分不下者要进行及时治疗处理。

⑥ 人工输精时要做好母牛保定工作，不断提高人工授精操作技术，避免输精过程对奶牛产道造成损伤。

⑦ 加强围产期饲养管理，使奶牛子宫保持良好的生理状态。

四、青年牛卵巢、子宫粘连

卵巢、子宫粘连是指卵巢与腹壁、子宫、腹腔内组织器官粘连或子宫与卵巢、腹壁、腹腔内器官互相粘连的一种病理表现。此病发病率不是很高，但在临床上总能遇到，相对而言青年牛卵巢及子宫粘连的发病率显著高于经产牛，也就是说卵巢、子宫粘连多见于青年牛（或头胎牛），此病治疗效果较差，可导致严重的繁殖障碍。青年牛卵巢、子宫粘连与经产牛的卵巢、子宫粘连在病因和治疗方面相似，由于经产牛发病率显著低于青牛牛，所以，在此我们仅针对青年牛卵巢、子宫粘连问题作以总结、介绍。

（一）病因

大家对此病的发生原因缺乏全面研究，笔者通过临床观察、分析、研究，认为此病的发生主要与以下几个原因有关。

① 犊牛阶段由于犊牛真胃溃疡所导致的真胃穿孔是青年牛或头胎发生卵巢、子宫粘连的一个常见原因。

真胃穿孔可引起广泛的腹膜炎，腹膜炎不仅仅可导致消化器官粘连，也可导致奶牛的卵巢、子宫与腹腔器官或子宫与卵巢粘连。

② 犊牛时期的脐带炎是导致青年牛或头胎牛发生卵巢、子宫粘连的另一个原因。

脐带通过脐尿管、脐动脉、脐静脐与腹腔的肝脏、膀胱、动脉、静脉相连，当犊牛出生发生脐带感染患脐带炎时，由于脐孔尚未完全闭锁，炎症可延着脐带上行，导致犊牛腹膜炎发生，较大面积的腹膜炎就可导致卵巢、子宫互相或者与腹腔内组织器官发生粘连。

③ 在治疗犊牛疾病时的腹腔感染是导致本病的又一原因。

当犊牛发生严重脱水，静脉输液难度较大时，兽医可能会采用腹腔注射的方法给犊牛进行输液治疗；另外，当犊牛发生严重的胃肠炎时，兽医可能会采用腹腔封闭这一方法来进行治疗。在采用上述方法治疗时，如果消毒不严格或注入腹腔的药物刺激性强，就可能会引起犊牛腹膜炎，从而导致本病发生。

（二）临床症状

青年牛卵巢、子宫粘连一般于第一次人工输精前的生殖器官检查时被发现，直肠检查时会发现子宫角、卵巢游离性差，位置也有一定差异，输卵管轮廓不清楚，卵巢、子宫与周围组织器官发生粘连。大多数患病牛发情正常，但不易怀孕或不孕。一般无全身症状，有些患病牛生长缓慢，外观瘦弱。

（三）诊断

本病通过直肠检查的方式一般都可做出诊断，没有诊断难度。

（四）治疗

没有针对本病的特异性治疗方法。临床上一般采用通过直肠对子宫、卵巢、输卵管按摩的方式治疗本病，通过间接按摩可提升子宫、卵巢、输卵管收缩、舒张机能，从而达到疏通管腔、促进怀孕的目的。一般每天应该按摩 1~2 次，连续 7d。

另外，注射对深部组织有消炎作的抗生素（例如、甲硝唑、黄色素注射液）对本病治疗也有一定效果。

（五）预防措施

① 加强犊牛饲养管理，防止或减少犊牛真胃炎、真胃溃疡、真胃穿孔是预防本病的一个重要措施。

② 做好犊牛断脐工作，防止脐带炎发生是预防本病的又一重要预防措施。

③ 兽医在进行腹腔注射或腹腔封闭时，要严格按无菌要求操作，防止腹腔感染（腹膜炎）是预防本病的又一有效措施。

五、奶牛子宫捻转

子宫捻转是指整个子宫或一侧子宫角或子宫角的一部分围绕自己的纵轴发生捻转。其捻转部位多在子宫颈前后，捻转程度可以是 90°~360° 不等，可发生于妊娠中期以后的任何时候，但临床上多发现于临分娩时，本病是奶牛产道性难产中的一种，因治疗过晚可引起子宫破裂或死亡。

（一）病因

① 急剧的体位改变。急剧起卧、转身、翻滚或奶牛受惊吓急剧起卧、迅速转身和剧烈运动等。

② 饲养管理失宜和运动不足。饲养管理不当和缺乏运动可导致子宫韧带松弛，从而引发本病。

（二）临床症状

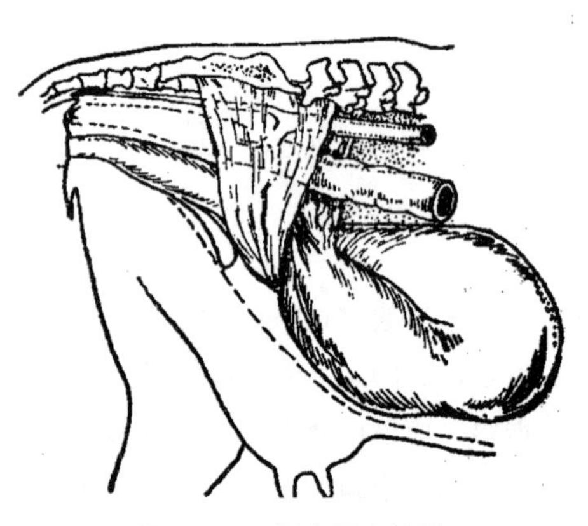

图 13–1　奶牛子宫捻转

奶牛轻度子宫捻转（图 13–1）时，子宫血管未绞缠，血液循环未阻断，怀孕仍可继续下去，也可能随其活动或由于分娩时胎儿活动及子宫的阵缩而被矫正。子宫颈口未完全拧闭的病例分娩时可从阴道流出带血黏液，频繁努责，但不见胎囊露出、不见破水，患病牛腹痛不安。

捻转达 180° 以上时，会发生子宫静脉淤血、出血、水肿等病理变化，从而导致血液循环障碍、胎儿死亡。如子宫颈口未开张，且距分娩日尚早，胎儿会发生干尸化，母畜仍可存活。反之，胎儿腐败，母牛会因继发腹膜炎及败血症而死亡；子宫捻转继发腹膜炎的奶牛体温升高 0.5~1℃。

本病如发生距分娩日尚早时，一般难以作出确诊。所以，在临床上本病多发现于临分娩时。有分娩预兆，但努责不明显，胎儿及胎囊不进入产道，阴门稍凹陷，阴道壁有螺旋形皱襞，可依据其走向来确定捻转方向。膣部呈紫红色，子宫颈塞红染。子宫阔韧带紧张、交叉，其中的静脉怒张。病牛有腹痛症状，一般体温正常，呼吸及心跳增加，也可能伴有腹部臌气。

直肠检查发现子宫阔韧带紧张有交叉感，子宫颈螺旋状；阴道检查表现为阴道壁紧张，阴道腔越向前越狭窄，沿阴道壁可触摸到螺旋状皱襞。一般子宫捻转时，直肠检查摸不到胎儿。

（三）诊断

依据临床症状，结合直肠检查可对临分娩时的子宫捻转做出诊断。

直肠检查时会发现宫阔韧带紧张有交叉感，子宫颈螺旋状。阴道检查表现为阴道壁紧张，阴道腔越向前越狭窄，阴道壁可触摸到螺旋状皱襞。一般子宫捻转时直肠检查摸不到胎儿。

（四）治疗

1. 产道矫正

适用于分娩时捻转不超过 90° 的捻转。病畜选前低后高位站立保定，后海穴用普鲁卡因进行麻醉。用手握住胎儿的某一部分，向捻转的对侧扭转。

2. 翻转母体法

翻转前可作硬膜外腔麻醉，也可肌内注射肌松药，也可不作任何麻醉处理。选择宽畅平坦的场地进行翻转（彩图 42、图 13–2）。翻转步骤如下。

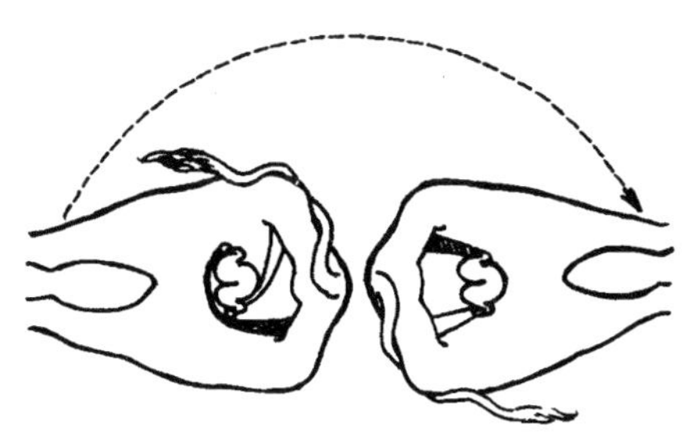

图 13–2　牛右方子宫捻转翻转示意图

① 将患病牛倒卧保定，充分捆好四肢，也可用一长木杆纵向捆于前后四蹄之间。病牛子宫向那侧捻转倒卧时那侧腹壁应着地。

② 翻转时，一人保护好头部，同时配合翻转，先将倒卧于地的病牛慢慢翻向对侧，然后用力突然将其翻回到原位。一次不行可重复进行。翻转过程中，每翻转一次，应做一次产道检查，以防翻转方向错误，同时也能达到及时掌握治疗效果的目的。

③ 如术者的手能进入产道可用手握住胎儿的某一部分，同时进行翻转。

3. 剖腹矫正

此方法临床上较少用，但此方法是解决翻转治疗失败病例的唯一方法。

（五）预防措施

子宫捻转是妊娠奶牛临产期一种常发病，主要与胎儿异常增大，子宫位置稳定性较差有关。母牛如急剧起卧并转动身体，子宫因胎儿重量大，不能随腹壁运动，就可向一侧捻转。

饲养管理不当以及运动不足可以导致子宫壁肌肉收缩力减弱而诱发子宫捻转。因此，奶牛怀孕后期除了增加营养外，要适当增加运动量，以增强子宫壁收缩力。将不同阶段的奶牛科学的分群饲养，妊娠奶牛单独分群饲喂，特别是头胎牛。加强牛场管理，避免人为粗暴赶牛，引起妊娠母牛剧烈运动，造成子宫捻转。

六、流产

流产是由于胎儿或母体的生理过程发生紊乱，或它们之间的正常关系遭到破坏，导致妊娠中断，胎儿被母体吸收或排出体外的一种病理现象。流产是哺乳动物妊娠期间的一种常见疾病，流产不仅会导致胎儿死亡或发育受到影响，而且还会影响到母体的生产性能和繁殖性能。因此，防流保胎工作一直是奶牛场的一项重要工作。

（一）病因

流产可以是怀孕奶牛患某些疾病的一个临床症状，也可以是饲养管理不当的一个结果，还可以是胎盘或胎儿受到损伤而导致的一种直接后果。流产的原因十分复杂，概括起来可分为传染性流产和非传染性流产。

1. 传染性流产

传染性流产是由病原微生物侵入怀孕牛机体内而引起的一种流产，可以是某些传染病发展过程中的一个普通症状，也可以是某些传染病的一个特征性症状。如布鲁氏杆菌、衣原体、毛滴虫、传染性鼻气管炎病毒等病原，可在胎盘、子宫黏膜及产道中造成病理变化，所以流产就成了这些传染性疾病的一个特征性症状。李氏杆菌、沙门氏杆菌、焦虫、附红细胞体等病原感染怀孕牛时，流产则作为这些传染病发展过程中的一个非特异性临床症状而表现出来。从某种意义上来说，当某种传染病导致母体或胎儿的生理功能紊乱到一定程度时，都可以引起流产。

2. 非传染性流产

非传染性流产是由非传染性因素引起的一类流产，大致可归纳为如下几种。

（1）胚胎发育停滞　精子或卵子衰老或缺陷、染色体异常和近亲繁殖是导致胚胎发育停滞的主要原因，这些因素可降低受精卵的活力，使胚胎在发育途中死亡。胚胎发育停滞所引起的流产多发生于妊娠早期。人们在羊胚胎移植研究中也发现，某些品种（羊）间的胚胎移植，其胚胎发育停滞率较高。

（2）胎膜异常　胎膜是维持胎儿正常发育的重要器官，如果胎膜异常，胎儿与母体间的联系及物质交换就会受到限制，胎儿就不能正常发育，从而引起流产。先天性因素可以导致胎膜异常，如子宫发育不全、胎膜绒毛发育不全，这些先天性因素所引起的病理变化，可导致胎盘结构异常或胎盘数量不足。后天性的子宫黏膜发炎、变性，也可导致胎盘异常。

（3）饲养不当　饲料严重不足或矿物质、维生素缺乏可引起流产；饲料发霉、变质或饲料中含有有毒物质可引起流产；贪食过多或暴饮冷水也可引起流产。

（4）管理不当　奶牛怀孕后由于管理不当，可使子宫或胎儿受到直接或间接的物理因素影响，引起子宫反射性收缩而导致流产。

地面光滑、急哄急赶、出入圈舍或进出挤奶厅时过分拥挤等，所引起的跌跤或冲撞，可使胎儿受到过度振动而发生流产。

怀孕后期的奶牛应该及时科学分群，怀孕牛和未怀孕牛混群饲养会由于互相争斗而造成流产。

怀孕奶牛在运输及上车或卸车过程中要倍加小心，否则就会造成流产。另外，强烈应激、粗暴对待怀孕奶牛等不良管理措施也是造成奶牛流产的一个重要原因。

（5）医疗错误

① 粗鲁的直肠检查和不正确的产道检查可引起流产。

② 误用促进子宫收缩药物可引起流产（如毛果芸香碱、氨甲酰胆碱、催产素、麦角制剂等）。

③ 误用催情或引产药可导致流产（如雌性激素、三合激素、前列腺素类药物、地塞米松等）。

④ 大剂量使用泻剂、利尿药、驱虫剂、错误的注射疫苗、不恰当的麻醉也可导致流产。

（6）继发于某些内科、外科和产科疾病　一些普通疾病发展到一定程度时也可导致流产。例如，子宫内膜炎、宫颈炎、阴道炎、胃肠炎、肺炎、疝痛、代谢病等。

（二）临床症状

一般而言，奶牛发生流产时会表现出不同程度的腹痛不安，拱腰、排尿动作，从阴道中流出多量黏液、或污秽不洁的分泌物或血液。另外，流产症状与流产发生的时期、原因及母牛的耐受性有很大关系，流产的类型不同，其临床表现也有区别。

1. 隐性流产

胚胎在子宫内被吸收称为隐性流产。隐性流产发生于妊娠初期的胚胎发育阶段，胚胎死亡后，胚胎组织被子宫内的酶分解、液化而被母体吸收，或在下次发情时以黏液的形式随尿过程被排出体外。隐性流产无明显的临床症状，其典型的表现就是配种后诊断为怀孕，但过一段时间后却再次发情，并从阴门中流出较多数量的分泌物。

2. 早产

有和正常分娩类似的分娩预兆和过程，排出不足月的活胎儿，称为早产。早产的产前预兆不像正常分娩预兆那样明显，多在流产发生前的2~3d，出现乳房突然胀大，阴唇轻度肿胀，乳房内可挤出清亮液体等类分娩预兆。早产胎儿若有吮吸反射时，进行人工哺养，可以养活。

3. 小产

提前产出死亡未变化的胎儿就是小产，这是最常见的一种流产类型。妊娠前半期的小产，流产前常无预兆或预兆轻微；妊娠后半期的小产，其流产预兆和早产相同。

小产时如果胎儿排出顺利，预后良好，一般对母体繁殖性能影响不大。如果子宫颈口开张不好，胎儿不能顺利排出时应该及时助产，否则可导致胎儿腐败，引起子宫内膜炎或继发败血症而表现全身症状。

4. 延期流产

也叫死胎停滞，胎儿死亡后由于卵巢上的黄体功能仍然正常，子宫收缩轻微，子宫颈口不开，胎儿死亡后长期停留于子宫中，这种流产称为延期流产。

延期流产可表现为两种形式，一种是胎儿干尸化，另一种是胎儿浸溶。

胎儿死亡后，胎儿组织中的水分及胎水被母体吸收，胎儿体积变小、变为棕黑色样的干尸，这就是胎儿干尸化，干尸化胎儿可在子宫中停留相当长的时间。母牛一般是在妊娠期满后数周，黄体作用消失后，才将胎儿排出。排出胎儿也可发生于妊娠期满以前；个别干尸化胎儿可长久停留于子宫内而不被排出。

胎儿死亡后，胎儿的软组织被分解、液化形成暗褐色黏稠的液体，骨骼飘浮于其中，这就是胎儿浸溶，胎儿浸溶现象比干尸化现象要少见。

（三）诊断

流产的诊断主要依靠临床症状、直肠检查及产道检查来进行。不到预产日期，怀孕奶牛出现腹痛不安、拱腰、努责，从阴道中排出多量分泌物或血液或污秽恶臭的液体，这是一般性流产的主要临床诊断依据。

配种后诊断为怀孕，但过一段时间后却再次发情，这是隐性流产的主要临床诊断依据。

对延期流产可借助直肠检查或产道检查的方法进行确诊，也可借助B超进行诊断。

（四）治疗

① 当奶牛出现流产症状，经检查发现子宫颈口尚未开张，胎儿仍活着时，应该以安胎、保胎为原则进行治疗。

肌内注射氟尼辛葡甲胺（每千克体重2mg），每日1次，连续3d。

肌内注射黄体酮50~100mg，每日1次，连续3d。

同时注射维生素ADE注射液10~20mL，每日1次，连续2~3d。

对于青年牛或干奶牛发生的流产，在用上述药物的同时还可配合注射抗生素进行防治。对于群发性不明原因所致的流产，也可用此治疗方法在未表现流产症状时进行群体防控。

② 当奶牛出现流产症状时，子宫颈口已开张，胎囊或胎儿已进入产道，流产已无法避免时，应该以尽快促进胎儿排出为治疗原则。及时进行助产，也可肌内注射催产素以促进胎儿排出，或肌内注射前列腺素类药物以促进子宫颈口进一步开张。

当发生延期流产时，如果仍然未启动分娩机制，则要进行人工引产，肌内注射氯前列烯醇0.4~0.8mg是大家用于奶牛引产的常用药物；如单纯注射氯前列烯醇不能达到引产目的时，可配合地塞米松、三合激素等药物进行引产。

（五）预防措施

科学的饲养管理是预防流产的基本措施，对于群发性流产要及时进行实验室确诊，预防传染性流产是奶牛生产中的一项重要工作。

七、胎水过多

奶牛胎水过多是指怀孕牛的胎水远远超过了生常的生理范围。胎水过多主要由尿水过多引起，也可以是羊水或羊水和尿水同时积聚过多。此病主要发生于牛和羊，其他家畜则较少见。胎水过多常发生于怀孕5个月以后的奶牛。

奶牛的胎水多少因个体不同而有所差异。一般情况下，羊水为1.1~5L，尿水平均为9.5L。发生胎水过多时，胎水总量会远远超过这一数值，达到100~200L。

（一）病因

奶牛发生胎水过多的原因至今还不清楚，但临床观察发现胎水过多常发生于如下几种情况：

① 怀双胎的奶牛多发本病。

② 患有子宫疾病的奶牛多发此病。

③ 妊娠牛患有心、肾疾病及贫血时多发此病。

（二）症状及诊断

其症状随病理过程的不同而有所差异。患病奶牛腹部异常增大，而且变化迅速，腹壁紧张，背凹陷。推动腹壁可清楚地感觉到腹内有大量的液体。病牛运动困难，站立时四肢外展，因卧下时呼吸困难，所以不愿卧下。病情进一步恶化，胎水进一步增多，则起卧困难，发生瘫痪。有时可引起腹肌破裂。

体温一般正常、呼吸浅快、心跳增速、瘤胃蠕动减弱。进一步恶化则可见患病牛精神沉郁、食欲废绝、显著消瘦。

直肠检查时腹压升高，子宫内有大量液体，不易摸到子叶和胎儿。

（三）预后

病情较轻、又距预产期较近时，妊娠可继续下去，但胎儿发育不良，甚至胎儿体重还不到正常的一半，多在分娩过程中或分娩后不久死亡。

病情较重、又距预产期较远时，或病牛体弱，这样的病牛多预后不良。

因胎水过多而发生流产时，因子宫弛缓、子宫颈开张不全，常常会发生难产，胎儿排出后常发生胎衣不下。

个别病例会引起子宫破裂或腹肌破裂。

（四）治疗

对于病情较轻，距预产期近者，喂给营养丰富、体积小、易消化的饲料；限制饮水，增加运动，还可注射安钠咖或利尿药或服用人工盐等缓泻药，如能维持到分娩即可康复。

对于严重病例（距预产期较远、患病牛已卧地不起、子宫颈口又不开张），可进行人工引产，肌内注射氯前列烯醇 6~8mL 进行引产。

八、子宫脱出

母牛分娩后 3~4h 内，子宫角可翻入子宫腔内，这时如果牛强力努责、腹压过高，部分子宫或者全部子宫可翻出于阴门外（图 13–3）。脱出的子宫黏膜外现，大量母体胎盘上吻合着胎儿胎盘及胎膜，开始呈粉红色，时间稍长则变为暗紫色，胎盘常因挤压和摩擦而出血。

图 13–3　奶牛子宫脱

（一）病因

① 分娩时间过久，胎儿体型过大，或多胎及畸形胎儿，使子宫过度扩张，导致子宫收缩迟缓，在母牛排出胎衣时将子宫一起排出。

② 子宫角部分胎盘由于发炎而与胎衣粘连，不易脱落，脱出的大部分胎衣垂于阴门外牵拉子宫角而导致子宫脱出。

③ 老龄，高产，体质虚弱，缺乏运动，缺钙或者钙磷比例不当者也易导致本病发生。

④ 子宫、子宫颈或阴道在分娩或助产时出现损伤或胎水排尽，子宫颈紧紧裹在胎儿身上，此时助产者强力牵引胎儿也可造成子宫脱。

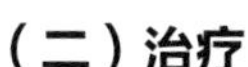

（二）治疗

保持患病母牛安静，防止脱出的子宫损伤在子宫脱的治疗护理上有着重要意义。

① 将母牛后躯、尾根、阴门、肛门部及脱出的子宫用 0.1% 新洁尔灭消毒液认真清洗、消毒、处理。

② 将脱出部分用消毒纱布（或塑料布）一边一人兜起，母牛取前低后高站势，若卧地可以将后躯垫高或胎起。为了抑制强烈努责便于整复操作，须在荐尾间隙作硬膜外腔麻醉（一般注 2% 普鲁卡因 10~20mL）或肌内注射静松灵 4~5mL。

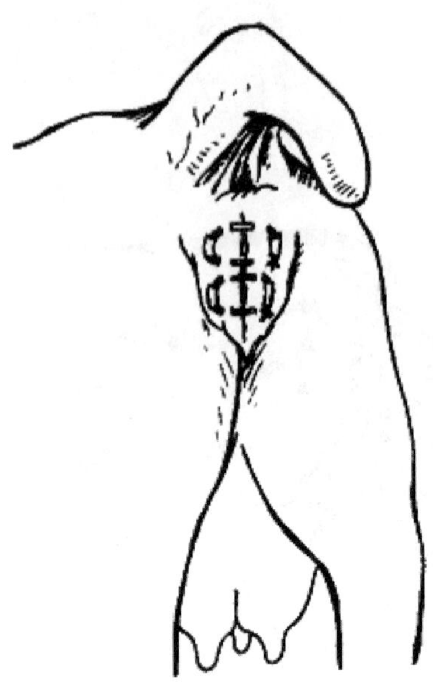

图 13-4　阴门双内翻缝合

③ 先从靠近阴门处开始向阴道内推送子宫，当送入一半以后，术者将手伸入子宫角用力向前下方压送，直至全部送入，送入后术者伸入全臂将宫角全部推展回原位。

压送时为防止损伤子宫，手要取半握拳式，用力要适度，禁止在忙乱中损伤子宫。

④ 向子宫中送入抗生素，还可注射缩宫素（50~100IU）。

⑤ 为防止子宫再脱出，可在阴门外作钮扣缝合固定（图 13-4）。

（三）预防

在分娩后至胎衣排出这一段时间内要有专人看护，胎衣排出后仍然努责强烈要及时检查处理。

九、奶牛剖宫产手术

剖宫产就是切开腹壁、子宫取出胎儿的一种手术助产方法。当难产发生后，异常的胎位、胎势、胎向无法矫正，无法截胎，无法进行牵引助产，胎儿无法从产道中取出；或用上述方法的助产后果还不如剖宫产好，这时我们就可以选用剖宫术进行助产。

（一）奶牛剖宫产的价值与意义

剖宫产手术会使奶牛的繁殖性能受到一定影响，因此大家觉得剖宫产手术没有太大的实际意义。但随着奶牛胎次产奶量的不断增加，规模化奶牛场的胎次产奶一般达到 8 000kg 以上，如果通过剖宫产手术能抢回一个胎次的产奶量，其经济意义也是可观的。另外，通过剖宫产手术可使难产奶牛起死回生，使难产牛由被动淘汰变成主动淘汰，随着肉牛价格的升高，一头主动淘汰的剖宫产奶牛经过适当育肥，其经济价值一般也有一万元人民币。因此，对于大型奶牛场来说，其剖宫手术也是很有经济价值的。

母牛施行剖宫产后的存活率与难产持续的时间，助产处理情况，子宫的感染情况及母体全身状况有着密切的关系。如果能把握好剖宫助产的时机，奶牛剖宫产后母体的成活率可达 95% 以上。如果延误了手术治疗时机，施行剖宫产的母牛子宫损伤和感染严重，全身状况不良，就会严重影响术后奶牛的成活率。另外，剖宫产术对母体繁殖性能的影响，主要取决于子宫的感染和损伤情况。

如果能掌握好时机，及时进行剖宫产手术，在剖宫产手术过程中严格操作，大多母牛在手术后 4d 食欲会恢复到正常水平，一周后产奶量也会恢复到近乎正常的水平。

（二）切口部位

剖宫产手术的切口部位不是固定不变的，可以在右肷窝切口，也可以在母牛腹中线左侧上方切口，也可以在右季肋部切口。在此给大家介绍如下两种选位方法。

① 在右侧髋结节到脐孔的连线上切口，一般在髋结节下方 10~15cm 处，向下作一平行于肋弓的弧形切口。

② 在腹部触膜胎儿，胎儿突起最明显的地方就是切口的地方。

（三）保定

根据切口部位选择相应的左侧卧或右侧卧保定，要充分保定好前后肢。

（四）麻醉

奶牛剖宫产多选用腰旁神经干传导麻醉，每点各注射 2%~5% 的盐酸普鲁卡因 20mL。其具体方法在本书最后一章有详细介绍。

（五）术部消毒

① 温肥皂水刷洗术部。

② 术部剃毛。

③ 清水冲洗。

④ 0.1% 新洁尔灭清洗术部。

⑤ 涂抹碘酊消毒。

⑥ 酒精棉球脱碘。

⑦ 盖上创巾。

（六）手术步骤

① 切开腹壁：切口一般为 30cm 左右，腹壁肌肉需钝性分离，并切开腹膜。

② 切开子宫：打开腹腔后，将大网膜充分向前牵拉，以便能暴露子宫，充分拉出子宫，用浸有生理盐水的敷料衬垫在子宫壁和腹壁切口之间，并让助手做好子宫固定。先在子宫上切一小口，排出胎水，然后将切口扩大。

在子宫上切口时，要选择血管少，无子叶，又便于将胎儿拉出的地方作为切口部位。

③ 取出胎儿：取出胎儿后，要及时做好胎儿的救助和处理工作。

④ 缝合子宫：先用螺旋缝合，再用胃肠缝合法对子宫做二层缝合，子宫缝合用羊肠线为好，如果没有羊肠线也可用手术用丝线缝合。缝合子宫时要剥离子宫切口处的胎膜，对子宫内要做初步的清理，并要检查子宫内腔以防双胎，然后向子宫中投入抗生素。子宫缝合结束后，要对创口进行冲洗，并涂以油剂抗生素，然后将其还纳于腹腔中。

⑤ 缝合：腹膜用螺旋缝合法，肌肉、皮肤分别用结节缝合法，均用丝线即可。

⑥ 注射止血药及缩宫素 50~100IU。

奶牛肢蹄病

肢蹄一体，奶牛四肢病可引起肢势及蹄底负重异常，蹄底磨灭异常，从而导致变形蹄或蹄病发生。另一方面，蹄病也会促进关节疾病及四肢肌肉、骨骼疾病发生。准确诊断、及时治疗四肢疾病对控制肢蹄病发生有重要的意义。

一、奶牛四肢骨骨折

当外力超过了骨所能承受的极限应力时，外力作用部位骨的完整性或连续性就会遭受机械性破坏而发生骨折。骨折的同时常伴有周围软组织不同程度损伤。

骨折是奶牛较常见的一种四肢外伤性疾病，如果治疗处理不当会使奶牛丧失饲养价值或肢体变形或肢势异常。

（一）骨折的病因

多数是偶发的损伤，主要与饲养管理和保定不当等因素有关。

1. 外伤性骨折

（1）直接暴力　骨折多发生在打击、挤压、火器伤等各种机械外力直接作用的部位。如车辆冲撞、重物压轧、蹴踢、角牴、跌摔等，骨折大都伴有周围软组织的严重损伤。

（2）间接暴力　指外力通过杠杆、传导或旋转作用而使远处发生骨折。如奔跑中扭闪或急停、跨沟滑倒等，可发生四肢长骨、髋骨或腰椎的骨折；肢蹄嵌夹于洞穴、地漏缝隙等时，肢体常因急旋转而发生骨折。

2. 病理性骨折

病理性骨折是指骨在本身的病理性因素作用下发生的骨折。如患有骨髓炎、骨疽、神经营养性骨萎缩、慢性氟中毒、骨质疏松等情况下的病理性骨折，这些处于病理状态下的骨质疏松脆弱，遭受不大的外力就可引起骨折。另外，肌肉突然强烈收缩，可导致肌肉附着部位的骨发生撕裂。

（二）骨折的分类

1. 按骨折病因分类

① 外伤性骨折。

② 病理性骨折。

2. 按骨折处皮肤是否破损分类

（1）闭合性骨折　骨折部皮肤或黏膜的完整性未被破坏，骨断端不外露。

（2）开放性骨折　骨折伴有皮肤或黏膜破裂，骨断端外露。此种骨折病情严重，容易发生感染化脓。

3. 按有无合并损伤分类

（1）单纯性骨折　骨折部不伴有主要神经、血管、关节或其他器官的损伤。

（2）复杂性骨折　骨折时并发邻近重要神经、血管、关节或器官的损伤。如股骨骨折并发股动脉损伤，盆骨骨折并发膀胱或尿道损伤等。

4. 按骨损伤的程度和骨折形态分类

（1）不全骨折　骨的完整性或连续性仅有部分中断，如发生骨裂或骨膜下骨折。

（2）全骨折　骨的完整性或连续性完全被破坏。骨折处形成骨折线。根据骨折线的方向不同，可分为横骨折、纵骨折、斜骨折、螺旋骨折、嵌入骨折、穿孔骨折等；如果骨断离成两段（块）以上，称粉碎性骨折。

（三）骨折的症状

1. 骨折的特有症状

（1）局部变形　两断端因受伤时的外力、肌肉牵拉力和肢体重力的影响等，造成骨折段的移位。常见的有成角移位、侧方移位、旋转移位、纵轴移位包括重叠、延长或嵌入等。骨折后的患肢呈弯曲、缩短、延长等异常姿势。诊断时可把健肢放在相同位置，仔细观察和测量肢体有关段的长度并两侧对比。

（2）异常活动　正常情况下，肢体完整而不活动的部位，在骨折后负重或作被动运动时，出现屈曲、旋转等异常活动。

（3）骨摩擦音　骨折两断端互相触碰，可听到骨摩擦音，或有骨摩擦感。但在不全骨折、骨折部肌肉丰厚、局部肿胀严重或断端嵌入软组织时，通常听不到。骨骺分离时的骨摩擦音是一种柔软的捻发音。

诊断四肢长骨骨干骨折时，常由一人固定近端后，另一人将远端轻轻晃动。若为骨折时可以出现异常活动和骨摩擦音。

2. 骨折的其他症状

（1）出血与肿胀　骨折时骨膜、骨髓及周围软组织的血管破裂出血，经创口流出或在骨折部发生血肿，加之软组织水肿，造成局部显著肿胀。闭合性骨折时肿胀的程度决定于受伤血管的大小，骨折的部位，以及软组织损伤的轻重。肋骨、髋骨、掌（跖）骨等浅表部位的骨折，肿胀一般不严重；臂骨、桡骨、尺骨、胫骨、腓骨等的全骨折，大都因溢血和炎症，肿胀严重，皮肤紧张发硬，致使骨折部不易摸清。随着炎症的发展，肿胀在伤后数日内很快增重，如不发生感染，经过 10 多天后逐渐消散。

（2）疼痛　骨折后骨膜、神经受损，病畜即刻感到疼痛，疼痛的程度常随骨折的部位和性质反应各异。在安静时或骨折部固定后疼痛表现较轻，触碰或骨折断端移动可使疼痛加剧。骨裂时，用手指压迫骨折部，呈现线状压痛。

（3）功能障碍　骨折后因肌肉失去固定的支架，以及剧烈疼痛而引起不同程度的功能障碍，在骨折后会立即发生。例如，四肢骨骨折时突发重度跛行；不全骨折的功能障碍不如全骨折明显。

3. 全身症状

四肢骨骨折一般全身症状不明显。闭合性骨折在骨折发生 2~3d 后，会因组织损伤后坏死分解产物和血肿的吸收，引起轻度体温升高。骨折部若继发感染时，体温升高，局部疼痛加剧，食欲减退。

（四）骨折诊断

根据外伤史和局部症状，一般不难诊断。根据需要可用下列方法作辅助检查。

（1）X 射线检查　对诊断骨折有重要参考价值，可以清楚地了解到骨折的形状、移位情况、骨折后的愈合情况等。

（2）直肠检查　用于大动物髋骨或腰椎骨折的辅助诊断，常有助于了解到骨折部变形或骨的局部病理变化。

（3）骨折传导音的检查　可用听诊器置于骨折任何一端骨隆起的部位作为收音

区，以叩诊锤在另一端的骨隆起部轻轻叩打，病肢与健肢对比。根据骨传导音质与音量的改变，判断有无骨折发生。正常骨的传导音清脆、有实质感，骨折后音变钝而浊、弱，有时甚至听不清楚。

开放性骨折除具有上述的变化外，可以见到皮肤及软组织的创伤。有的形成创囊，骨折断端暴露于外，创内变化复杂，常含有血凝块、碎骨片或异物等，容易继发感染化脓。

（五）骨折治疗

骨折的治疗方法较多，也很细致，结合治疗价值和奶牛场兽医情况，在此将奶牛骨折常用的治疗方法做一介绍。

1. 闭合性骨折的治疗

闭合性骨折的治疗包括复位与固定和功能锻炼两个环节。

（1）复位与固定　四肢是以骨为支架、关节为枢纽、肌肉为动力进行运动的。骨折后支架丧失，不能保持正常活动。骨折复位就是使移位的骨折段重新对位，重建骨的支架作用。治疗处理越早越好，力求做到一次整复成功。为了使复位顺利进行，应尽量使复位时无痛和局部肌肉松弛。一般应在侧卧保定下进行，可选用全身麻醉、局部神经传导麻醉或不麻醉。奶牛后肢骨折，可用硬膜外腔麻醉或全身麻醉；如果病牛性情温驯，骨折较单纯，容易整复，可不麻醉。

① 闭合复位与外固定：闭合复位与外固定在兽医临床中应用最广，适用于大部分四肢骨骨折。整复前应该使病肢保持于伸直状态。前肢可由助手以一手固定前臂部，另一手握住肘突用力向前方推，使病肢肘以下各关节伸直；后肢则一手固定小腿部，另一手握住膝关节用力向后方推，肢体即伸直。

轻度移位的骨折整复时，可由助手将病肢远端适当牵引后，术者对骨折部采取托压、挤按，使断端对齐、对正；若骨折部肌肉强大，断端重叠而整复困难时，可在骨折段远、近两端稍远离处各系上一绳，按“欲合先离，离而复合”的原则，先轻后重，沿着肢体纵轴作对抗牵引，然后使骨折的远侧端凑合到近侧端，根据变形情况整复，以矫正成角、旋转、侧方移位等畸形，力求达到骨折前的原位。复位是否正确，可以根据肢体外形，抚摸骨折部轮廓，在相同的肢势下，按解剖位置与对侧健肢对比，以观察移位是否已得到矫正。有条件的最好用X光判定。在兽医临床上，粉碎性骨折和肢体上部的骨折，在较多的情况下只能达到功能复位，即矫正重叠、成角、旋转，有的病例骨折端对位即使不足1/2，只要两肢长短基本相等，肢轴姿势端正，角度改变不大，大多数病畜经较长一段时间后，可逐步自然矫正而恢复功能。

外固定在兽医临床中应用最多，临床常用的外固定方法有夹板绷带固定法和石膏绷带固定法。

夹板绷带固定法：采用竹板、木板、铝合金板、铁板等材料，制成长、宽、厚与患部相适应，强度能固定住骨折部的夹板数条。包扎时，将患部清洁后，包上衬垫，于患部的前、后、左、右放置夹板，用绷带缠绕固定。包扎的松紧度，以不使夹板滑脱和不过度压迫组织为宜。为了防止夹板两端损伤患肢皮肤，里面的衬垫应超出夹板的长度或将夹板两端用棉纱包裹。

国外广泛应用热塑塑料夹板代替木制夹板作外固定材料，其优点是使用方便，70~90℃热水即可使之软化塑型，在室温下很快硬固成型，重量轻、透水、透气、透光。还有“弹性记忆”，加热后可恢复原状，便于重复使用。

石膏绷带固定法：石膏具有良好的塑形性能，制成石膏管型与肢体接触面积大，不易发生压创，对犊牛四肢骨折有较好固定作用。对青年牛或成年牛的石膏管型最好夹入金属板、竹板等加固。

改良的 Thomas 支架绷带，是用小的石膏管型，或夹板绷带，或内固定固定骨折部，外部用金属支架像拐杖一样将肢体支撑起来，以减轻患部承重。该支架用铝或铝合金管制成，其他金属材料亦可，管的粗细应与动物大小相适应。支架上部为环形，可套在前肢或后肢的上部，舒适地托于肢与躯体之间，连于环前后侧的支杆（可根据需要和肢的形状做成直的或弯曲的）向下伸延，超过肢端至地面，前后支杆的下部要连接固定。使用时可用绷带将支架固定在肢体上。这种支架也适用于不能做石膏绷带外固定的桡骨及胫骨的高位骨折。

近年来，国内外对石膏的代用材料研究较多。用树脂和玻璃纤维制成的外固定管型具有重量轻、强度高的优点。水固化高分子绷带在室温下浸于水中 30s 即开始硬化，10min 可固化成型，30min 可达到最大硬度，重量轻，强度高，已在兽医临床上应用。

② 切开复位与内固定：是用手术的方法暴露骨折段进行复位。复位后用对畜体组织无不良反应的金属内固定物，或用自体或同种异体骨组织，将骨折段固定，以达到治疗的目的。

切开复位与内固定是在直视下进行手术，以使骨折部尽量达到解剖学复位和相对固定的要求。但是切开复位内固定存在不少缺点，例如手术必须分离一定的组织和骨膜，可破坏骨折血肿和损伤骨膜，导致骨折愈合延迟；局部损伤后易于继发感染，引起骨髓炎；采用人医所用内固定材料对成年牛的骨折，常因固定不够牢固，

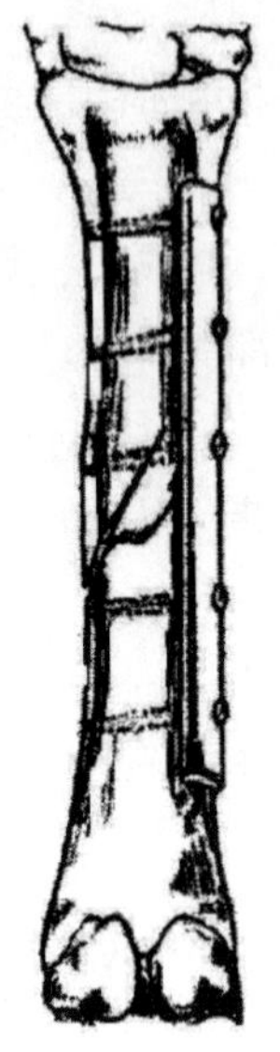
图 14-1　接骨板固定

术后易于松动、弯曲或破坏而失败；骨折愈合后，某些内固定物需要再次手术拆除；医疗费用较多等，这些缺点大大地限制了它的使用范围。但在兽医临床上，当遇到骨折断端间嵌入软组织，闭合复位困难时；整复后的骨折段有迅速移位的倾向时（特别是四肢上部的骨折）；陈旧性骨折或骨不愈合时，以及用闭合复位外固定不能达到功能复位的要求时，采用切开复位与内固定。近年来，用内固定结合外固定治疗奶牛四肢骨折也有一些报道，但应该考虑其经济价值。

接骨板固定法（图 14-1）是内固定中应用最广泛的一种方法。

接骨板固定法是用不锈钢接骨板和螺丝钉固定骨折段的内固定法。

接骨板的种类和长度，应根据骨折类型选购。特殊情况下需自行设计加工。固定接骨板的螺丝钉，其长度以刚能穿过对侧骨密质为宜，过长会损伤对侧软组织，过短则达不到固定目的。螺丝钉的钻孔位置和方向要正确。为了防止接骨板弯曲、松动或毁坏，绝大部分病畜需加用外固定，特别是对大动物，用外固定是必须的。

近年来，在小动物和大动物外科临床上，普通的接骨板固定已被压拢技术所取代。所谓压拢技术就是使骨折断端对接的断面之间密切接触，并产生一定的压力，从而使骨折部以产生最少的骨痂，达到最迅速的愈合。这种技术一般可采用牵引加压器械来进行。如果没有这种设备，在使用接骨板时，也应注意尽力压紧骨折断端后再拧螺丝固定。

（2）功能锻炼　功能锻炼可以改善局部血液循环，增强骨质代谢，加速骨折修复和病肢的功能恢复，防止产生广泛的病理性骨痂、肌肉萎缩、关节僵硬、关节囊挛缩等后遗症。它是治疗骨折的重要组成部分。

骨折的功能锻炼包括早期按摩，对未固定关节作被动的伸屈活动，牵行运动及定量使役等。

① 血肿机化演进期：伤后 1~2 周内，病肢局部肿胀、疼痛，软组织处于修复阶段，容易再发生移位。功能锻炼的主要目的是促进伤肢的血液循环和消肿。可在绷带下方进行搓擦、按摩，以及对肢体关节做轻度的伸屈活动，也可同时涂擦刺激药。这一时期的最初几天，奶牛通常要协助起卧，要十分注意对侧健肢的护理。

② 原始骨痂形成期：一般正常经过的骨折，2 周以后局部肿胀消退，疼痛消失，软组织修复，骨折端已被纤维连接，且正在逐渐形成骨痂。此期的功能锻炼，以改善血液循环、减少并发症，最好能关在一间小的土地面的厩舍内，任之自由活动，地面要保持清洁干燥。或是开始逐步作牵行运动。一般在最初几天牵行运动后，大多数病畜可出现全身性反应，而且跛行常常加重，但以后可逐渐好转。

③ 骨痂改造塑型期：当病畜已开始正常地用病肢着地负重时，可逐步进行定量的运动、负重以加强患肢的主动活动，促使各关节能迅速恢复正常功能。

2. 开放性骨折的治疗

新鲜而单纯的开放性骨折，要在良好的麻醉或保定条件下，及时而彻底地作好清创，对骨折端正确复位，创内撒布抗菌药物。创伤经过彻底处理后，根据不同情况，可对皮肤进行缝合或作部分缝合，尽可能使开放性骨折转化为闭合性骨折，装夹板绷带或有窗石膏绷带暂时固定，并按病情需要更换外固定物或作其他处理。

软组织损伤严重的开放性骨折或粉碎骨折，可按扩创术和创伤部分切除术的要求进行外科处理。手术要细致，尽量少损伤骨膜和血管。分离筋膜，清除异物和无活力的肌、腱等软组织，以及完全游离并失去血液供给的小碎骨片。用骨钳或骨凿切除已污染的表层骨质和骨髓，尽量保留与骨膜相连的软组织，且保护有部分血液供给的碎骨片。大块的游离骨片应在彻底清除污染后重新植入，以免造成大块骨缺损而影响愈合，然后将骨折端复位。如果创内已发生感染，必要时可作反对孔引流。局部彻底清洗后，撒布一定量抗菌药物。如青霉素鱼肝油等。按照骨折具体情况，作暂时外固定，或有窗石膏绷带，用有窗石膏绷绷时要露出"窗口"，便于换药处理。

在开放性骨折的治疗中，控制感染化脓十分重要。必须全身应用足量（常规量的 1 倍）敏感的抗菌药物 2 周以上。

3. 骨折的药物疗法和物理疗法

多数临床兽医认为用一定的辅助疗法，有助于加速骨折的愈合。骨折初期局部肿胀明显时，宜选用有关的中草药外敷，同时结合内服有关中药方剂。

为了加速骨痂形成，增加钙质和维生素亦是需要的。可在饲料中加喂骨粉、碳酸钙和增加青绿饲草等。幼畜骨折时可补充维生素 A、维生素 D 或鱼肝油。必要时可以静脉补充钙剂。

骨折愈合的后期常出现肌肉萎缩、关节僵硬、骨痂过大等后遗症。可进行局部按摩、搓擦，增强功能锻炼。同时，配合物理疗法，如石蜡疗法、温热疗法、直流电钙离子透入疗法等，以促使早日恢复功能。

二、截趾（指）术

当奶牛在外力因素作用下，一指（趾）蹄匣损伤严重，难以愈合，或蹄关节、冠关节发生严重化脓性感染时，我们可以考虑选用截指（趾）术。当感染进入蹄关节或冠关节形成化脓性关节炎时，作外部治疗是无效的。对于一肢来说，截去一指（趾）后对侧指（趾）的结构、功能会代偿性增强，患牛行走外观无异常。

牛截指（趾）手术的截指（趾）高度有一定的多样性，临床上主要有以下几种截指（趾）截断部位。

① 在蹄关节作关节断离术，切口低于蹄冠水平，让角质再生以便保护残端有助于负重。

② 直接在冠关节关节处做关节断离术。

③ 在冠骨的中央作指截指（趾）术。

④ 还有人介绍可在系骨（第一指节骨）水平截断。

奶牛的大掌骨或跖骨在其远端分开，由第 3 指（趾）和第 4 指（趾）组成了一对蹄，以便与两组的指节骨形成关节。牛的两个掌指关节或两个跖趾关节是相互沟通的，所以截趾术不应高于第一指（趾）骨的中部。

在此，我们将经第一指（趾）骨中部的截趾术操作方法作一介绍。

保定及术部处理

奶牛侧卧保定，病肢在上方，由蹄冠部至系关节处剃毛消毒，趾间皮肤及蹄部应彻底清洗、除毛，然后用 0.1% 新洁尔灭清洗消毒皮肤，再涂碘酊、酒精棉球脱碘。

1. 麻醉

采用局部麻醉。后肢跖神经封闭应在跗关节下方约 8~10cm 处进行，用 2%~5% 普鲁卡因 5~10mL 沿深屈腱的内侧缘和外侧缘分别注射 2 点，封闭两条神经。

术部采取掌神经或跖神经传导麻醉，在腕关节或跗关节下方约 8~10cm 处，系关节下方软组织以及与指之间可用 2%~5% 盐酸普鲁卡因浸润麻醉。

2. 术式

切开皮肤前，用一根止血带在系关节上方紧紧系好，以防止出血，截除趾骨可以用外科锯或产科钢丝锯（图 14–2），也可用双筒管来控制钢丝锯。

皮肤及皮下组织切口可由悬蹄下方及第一指骨的中央开始，多用一些压力切开所有软组织，一直切至骨部分，继续向下切开一直至接近冠状带，略向前弯曲继续在冠状带上方，切口接近第一指骨的前方时应向上弯曲，继续超过第一指骨的中央部一直至系关节直下方。第二次切口开始于第一切口之处，向侧方作一曲线再继续向内侧面同样进行切开，尽可能将皮肤保留下来，一直遇到第一指骨前方的第一次切口为止，将第一指骨周围的软组织由外侧和内侧加以分离，应略比需要截断部位稍长一些。将侧方皮瓣拉起，用骨锯在第一指骨中央部分作向下和向外倾斜进行锯开，移去趾骨，放松止血带，看看有无任何血管出血以便加以结扎。止血是非常重要的，因为分解的血液在创口可以延迟愈合。

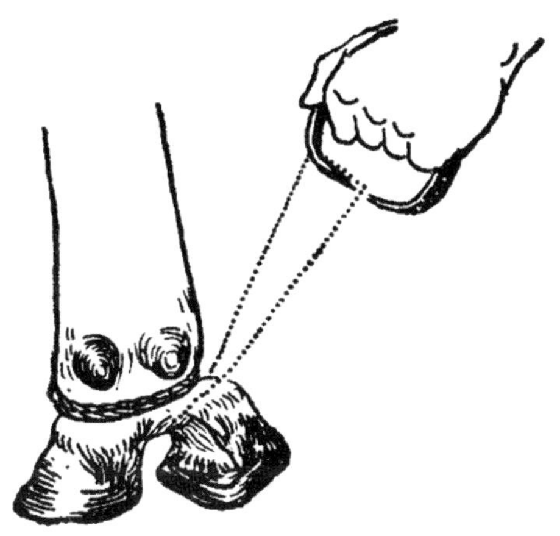

图 14-2　截指（趾）术

用结节缝合法缝合两片皮瓣，缝合时下方留一小开口以便引流。创伤内可撒一些抗生素或磺胺粉。最后用敷料盖于术部，用绷带加以包扎，最外面一层绷带涂上水玻璃，避免受到尿，水、粪的浸泡。一般在 3~4d 拆去包扎的绷带，换药观察。

3. 术后护理

要将病牛置于干燥、清洁的圈舍内。术后护理以防止感染为主。

三、新生犊牛屈腱挛缩

新生犊牛屈腱挛缩虽然不是一种常见病，但在奶牛场总能碰到这种疾病，除严重的屈腱挛缩病例外，尤其是对于屈腱挛缩不十分严重的病例，其手术治疗有较高的治愈率，治疗方面的经济效益突出。

（一）病因

新生犊牛屈腱挛缩有先天性与后天性两种。先天性屈腱挛缩的病因尚不完全清楚，应考虑到遗传关系，如先天的腱短缩，以及钙、磷代谢紊乱和维生素 A、维生素 D 缺乏。本病常发生于犊牛，多为两前肢，而后肢基本不发生。

后天性幼畜屈腱挛缩的原因，主要是幼畜在发育期间完全舍饲，运动不足，全身肌肉不发达，消化障碍，营养不良所引起。风湿性肌炎、佝偻病也能诱发此病。有的腱挛缩继发于腕腱鞘炎、指腱鞘炎及腱损伤。

图 14-3　犊牛先天性屈腱挛缩

（二）临床症状

犊牛的屈腱挛缩（图 14-3）根据程度不同，表现多种多样。先天性的某些屈腱挛缩较轻的病例，以蹄尖负重，行走时容易猝跌，球节腹屈。挛缩重的球节基本不能伸展，球节前面接触地面行路。

后天性屈腱挛缩，指浅屈肌腱挛缩时，蹄踵仍可接地面，球节屈曲。指屈深肌腱挛缩时，蹄踵高抬，离开地面，更严重者仅能以蹄尖壁接触地面。

不论先天性或后天性的屈腱挛缩，球节前面接触地面时，不久引起创伤，损伤关节，往往并发化脓性关节炎。

（三）治疗

先天性幼畜屈腱挛缩，包扎石膏绷带或夹板绷带，在打绷带同时应将患肢的球节拉开使蹄负面完全着地，用石膏绷带固定是可以矫正的。但必须注意预防发生褥疮。

后天性挛缩，首先除去原因，可试用石膏绷带固定矫正。屈腱挛缩较重的幼畜，有必要作腱切断术。

腱切断术操作方法：

犊牛先天性腱挛缩，犊牛出生后就以蹄尖或蹄前壁着地，当用夹板绷带不能矫正其变形使蹄变成正常姿势时，就应当进行腱切断术。在中等程度的腱挛缩可采用指（趾）浅屈肌腱切断术进行矫正。严重的腱挛缩，应做指（趾）深屈肌腱切断术进行矫正。

1. 保定

犊牛先天性腱挛缩常常发生在两前肢，采取右侧卧保定，将两后肢捆绑在一立柱上，两前肢的腕关节以上部分捆绑在另一个立柱上，腕关节以下呈游离状。

2. 麻醉

速眠新全身麻醉，剂量为 100kg 体重 1mL，肌内注射，也可仅作局部浸润麻醉。

3. 切口定位

指（趾）浅屈肌腱和指（趾）深屈肌腱切断术均可在掌（跖）中部的内侧作切口，一般切口长 2.5~3cm。

4. 手术方法

指（趾）浅屈肌腱切断术：在指（趾）浅屈肌腱和指（趾）深屈肌腱之间的交界处，作一 2.5~3cm 的皮肤切口，止血钳分离皮下组织，显露屈腱，用止血钳将指（趾）浅屈肌腱和趾深屈肌腱之间的联系分离后，用手术刀伸入两腱之间隙中，将指（趾）浅屈肌腱切断（图 14–4）。皮肤切口用丝线或羊肠线进行缝合。

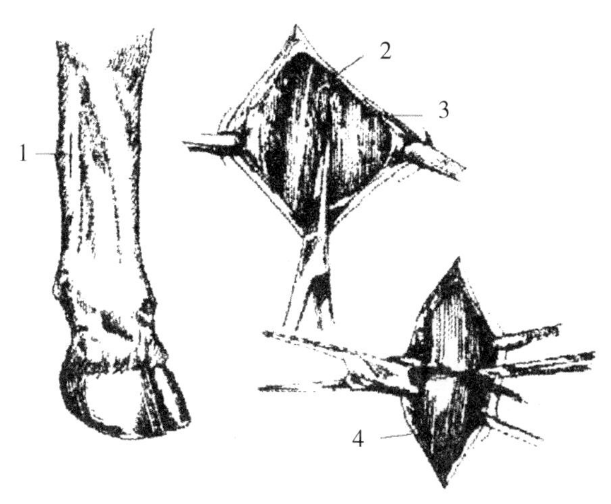

1. 皮肤切口　2. 指（趾）浅屈肌腱　3. 指（趾）深屈肌腱
4. 切断的指（趾）浅屈肌腱远端

图 14–4　浅屈腱切断

指（趾）深屈肌腱切断术：在指（趾）深屈肌腱的前缘作一 2.5cm 皮肤小切口，用止血钳经皮肤小切口内伸入，止血钳紧紧贴着指（趾）深屈肌腱前面向对侧进行钝性剥离，并将掌心内外侧动脉、静脉和掌神经剥离至腱的前面去，剥离的间隙后面仅有指深和指浅屈肌腱，术者左手指在指（趾）的对侧感觉钳端是否已剥离到对侧皮下，待到达对侧皮下后即可退出止血钳，术者持手术刀经分离的间隙中平行腱插入，然后将手术刀旋转 90°，使刀刃对着指（趾）深屈肌腱，术者固定手术刀，令助手抓持犊牛蹄部缓缓用力伸直患肢，使指（趾）深屈肌腱紧张，在指（趾）深屈肌腱紧张的状态下手术刀就切断了该腱。然后退出手术刀，检查患肢的腱挛缩是否被矫正，若没有矫正过来，应检查指（趾）深屈肌腱是否被完全切断了。只要指（趾）深屈肌腱被完全切断了，腱的挛缩就可完全矫正过来。缝合皮肤切口，用灭菌纱布包扎保护。

5. 术后护理

对患肢装置夹板绷带，使肢蹄保持正常形态。夹板绷带装置时间约 10~12d，然后解除绷带并拆除缝线。

术后用青霉素、链霉素肌内注射 3d，以控制切口的感染。

术后对犊牛适当补钙和补充维生素 A，以纠正其佝偻病的发生。

个别严重的屈腱挛缩手术治疗无效。

四、腕前皮下黏液囊炎

腕前皮下黏液囊炎（彩图 43）俗称膝瘤，也叫腕关节水瘤。主要发生于牛和羊，多为一侧性，有时也可两侧同时发病。

黏液囊存在于皮肤、筋膜、韧带及肌肉下面，骨及软骨突起的地方也有黏液囊，内有黏液，其主要作用于是减少摩擦。黏液囊有先天性的也有后天性的，后天性的黏液囊是由于摩擦引起组织分离形成裂隙而成。除腕前皮下黏液囊炎外，易形成黏液囊炎的还有枕部、鬐甲部、肘头、坐骨结节部、膝前部、跟结节部的黏液囊。

图 14-5 牛腕前皮下黏液囊炎（左前肢）

腕前黏液囊炎是奶牛兽医临床上常见的一种黏液囊炎，腕前黏液囊炎的下方是第三腕骨和桡骨远端、旁边还有指总伸肌腱鞘（腕桡侧伸肌腱腱鞘，图 14-5。

（一）病因

① 圈舍地面坚硬粗糙，奶牛在长期的起卧过程中因腕关节前部反复摩擦所致。

② 饲槽设计不合理，腕关节前面长期碰撞饲槽、栏杆等所致。

③ 跌跤、碰撞、击打等因素。

④ 布鲁氏杆菌病可并发或继发腕前皮下黏液囊炎，布鲁氏杆菌病可引起关节炎，从而导致了腕前皮下黏液囊炎发生。

（二）临床症状

腕关节前面出现局限性隆起，由大变小，无痛、无热、质地柔软而具有波动。随时间延长，肿胀处的皮肤脱毛，增厚。肿胀随时间的延长而逐渐增大，在奶牛可达蓝球大小。

肿胀的内容物多为浆液性、内有一些纤维絮块、血液，如果化脓可成为化脓性黏液囊炎。

一般不引起运动障碍，除非黏液囊肿胀、体积很大时可引起运步的机能障碍。其内容物大多数情况下是无菌的，但在个别病例中发现过布氏杆菌。一般无全身症状，如果引起化脓感染则可出现不同程度的全身症状，也可引起生产性能下降。

（三）诊断

主要依据临床症状进行诊断，无痛、无热，肿胀位于腕前面略下方，这是本病的临床特征。诊断时要注意和腕桡侧伸肌腱的腱鞘炎相区别。腕桡侧伸肌腱的腱鞘炎，呈纵行的分节状肿胀。指压时肿胀内的液体可互相流动。急性腕桡侧伸肌腱的腱鞘炎，有跛行症状。

另外，也要注意和腕关节滑膜炎相区别。腕关节滑膜炎的肿胀位于腕关节的上方和侧方。触压时有疼痛感。急性腕关节滑膜炎时有运动机能障碍。

（四）治疗

（1）较轻的病例　可外涂碘酊或95%酒精，通过加强护理就可恢复。

（2）较重病例　可穿刺放液，然后注入青霉素、链霉素和皮质激素类药物进行治疗，隔1~2d重复用药1次，还可装压迫级带。还可选用封闭治疗。

（3）对严重病例

① 向黏液囊中注入5%硫酸铜或碘酊，破坏黏液囊内壁后，再切开、刮除、

冲洗、用药包扎。

② 手术摘除。在肿胀的前面、正中、稍下方，做一梭形切口，将黏液囊整体剥离、清洗，用药，修正后结节缝合，包扎。多余皮肤不要切去，以免皮肤收缩，切口裂开。

五、奶牛髋关节脱位

髋关节脱位可发生于各种动物，但相对而言奶牛较为多发，因为牛的髋臼较浅，股骨头呈球状，其颈粗大，从骨的长轴向内突出，髋臼边缘有三个切迹，即前外、前内和后内切迹，为了使浅的髋臼能容纳股骨头，在髋臼边缘有纤维软骨加强，并跨越这些切迹。股骨头窝和髋臼窝由股骨头韧带连接并附着。

髋关节脱位可分为全脱位和不全脱位。前者为股骨头从髋臼完全脱出并移位，后者为股骨头与髋臼仍保持着部分联系。

（一）病因

最常造成本病的原因是外伤性因素，滑倒、跌倒、碰撞，特别是摔倒时两后肢叉开更易发生髋关节脱位；发情牛追爬是引起此病的另一个多发因素；保定时后肢转位不合理，奶牛爬卧综合征，产后闭孔神经损伤等也可引起本病。

另外，缺乏运动，患骨质疏松症也是本病发生的原因之一。

（二）临床症状

髋关节脱位常为一侧性，常发于 2~5 岁的牛，其中 1 日龄小母牛也有报道。在脱位之中，前上方脱位在髋关节脱位中较为常见，占髋关节脱位的 80%。

后方脱位股骨头移位于坐骨外下方，站立时病肢向侧方叉开，并比健侧肢长，患肢臀部皮肤特别紧张，股二头肌前方出现一沟，转子处也有一凹陷，运步时呈三脚跳，病肢只能以蹄尖沿地拖曳前进，并呈现外展，迅速向后提举患肢时，可听到移位骨的摩擦音。

内方脱位股骨头移位于耻骨横枝下方或移位于闭孔内，移位于耻骨横枝下方时，患肢呈现短缩，髋股关节上方出现凹陷，膝关节部皮肤形成皱襞，运步时很难以病肢负重，拖曳患肢前进并向外划弧。他动运动时外展容易，但内收则受到限制。

移位于闭孔内时，也可见到病肢短缩，内收和外展患肢都非常容易，运步时患肢不能完全负重，只能以蹄尖沿地拖曳前进。直肠检查时可在闭孔内发现移位的股骨头，奶牛如损伤闭孔神经时，可出现闭孔神经麻痹症状。

外上方脱位股骨头移位于髋臼上方，站立时患肢显著短缩，且呈内收和伸展状态，同时肢的背侧面转向外方，跗关节可比对侧高数厘米，关节部变形，转子的轮廓可变得很明显，运步时病肢拖曳前进并向外划大圈，转出的转子在运步时可前后运动，以手掌放在凸出部可感觉到它的移动。

髋关节不全脱位时，也可突发重度混合跛行，但患肢仍可负重。髋股关节常不变形或变形很轻微。

（三）诊断

根据临床表现和病史可作出诊断，放射学摄片检查可证明股骨头脱位情况，但需用 200mA 以上的大型 X 光机，直肠检查对腹侧脱位有诊断价值。

（四）预后

发病后 24h 还有可能整复，以后由于肌肉收缩和软组织纤维化，整复非常困难。在新发病例，即使整复成功，常常发生重新脱位，所以预后慎重。

（五）治疗

犊牛可用闭合整复，在全身麻醉下将牛放倒，利用杠杆作用整复。支点放在股骨远端内面，患病肢向远后侧牵引，使膝关节向内旋转，跗关节向外旋转，在支点的作用下，股骨头有外展和向后下方移动的可能性，不断调整牵引方向，检查支点是否合适，直到整复成功。复位后向髋关节四周分点注射 95% 的酒精，可提高治疗效果。

一般情况，在脱位后 24h 内整复，效果较好。超过 24h 的病例，整复不易成功，即使成功，也容易发生重新脱位。

六、奶牛肩关节脱位

奶牛较少发生肩关节脱位。相对而言，犊牛比成年奶牛发病率要高。

（一）病因

跌倒时，前肢压在身下，特别是前肢过度屈曲时，容易造成肩关节脱位。严重

的肩部损伤也可并发肩关节脱位。犊牛副伤寒时有一些病例会并发肩关节脱位。

（二）临床症状

奶牛站立时，可见肩关节轮廓变形，肢外展并短缩。运步时，有明显跛行。触诊局部动物有疼痛反应。

（三）治疗

在刚发病时，及时整复可能成功，将患病牛倒卧保定，给以镇静剂或麻醉剂，使肌肉松弛，将肢向后下方牵引，并用力强压臂骨头，使其复位。

奶牛肩关节窝较深，整复后一般不会复发。

七、奶牛膝盖骨脱位

由不同原因使膝盖骨位置发生改变而固定于其他位置时，称为膝盖骨脱位。由于膝盖骨脱出的方向不同，分为向上脱位（上方脱位）和向外脱位（外侧脱位），其他方向的脱位在奶牛罕见。脱位后如关节面仍保持部分接触时称为半脱位。有的牛经常出现脱位，脱位后可自然复位，这种脱位称习惯性脱位。脱位一般为后天性脱位，也有先天性脱位。

（一）病因

直接引起本病的原因是滑倒、跌跤、跳跃、外力撞击等致使膝直韧带伸张，同时股四头肌强力收缩，常引起膝盖骨向上脱位，膝盖骨移位到内滑车嵴顶端，并被内侧直膝韧带的张力支持和固定，膝盖骨下缘牢固地嵌固在股骨内滑车嵴上缘，膝盖骨不能自由降下。由于某些原因，如创伤引起内直膝韧带或膝内侧韧带和十字韧带剧伸、弛缓或断裂；严重的慢性关节炎，可引起膝盖骨向外脱出，形成向外脱位，这在成年奶牛是常见的原因。

犊牛向外脱位多为先天性的，可能是一侧脱位，还可能是两侧脱位，可能是完全和持续性脱位，也可能是部分和间歇性脱位。先天性的膝盖骨向外脱位与股骨滑车嵴及有关韧带结构发育不良有关。

结构有缺陷和股四头肌痉挛以及直膝韧带松弛等都是本病的因素。有人认为营养不良和遗传因素也是本病的病因。

（二）临床症状

膝盖骨向上脱位多见，有的牛发生于妊娠后期。膝盖骨向上脱位时；安静站立下，患肢的膝关节和跗关节高度伸展，并向后伸出，人为的屈曲也不可能。不但膝关节不能屈曲，其以下各关节也不能屈曲。运步时，患肢拖着前进，不能伸出，同时高度外展，或以蹄尖划地，或根本不能着地，呈现三脚跳（少见）。触诊膝关节时，可发现膝盖骨移位到上方，内直膝韧带非常紧张。轻轻以蹄尖着地。运步时，患肢着地瞬间肢出现崩屈，不能负重。

两侧膝盖骨向外脱位时，患病牛通常不能站立。人为帮助站立时，两后肢呈蹲伏状态。触诊膝盖骨发现其移位到滑车外侧，原来膝盖骨的位置出现凹陷，同时直膝韧带向上、向外倾斜。

膝盖骨向内脱位奶牛也可发生，症状与向外脱位类似，触诊时，膝盖骨脱至股骨滑车的内侧。膝盖骨外方脱位一般见于小于 1 月龄的犊牛。

（三）诊断

膝盖骨脱位的症状很明显，诊断通常不会遇到困难，但膝盖骨向上脱位诊断时，应与痉挛性轻瘫相鉴别，膝盖骨外方脱位应与股神经麻痹相鉴别。

（四）预后

膝盖骨上方脱位时，预后慎重，外方脱位时，预后可疑，常为不良。习惯性脱位时，预后可疑。

（五）治疗

膝盖骨向上脱位的保守疗法有多种，有的有一定疗效。如有人用后退办法，使脱位的膝盖骨整复，还有人用一条绳子拴在患肢系部，从后向前牵引患肢，将绳子环系于颈部，边使患畜前进，边压迫推动膝盖骨，也有整复的病例。

脱位整复后，膝关节部应涂以强刺激剂或软膏，增进炎症过程，防止脱位再发。

如用保守方法不能整复时，也可用手术整复。患病牛在全身麻醉下，横卧保定，患侧肢在下面，健肢用去势转位的方法转位，露出膝关节内侧面，局部剃毛消毒，沿内侧膝直韧带和中直膝韧带之间，避开血管，在胫骨结节上 2~3cm，切开皮肤、皮下组织和筋膜，切口不必太大，3~5cm 即可。露出内侧膝直韧带后，以球头刀插入内侧膝直韧带下将其切断（图 14-6）。韧带切断后，立即缝合筋膜、皮下组织和皮肤。手术后膝盖骨可马上复位，膝关节可自由屈曲。但手术实施较晚时预后应慎重。某些间歇性上方脱位病例可自发痊愈。

膝盖骨向外脱位时，可在麻醉下整复，并在内侧韧带或内直韧带处皮下注射热液体石蜡（90℃）或烧烙，使形成瘢痕组织，以增强韧带的固定作用。

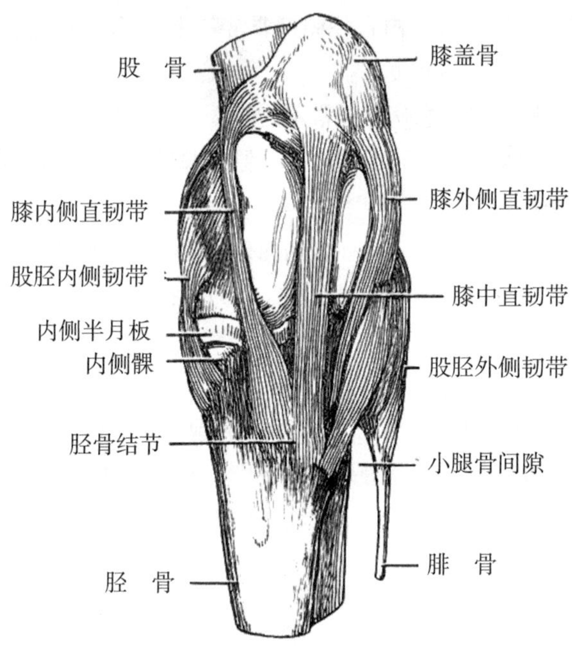

图 14-6 膝关节结构图（左侧）

八、奶牛关节扭伤

在间接的机械外力作用下，关节发生瞬间的过度伸展、屈曲或扭转，引起韧带和关节囊损伤称关节扭伤。本病是奶牛四肢关节的多发病，以系、冠、肩和髋关节扭伤最常见，此病奶牛多发，相对而言犊牛、育成牛、青年牛发病率高于成年牛。

（一）病因

奶牛在运动中，由于失步蹬空、滑走、急转，急跑骤停，跳跃、跌倒，肢体负重瞬间失衡，一肢陷入洞穴而急速拔出等，使关节的伸、屈或扭转超越了生理活动范围，引起关节周围韧带和关节囊的纤维剧伸，发生部分断裂或全断裂所致。

（二）临床症状

关节扭伤后立即出现跛行，站立时患肢屈曲，减负体重，以蹄尖着地或因免负体重而提举悬垂，运动时呈不同程度的跛行。患部肿胀，但四肢上部关节扭伤时，因肌肉丰满而肿胀不明显。触诊患部热痛，被损伤的关节侧韧带有明显压痛点，被动运动使受伤韧带紧张时，疼痛剧烈。若关节韧带断裂，则关节活动范围增大，重者尚可听到骨端撞击声音。当转为慢性经过时，可继发骨化性骨膜炎，常在韧带、关节囊与骨的结合部受损伤时形成骨赘。

1. 系关节扭伤

系关节扭伤时多损伤关节内，外侧韧带；有时波及关节囊。轻者稍显机能障碍，局部肿胀，有热痛反应，重者站立时以蹄尖着地，系关节屈曲，系部直立，运动时系关节屈曲不充分、不敢下沉，常以蹄尖着地前进，呈中等程度支跛，触诊患部有明显热、痛，肿，被动运动患病关节疼痛剧烈。

2. 冠关节扭伤

冠关节扭伤时多损伤关节内、外侧韧带和关节囊。临床特点基本同系关节扭伤。

3. 肩关节扭伤

奶牛常有发生，站立时患肢肩部弛缓无力、弯曲、以蹄尖着地。运动时，举扬困难、步幅缩小、作弧形外划前进，呈混合跛行。触诊肩部有热痛，被动运动则剧痛不安。

4. 髋关节扭伤

站立时屈膝、跗关节，以蹄尖着地，患肢外展。运动时基本表现为混跛行，患肢呈外展姿势，后退运动疼痛明显。触诊局部无明显变化，被动运动有疼痛反应，尤以作内收姿势时更为明显。

（三）治疗

本病的治疗原则是制止溢血和渗出，促进吸收，镇痛消炎，防止结缔组织增生，避免遗留关节机能障碍。

制止溢血和渗出：急性炎症初期 1~2d，用压迫绷带配合冷敷疗法，可用布氏液、饱和硫酸镁盐水或 10%~20% 硫酸镁溶液等。也可用云南白药喷剂进行治疗，必要时可静脉注射 10% 氯化钙溶液或肌内注射维生素 K 等进行配合治疗。

促进吸收：当急性炎症缓和，渗出减轻后，及时改用温热疗法，如温敷，温脚浴等，每日 2~3 次，每次 1~2h。亦可涂抹中药四三一合剂（大黄 4 份、雄黄 3 份、冰片 1 份，研成细末蛋清调和）、扭伤散（膏）、鱼石脂软膏或用热醋泥疗法等。

如关节腔内积血过多不能吸收时，在严密消毒无菌条件下，可行关节腔穿刺排出，同时向腔内注入 0.5% 氢化可的松溶液或 1%~2% 盐酸普鲁卡因溶液 2~4mL，并加入青霉素 80 万 IU，而后进行温敷配合压迫绷带；不穿刺排液，直接向关节腔内注入上述药液亦可。

镇痛消炎：在采用局部疗法的同时配合封闭疗法，用 0.25%~0.5% 盐酸普鲁卡因溶液 30~40mL 加入青霉素 40~80 万 IU，在患肢上方穴位（前肢抢风，后肢巴山和汗沟等）注射，也可肌内或穴位注射安痛定或安乃近 20~30mL，还可全身肌内注射氟尼辛葡甲胺进行治疗。

局部炎症转为慢性时，除继续使用上述疗法外，亦可涂擦刺激剂，如碘樟脑醚合剂（碘片 20g，95%酒精 100mL、乙醚 60mL，精制樟脑 20g、薄荷脑 3mL、蓖麻油 25mL）、松节油等，用毛刷在患部涂擦 5~10min，若能配合温敷，则效果更好。韧带断裂时可装固定绷带。

九、指（趾）部腱鞘炎和腱筒炎

本病主要发生于牛屈侧腱鞘和腱筒，伸侧腱鞘很少发病。

牛指（趾）浅屈肌腱在上籽骨上方分成两支，与骨间中肌的腱板形成两个腱筒，分别包着三四指（趾）的指（趾）深屈肌腱。腱筒形成后，走向上籽骨滑车沟内，其掌侧的腱筒壁变宽、变厚，过滑车沟后又变窄、变薄、并在第一指（趾）节骨近端形成缺口，牛为 A 形，约成 60° 角。缺口边缘逐渐在掌侧消失，腱筒背侧壁至上籽骨滑车沟也开始变厚，嵌在上籽骨滑车沟上方。腱筒背侧壁在沟内的中下部形成不同大小和形状的孔洞，牛一般为裂隙或裂孔。腱筒背侧壁至第二指（趾）节骨近端并与系部背侧的组织相连接。腱筒在上籽骨上缘指（趾）深屈肌腱背侧形成大小不同的憩室，憩室壁很薄，可扩延至指（趾）深屈肌腱两侧。

各种家畜的指（趾）腱鞘结构都相似，腱鞘的壁层将腱筒和指（趾）深屈肌腱包在其内，腱鞘壁层在掌（跖）指（趾）关节后上方与腱筒壁掌侧面相连接，下面直至指（趾）深屈肌腱抵止处。腱鞘的脏层分别包在腱筒内面和外面以及腱筒憩室内、指（趾）深屈肌腱和腱系膜上，腱鞘在上籽骨上方两侧也形成盲囊，但比腱筒憩室要低。

由于腱筒和腱鞘关系密切，且覆盖的滑膜层是相连接的。腱筒腔和腱鞘腔也是相通的。所以，有炎症过程时，可同时发病。

（一）病因

腱鞘和腱筒的外伤性感染可引起腱鞘炎或腱筒炎，但多发于蹄部和指（趾）间的化脓性过程，如指（趾）间蜂窝织炎、化脓性蹄关节炎、化脓性下籽骨滑膜囊炎、蹄底溃疡和潜洞等。

外伤性非化脓性炎症也可在腱鞘和腱筒看到，这多半由于腱剧伸，特别是腱系膜受到牵引时易发生渗出性腱鞘炎和腱筒炎。

（二）临床症状

无败性腱鞘炎和腱筒炎时，可看到其盲囊或憩室积液，有时因渗出液体压迫组织，可引起临床机能障碍。

临床上更多见的是化脓性腱鞘炎和腱筒炎，在牛更是如此，牛常常侵害后肢的外侧趾。患指（趾）球节部出现一致性肿胀，慢性时呈棒槌状，除腱鞘和腱筒被侵害外，其周围结缔组织也可出现增殖。

初期在腱鞘盲囊和腱筒憩室可出现波动性肿胀，逐渐其壁增厚。并与附近的组织发生粘连，腱鞘和腱筒内的脓汁变得浓稠，其中含有大量的纤维蛋白，腱鞘壁也可能坏死，脓汁外流形成鞘外脓肿，或形成瘘管向外不断排脓。

如由外伤引起的腱鞘炎或腱筒炎，开始从伤口流出清亮的滑液。继而变成混浊的液体，并含有絮状的纤维蛋白。

（三）诊断

根据症状可以确定，必要时穿刺和收集其间液体化验确诊，应注意与蹄关节炎、蜂窝织炎和脓肿作鉴别诊断。

（四）预后

除了已侵害到关节或不能及时治疗的外，一般预后是好的。慢性时预后应慎重。

（五）治疗

治疗首先应排出感染的腱鞘液或腱筒液，然后用消毒液或加抗生素的液体大量冲洗。如不存在开口时，应人为做一切口，插入硬塑料管灌洗。

如腱已有坏死或存在指（趾）间和蹄底的原发病，应采取彻底的措施治疗这些病。如切除坏死的腱组织，扩开蹄底的病变，使之能彻底引流。

腱组织切除时，由于破坏了腱的支持作用，可将两指（趾）的指（趾）尖部钻洞，用金属丝连接起来，固定指（趾）的活动。

局部治疗的同时，应注意配合全身疗法和抗生素疗法。

十、奶牛肩胛上神经麻痹

肩胛上神经来自臂神经丛较粗的神经，由 C6~C7 颈神经组成，从肩胛下肌和冈下肌之间，绕过肩胛骨前缘的切迹转到外面，分布到冈上肌和冈下肌，在前肢负重时，这些肌肉起制止肩关节外展的作用。因这根神经短而粗，易遭受损伤。牛常发生一侧性麻痹，很少两侧发病。肩胛上神经麻痹是牛肩部损伤的一种，常表现一些相似的症状，故俗称“脱膊”。

（一）病因

由于肩胛上神经起源和位置易被牛舍分隔栏损伤，或肩胛骨前缘下 1/3 处受到撞击或打击，损伤该神经。牛在前进过程中，肩部剧烈外展，神经过度牵引损伤。牛横卧保定或局部注射局麻药也可引起暂时性神经麻痹。

（二）临床症状

当肩胛上神经损伤时，因肩关节失去制止外展的机能，故动物站立时，其肩关节外展，与胸壁间形成一掌大的凹陷，肩关节突出，同时肘关节向外突出。病肢肩胛骨下陷，紧贴胸壁，不能随肢的运动而前后摆动，中兽医称之为“云头不翻”。当行走时，患肢提举没有障碍；悬垂阶段，外展的关节可恢复到正常的位置，凹陷完全消失，但在肢着地的瞬间，关节外展现象重新出现，并表现明显的支跛。病后 1~2 周，冈上肌、冈下肌发生萎缩。

急性病例可出现患肢不愿负重现象，应与肩胛骨、肱骨骨折、二头肌黏液囊炎相区别。

（三）治疗

轻度神经损伤病例，不用任何治疗，4~6 周内可完全恢复，肌内注射氟尼辛葡甲胺可有效地促进功能恢复。

针对冈上肌和冈下肌进行按摩，2 次 /d，20min/ 次。按摩后，局部涂擦四三一擦剂或云南白药喷雾剂或红花油搽剂。

可进行局部理疗，包括脉冲电疗、感应电疗、红外线照射及电针疗法等，配合应用维生素 B_1，每次肌内注射 500~1 000mg，以促进局部血液循环，加速其机能恢复，提高肌肉张力，防止肌肉萎缩。

十一、奶牛桡神经麻痹

桡神经为混合神经，是臂神经丛中最大的一支，由 C7~C9 颈椎和第 1 胸神经组成。桡神经从臂神经丛分出之后，分支至臂三头肌和前臂筋膜张肌，然后经臂二头肌长头和内侧头进入臂骨臂肌沟向下、向外分桡浅、桡深两根神经。桡浅神经分布于前臂背外侧皮肤，桡深神经分布于前肢腕指伸肌。桡神经因其特殊的解剖部位而易受损。临床上，牛桡神经麻痹较为多见。

（一）病因

奶牛桡神经麻痹可由直接损伤、臂骨骨折和分隔栏损伤所致。但多数发生于手术或修蹄时不合理的保定。在地面侧卧或手术台保定时，臂部远端（此处桡神经浅在）受地面不平物或粗绳索的压迫。修蹄时，前肢站立保定，臂部绳索系缚过紧也可压迫桡神经，引起神经麻痹。臂骨骨折时，其锐利断端可部分或完全损伤桡神经，但临床上不多见。

（二）症状

由于支配肘关节、腕关节、指关节伸展机能的肌肉部分或全部失去作用，病牛站立时，病肢似乎变长。因关节不能固定，故肘关节下沉，腕以下关节屈曲，以蹄尖着地。运步时，因患肢不能充分上举，前伸困难，蹄前壁曳地而行，前方短步。由于患肢伸展不自由，不能越过障碍，甚至在平地行走也易跌倒。如人为固定腕关节，不让腕以下各关节屈曲，也能短时负重，但手一松开，上述症状又重新出现。

（三）治疗

多数奶牛桡神经麻痹治疗有效，有的不需特殊治疗，牛放在牛舍，限制活动，以防进一步损伤，会自行好转。如确认牛在手术台或地面造成急性桡神经麻痹，应迫使牛站立并在铺垫的地方走几步，许多牛在几分钟内恢复正常。

治疗时，可在桡神经通路上按摩及用拳锤击，2 次 /d，每次 10~15min。轻者 1~2d 好转。如患病牛未怀孕，可静脉或肌内注射地塞米松 20~50mg，肌内注射氟尼辛葡甲胺 1~2mg/kg，每日一次。

对严重也可在桡神经通路涂擦 10% 樟脑酒精等刺激剂，皮下注射士的宁 10~20mg，1 次 /d，7d 为一疗程，针刺和电针疗法通常有效。

臂骨骨折引起的桡神经麻痹预后不良。

本病的发生主要由不良的倒卧保定引起。因此，手术前应在手术台或地面铺以倒牛（马）垫，并在肩部至腕部另加软垫，其垫子至少 20cm 厚。另外，卧侧前肢应放在厚垫子上，并将其前肢向前拉，确保卧侧肘突不在躯体下，以防桡神经受压。

十二、奶牛风湿病

风湿病是常反复发作的急性或慢性非化脓性炎症，以胶原结缔组织发生纤维蛋白变性为特征，病变主要发生于骨骼肌、心肌和关节囊中的结缔组织，该病常侵害对称性的肌肉、关节、蹄，另外还有心脏。我国各地的奶牛时有发生。

（一）病因

风湿病的发病原因迄今尚未完全阐明。近年来研究表明，风湿病是一种变态反应性疾病，并与溶血性链球菌（医学已证明为 A 型溶血性链球菌）感染有关。已知溶血性链球菌感染后所引起的病理过程有两种。一种表现为化脓性感染，另一种则表现为延期性非化脓性并发病，即变态反应性疾病。而风湿病则属于后一个类型。并得到了临床、流行病学及免疫学方面的支持。

风湿病的流行季节及分布地区，常与溶血性链球菌所致的疾病，如咽炎、喉炎、急性扁桃腺炎等上呼吸道感染的流行与分布有关。风湿病多发生在冬春寒冷季节。在我国北方及比较寒冷地区，溶血性链球菌感染的机会较多，风湿病发病率增高，二者在流行病学上甚为一致。

风湿病发作时，病例的鼻咽部拭子培养，可获得 A 型溶血性链球菌。血清中各种链球菌抗体均增高，在风湿病静止期培养转阴性，抗体滴定值也下降。至今，在临床上仍以检测抗链球菌溶血素作为风湿病的诊断指标之一。

链球菌感染后 10d 内，使用青霉素可以预防急性风湿病的发生。

动物试验提供了有力的证据。把大量的链球菌抗原包括蛋白、碳水化合物及黏肽注入兔子后，可产生风湿病的表现和病变。

风湿病发病虽然与 A 型溶血性链球菌感染有密切关系，但是并非 A 型溶血性链球菌直接感染所引起。因为风湿病的发病并不是在链球菌感染的当时，而在感染之后的 2~3 周左右发作。病例的血液培养与病变组织中也均未找到过溶血性链球菌。目前多数人认为风湿病是一种由链球菌感染引起的变态反应或过敏反应。在链球菌感染后，其毒素和代谢产物成为抗原，机体对此产生相应的抗体，抗原和抗体在结缔组织中结合，从而发生了无菌性炎症。

综上所述，风湿病的发生要有下列 4 个条件。

① A 型溶血性链球菌感染。

② 病原菌持续存在或反复感染，可能因含不同类型 M 蛋白链球菌感染。

③ 机体对链球菌存在产生抗体。

④ 感染必须在上呼吸道，而其他部位的链球菌感染不会引起风湿病。

此外，在临床实践中证明，风、寒、潮湿、过劳等因素在风湿病的发生上起着重要的作用。如畜舍潮湿，阴冷，受贼风特别是穿堂风的侵袭，夜卧于寒湿之地或露宿于风雪之中，以及管理不当等都是发生风湿病的诱因。风湿病的病理变化是全身性结缔组织的无菌性炎症。

（二）分类及症状

风湿病的主要症状是发病的肌群、关节及蹄的疼痛和机能障碍，疼痛表现时轻时重，部位多固定但也有转移的现象。风湿病有活动型的、静止型的，也有复发型的。根据其病程及侵害器官的不同可出现不同的症状。临床上常见的分类方法和症状如下。

1. 根据发病组织和器官的不同划分

（1）肌肉风湿病（风湿性肌炎） 主要发生于活动性较大的肌群，如肩臂肌群、背腰肌群、臀肌群、股后肌群及颈肌群等。其特征是急性经过时则发生浆液性或纤维素性炎症，炎性渗出物积聚于肌肉结缔组织中。而慢性经过时则出现慢性间质性肌炎。

因患病肌肉疼痛，故表现运动不协调，步态强拘不灵活，常发生 1~2 肢的轻度跛行。跛行可能是支跛、悬跛或混合跛行。其特征是随运动量的增加和时间的延长有减轻或消失的趋势。风湿性肌炎时常有游走性，时而一个肌群好转而另一个肌群又发病。触诊患病肌群有痉挛性收缩，肌肉表面凹凸不平有硬感，肿胀。急性经过时疼痛症状明显。

多数肌群发生急性风湿性肌炎时可出现明显的全身症状。病畜精神沉郁，食欲减退，体温升高 1~1.5℃，结膜和口腔黏膜潮红，脉搏和呼吸增数，血沉稍快，白细胞数稍增加。重者出现心内膜炎症状，可听到心内性杂音。急性肌肉风湿病的病程较短，一般经数日或 1~2 周即好转或痊愈，但易复发。当转为慢性经过时，病畜全身症状不明显。病畜肌肉及腱的弹性降低。重者肌肉僵硬，萎缩，肌肉中常有结节性肿胀。病畜容易疲劳，运步强拘。

（2）关节风湿病（风湿性关节炎） 最常发生于活动性较大的关节，如肩关节、肘关节、髋关节和膝关节等。脊柱关节（颈、腰部）也有发生。常对称关节同时发病，疼痛有游走性。

本病的特征是急性期呈风湿性关节滑膜炎症状。关节囊及周围组织水肿，滑液中有的混有纤维蛋白及颗粒细胞。患病关节外形粗大，触诊温热、疼痛、肿胀。运步时出现跛行，跛行可随运动量的增加而减轻或消失。病畜精神沉郁，食欲不振，体温升高，脉搏及呼吸均增数，有的可听到明显的心内性杂音。

转为慢性经过时则呈现慢性关节炎症状。关节滑膜及周围组织增生，肥厚，因而关节肿大轮廓不清，活动范围变小，运动时关节强拘，他动运动时能听到噼啪音。

（3）蹄风湿病（风湿性蹄炎） 可发生于两前蹄或两后蹄或四蹄同时发病，站立时两前蹄向前伸，蹄尖翘起，以蹄踵部着地负重，同时头高抬、弓腰，后躯下沉，两后肢尽量伸于腹下。四蹄同时发病者常卧地不起。

（4）心脏风湿病（风湿性心肌炎） 主要表现为心内膜炎的症状。听诊时第一心音及第二心音增强，有时出现期外收缩性杂音。对于家畜风湿性心肌炎的研究材料还很少，有人认为风湿性蹄炎时波及心脏的最多，也最严重。

2. 根据发病部位不同划分

（1）颈风湿病 常发生于奶牛，主要为急性或慢性风湿性肌炎，有时也可能累及颈部关节。表现为低头困难（两侧同时患病时，俗称低头难）或风湿性斜颈（单侧患病）。患病肌肉僵硬，有时疼痛。

（2）肩臂风湿病（前肢风湿） 主要为肩臂肌群的急性或慢性风湿性炎症。有时亦可波及肩、肘关节。病牛站立时患肢常前踏，减负体重。运步时则出现明显的悬跛。两前肢同时发病时，步幅短缩，关节伸展不充分。

（3）背腰风湿病　主要为背最长肌、髂肋肌的急性或慢性风湿性炎症，有时也波及腰肌及背腰关节，临床上最常见的是慢性经过的背腰风湿病，病畜驻立时背腰稍拱起，腰僵硬，凹腰反射减弱或消失。触诊背部最长肌和髂肋肌等发病的肌肉时，僵硬如板，凹凸不平。病畜后躯强拘，步幅短缩，不灵活。卧地后起立困难。

（4）臀股风湿病（后肢风湿）　病程常侵害臀肌群和股后肌群，有时也波及髋关节。主要表现为急性或慢性风湿性肌炎的症状。患病肌群僵硬而疼痛。两后肢运步缓慢而困难，有时出现明显的跛行症状。

3. 根据病理过程划分

（1）急性风湿病　发生急剧，疼痛及机能障碍明显。常出现比较明显的全身症状。一般经过数日或 1~2 周即可好转或痊愈，但容易复发。

（2）慢性风湿病　病程拖延较长，可达数周或数月之久。患病的组织或器官缺乏急性经过的典型症状，热痛不明显或根本见不到。但病畜运动强拘，不灵活，容易疲劳。

（三）诊断与鉴别诊断

到目前为止风湿病尚缺乏特异性诊断方法，在临床上主要还是根据病史和上述的临床表现加以诊断。必要时可进行下述的辅助诊断。

（1）红细胞沉降率　这是一个古老的但却是鉴别炎性及非炎性疾病的简单方法。

（2）C 反应蛋白　当发生风湿病时蛋白含量升高，病情好转时，迅速降至正常。若再次升高，可能风湿病又复发了。

（3）抗核抗体　是针对细胞核成分所产生的抗体，可用间接免疫荧光法测定。

（4）血清抗链球菌素 O 测定　抗 O 高于 500IU 的为阳性。通过测定证明牛是否患有风湿病。

在临床上风湿病除注意与骨质软化症进行鉴别诊断外，还要注意与肌炎、多发性关节炎、神经炎，颈和腰部的损伤及牛的锥虫病等疾病作鉴别诊断。

（四）治疗

风湿病的治疗要点是：消除病因、加强护理、祛风除湿、解热镇痛、消除炎症。除应改善病畜的饲养管理以增强其抗病能力外，还应采用下述的治疗方法。

1. 应用解热、镇痛及抗风湿药

在这类药物中以水杨酸类药物的抗风湿作用最强。这类药物包括水杨酸、水杨酸钠及阿司匹林等。临床经验证明，应用大剂量的水杨酸制剂治疗风湿病，特别是急性肌肉风湿疗效较高，而对慢性风湿病则疗效较差。可使用含有水杨酸的针剂进行治疗，将 10% 水杨酸钠溶液 250~300mL，10% 葡萄糖酸钙溶液 300~400mL，分别静脉内注射，每天 1 次，连用 5~7 次。如果配合肌内注射氟尼辛葡甲胺每千克体重 1~2mg，每日一次，也可得到较好的治疗效果。

2. 应用皮质激素类药物

这类药物能抑制细胞的许多基本反应，因此有显著的抗炎和抗变态反应的作用。它还能缓和间叶组织对内外环境各种刺激的反应性，改变细胞膜的通透性。临床上常用的有：醋酸可的松注射液、氢化可的松注射液、地塞米松注射液、醋酸氢化可的松注射液、醋酸泼尼松（强的松）、氢泼尼松（强的松龙）注射液、醋酸氢化泼尼松注射液、氟美松磷酸钠盐注射液及注射用促皮质素等，它们都能明显地改善风湿性关节炎的症状，但容易复发。

3. 应用抗生素控制急性风湿病过程的链球菌感染

风湿病急性发作期，无论从咽部是否证实有链球菌感染，均需使用抗生素。首选青霉素，肌内注射每天 2~3 次，一般应用 10~14d。不主张使用磺胺类抗菌药物，因为磺胺类药物虽然能抑制链球菌的生长，却不能预防急性风湿病的发生。

4. 应用碳酸氢钠、水杨酸钠和自家血液疗法

其方法是，每天静脉内注射 5% 碳酸氢钠溶液 500mL，10% 水杨酸钠溶液 300mL。自家血液的注射量为第 1d 80mL，第 3d 100mL，第 5d 120mL，第 7d 140mL。每 7d 为一疗程。每疗程之间间隔一周，可连用两个疗程。对急性肌肉风湿病疗效显著，对慢性风湿病可获得一定的好转。

5. 针灸疗法

应用针灸治疗风湿病有一定的治疗效果。可根据病情的不同采用新针、电针、水针和火针。前肢常用抢风，冲天，肩颙、肩井；后肢常用百会、肾俞、肾角、巴山大胯等穴。

6. 物理疗法

物理疗法对风湿病，特别是慢性经过者有较好的治疗效果。

可使用红外线（热红灯）局部照射，每次 20~30min，每天 1~2 次，至明显好转为止。

电疗法：中波透热疗法、中波透热水杨酸离子透入疗法、短波透热疗法、超短

波电场疗法、周林频谱疗法及多源频谱疗法等对慢性经过的风湿病均有较好的治疗效果。

在急性蹄风湿初期的炎性渗出阶段时，以止痛和抑制炎性渗出为目的，可以使用冷蹄浴，用醋调制的冷泥敷蹄等局部冷疗法。

除上述的疗效外，还有人应用以 10% 水杨酸钠溶液为抗凝剂的相合血液 500~1 000mL 进行输血，以治疗各种风湿病，取得了一定的治疗效果。

十三、奶牛指（趾）间蜂窝织炎

指（趾）间蜂窝织炎是指（趾）间皮肤及皮下组织的炎症，特征是皮肤坏死及裂开，常包括指（趾）间皮肤、蹄冠、系部肿胀，有明显跛行，并有体温反应。坏死杆菌、产黑色素杆菌、普利沃菌是最常见的病原微生物，所以本病又称指（趾）间坏死杆菌病。本病具有明显的传染性，也叫腐蹄病、瘭疽。

本病是许多国家的奶牛常见病之一，在我国较为常见，本病可发生于各年龄阶段的牛，但 2~4 岁的牛多发，多发生于产前和产后 50d。

在澳大利亚和比利时等国家，用坏死杆菌甲醛苗接种免疫已获成功；我国尚无预防本病的疫苗。

（一）病因

指（趾）间隙由于异物刺伤或粪尿、泥污浸渍，使指（趾）间隙的皮肤抵抗力下降，微生物可从指（趾）间隙侵入。趾部皮炎、指（趾）间皮肤增殖和黏膜病可并发本病。美国人用从腐蹄病活体标本上分出的坏死杆菌和产黑色素杆菌，混合接种于划破的指（趾）间皮肤或皮内，引起典型的腐蹄病病变。

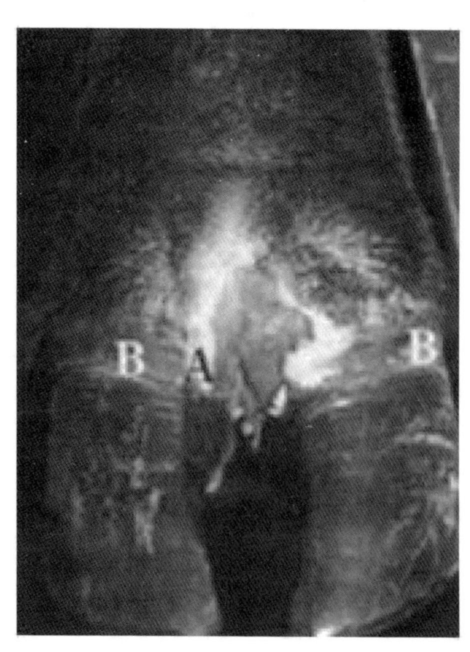

图 14-7　腐蹄病

指（趾）间皮炎、球部和蹄冠部皮炎、疣性皮炎、指（趾）间皮肤增殖和黏膜病可并发坏死杆菌感染（腐蹄病，图 14-7）。

奶牛泌乳期是机体强代谢时期。当

营养不良，机体满足不了产奶所需营养需要时，则动用骨骼、血液及其他组织的矿物质、蛋白质和维生素。因此，饲料日粮成分对奶牛蹄健康影响很大。如干物质不足，钙、磷比例失调，导致泌乳期动用蹄角质的钙、磷及矿物质，会引起蹄质疏松和不坚固，从而促进了本病发生。

（二）临床症状

在本病变发生几小时内，观察力敏锐的畜主，可发现病牛一肢或几肢有轻度跛行，系部和球节屈曲，以蹄尖轻轻负重。本病大约 75% 发生于后肢。临床观察发现成年牛的右后蹄较多发病。

18~36h 后，指（趾）间隙和蹄冠部出现肿胀，皮肤出现小裂口（图 14–7），甚至脱落，有难闻的气味，表面有伪膜形成。

36~72h 后，病变可变得更为显著，指（趾）明显分开，指（趾）部、甚至球节有明显肿胀，患病牛此时有剧烈疼痛，病肢常提起。系关节及蹄冠部明显肿胀、发红、疼痛，系部变直好似木蹄。

患病牛体温常常升高，食欲减退，喜卧，泌乳量下降。再过 1~2d，指（趾）间组织出现皮肤剥脱、坏死。

转归好的病牛，以后出现机化或纤维化，有些病例趾间的皮肤损伤可持续很长时间。某些患病牛其坏死可持续发展到深部组织，出现各种并发症，甚至蹄匣脱落。

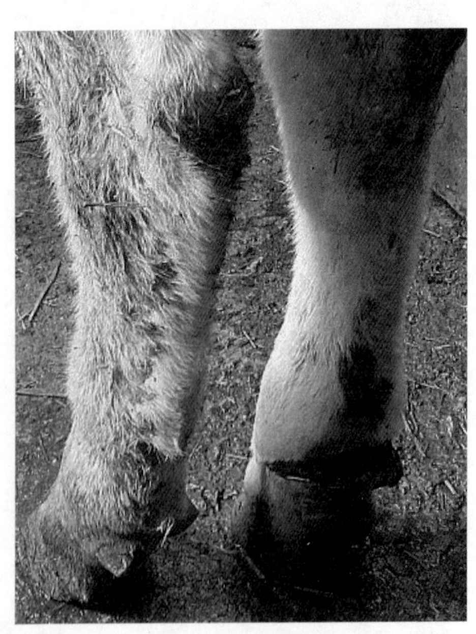
图 14–8　腐蹄病

目前，本病有由传染性群发，向散发性、零星性发展的趋势力；并呈现全身症状减轻，以局灶性坏死为特点的变化趋势（图 14–8）。

（三）诊断

根据临床症状和实验室检查可以确诊，但应与引起的并发症和蹄部化脓性疾病作鉴别诊断。

（四）预后

及时发现并采取科学的治疗措施，

预后良好。延误的病例或治疗不当的病例，预后应慎重。发展到深部组织的病例，预后不良。

（五）治疗

1. 全身治疗

肌内注射盐酸头孢噻呋 20ml；体温高于 39.5℃者，配合肌内注射氟尼辛葡甲胺每千克体重 2mg，每天 1 次，连用 3~5d。

2. 局部治疗

用 4% 硫酸铜或 0.1% 新洁尔灭溶液浸泡、清洗患蹄，清除病灶部的脓汁，除去坏死组织；再用双氧水冲洗病灶→ 0.1% 新洁尔灭溶液冲洗→蹄炎膏 + 木瓜酶粉（或土霉素粉 + 松馏油）。每天或隔天局部治疗处理一次。

对于患病较轻者来说，每天用 4% 硫酸铜或消毒防腐液冲洗或蹄浴 2 次。也可获得较好的防治效果。

另外，口服锌制剂可取得一定疗效，每日口服硫酸锌 16g，连续一周饲料内添加乙二胺二氢碘化物对本病有预防作用。

3. 注意事项及护理

① 对于症状较重者要采用全身治疗 + 局部治疗方式。

② 对于症状较轻者可每天用 2% 戊二醛溶液或 4% 硫酸铜冲洗 2 次；或每天涂抹蹄炎膏（或土霉素粉 + 松馏油）1~2 次。

③ 治疗期间，要给患牛提供干燥、清洁的生活场地与运动场地。

十四、指（趾）间皮肤增殖

本病是指（趾）间皮肤或皮下组织的增殖性反应，在文献上有不同的名称，如指（趾）间瘤、指（趾）间结节、指（趾）间赘生物、指（趾）间纤维瘤、慢性指（趾）间皮炎、指（趾）间穹窿部组织增殖等。各品种的牛均可发生，荷兰牛和海福特牛多发，中国荷斯坦奶牛发生也很普遍，对北京地区荷斯坦奶牛的调查表明，一些牛场指（趾）间皮肤增殖的发生率高达 27. 5%。

（一）病因

① 本病与品种及遗传因素有一定相关性。

② 本病与指（趾）间皮肤过度紧张和剧伸有关。

③ 本病与泥浆、粪尿及异物的异常刺激有关。

④ 饲料中缺锌也是导致本病发生的一个原因。

（二）临床症状

此病多发生于后肢，可以是单侧性的也可是双侧性的。较小时不引起跛行，趾（指）间隙皮肤红肿、脱毛，有时可看见破溃面。进一步增殖，可在指（趾）间形成“舌状”突起（图 14-9、图 14-10）。随病程的进一步发展，突起会不断增大、变厚，其表面会由于挤压、摩擦而破溃，引起感染时可见表面有渗出物，并有恶臭气味，同时会出现不同程度的跛行。

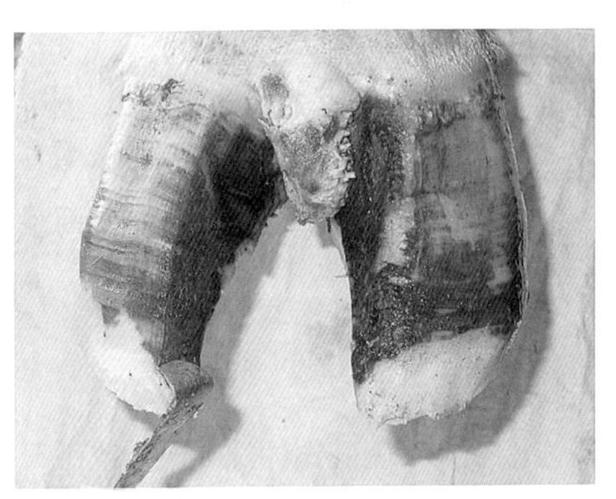

图 14-9　指（趾）间皮肤增殖

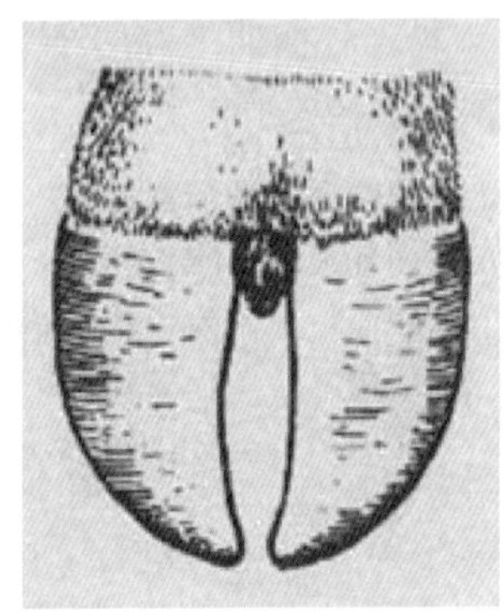

图 14-10　指（趾）间皮肤增殖示意图

进一步增殖、破溃，可在指（趾）间形成“草莓”状突起，疼痛和跛行会进一步加重，疼痛剧烈，行走或站立时会非常小心，泌乳量会显著下降，还会导致变形蹄。

（三）诊断

肢蹄保定后检查指（趾）间隙，一般容易确诊，通过肉眼观察相应的增生物就可作出诊断，但应和指（趾）间隙的炎性肿胀作鉴别诊断。

（四）预后

及时进行治疗，一般预后良好。个别牛手术切除后，还可能再发。

（五）治疗

1. 手术治疗

（1）手术　保定→在掌骨或跖骨的中部的掌侧面、背侧面皮下分别注射20mL1%~3% 的盐酸普鲁卡因进行局部麻醉→ 0.1% 新洁尔灭清洗消毒→在腕关节或跗关节下方绞压止血→以棱形切口切开指（趾）间增生物基部两侧皮肤→分离增生物及下面的脂肪→切除→止血→敷药（蹄炎膏或土霉素粉）→包扎→去除绞压力止血绷带或胶管。

（2）换药　手术后换药 1~2 次。

2. 保守治疗

对于较小的指（趾）间皮肤增殖可以用保守疗法，也叫腐蚀疗法。

保定→ 0.1% 新洁尔灭清洗消毒指（趾）间及增生物→用犊牛去角器采用烧烙的方式将指（趾）间的增生物去除掉。这一方式比用腐蚀药物治疗更为省事、省力。

3. 注意事项及护理

① 手术治疗可以根治本病，主要针对增生物较大的病例；保守治疗适合增生物较小阶段的治疗。

② 治疗期间，要给患牛提供干燥、松软的活动场地。

③ 有些病牛由于指（趾）间隙开张过大，手术后会影响倒伤口合。对于这种情况可以采取用金属丝将两蹄尖固定在一起，缩小指（趾）间隙过大的问题（图 14-11）。

④ 在切除增殖物的同时，要切除部分增生物下面的脂肪，如脂肪留得过多，可在创缘之间突出，影响愈合；如切除过多，留的空隙太大，也会影响愈合。手术过程中尽可能做好止血。

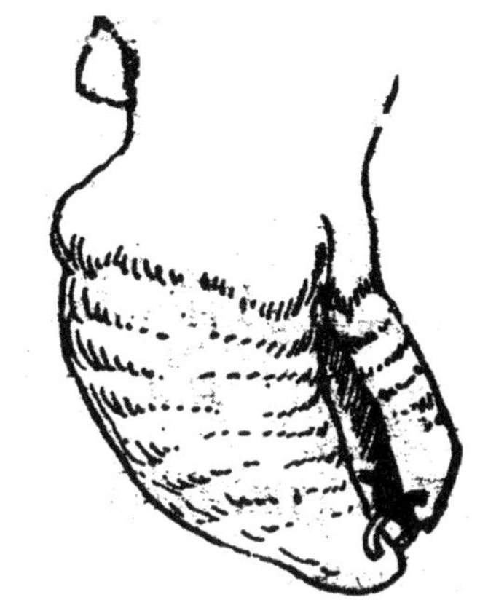

图 14-11　蹄尖固定

十五、奶牛疣性皮炎

奶牛疣性皮炎以指（趾）间隙背侧或掌（跖）侧皮肤出现疣状增殖物（菜花样）为特征。本病为慢性经过，其病变为真皮乳头状纤维瘤，病变可侵害牛的指

（趾）间隙背侧或掌（跖）侧，蹄球或系部。

（一）病因

本病病因尚不十分清楚。多数人认为这是一种病毒感染所引起的疣性增生性疾病。

本病常继发于牛的指（趾）间皮炎和蹄糜烂，厩舍不洁常为病因之一。

可从自然病例分离出坏死杆菌、真菌和一些其他微生物，也曾从典型的“疣”中分离到病毒，但其致病性未得到证实；也有人怀疑螺旋体为病原。牛群中一旦引入此病，将会在牛群中传播，短期内很难清除此病。因此，在引进行奶牛时要防止引入本病。

（二）临床症状

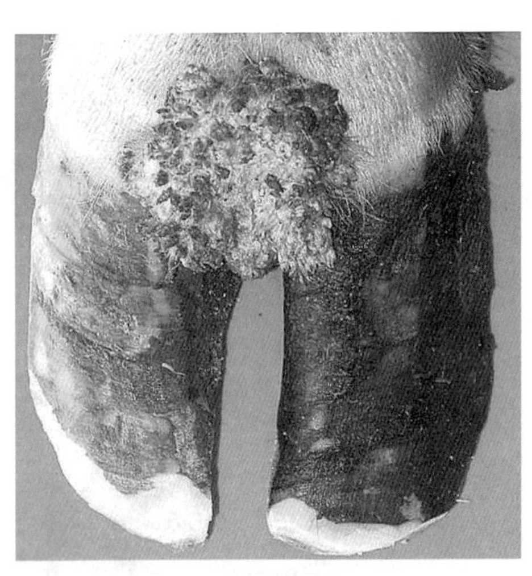

图 14-12　疣性皮炎

本病常发生于后肢，初期可见局部皮肤肥厚和肿胀，活动性降低，继则出现乳头增殖，呈菜花样（图 14-12）。如继发于奶牛的蹄糜烂，蹄角质先剥离，然后出现疣性增殖。

在增殖的乳头上附有恶臭渗出物，有时形成干痂附在隆起的组织上，在增殖物之间的小沟内或病变周围，可残留被毛或长的毛干。疣状物的大小有所不同，有的呈典型的肉芽肿，有时易出血；慢性增殖时，有的可角质化。

由于增殖部位不同，可有不同程度的跛行，有的不出现跛行；一般不出现全身症状。

（三）诊断

依据临床病理变化特点即可作出诊断。

（四）预后

一般预后良好。但范围大，增殖物向恶性发展时，预后慎重或不良。

（五）治疗

1. 手术治疗

先将患部用 0.1% 新洁尔灭溶液进行清洗、消毒→擦干→紧贴健康皮肤表面、平行切除疣状增生物→切面撒布土霉素粉→用脱脂棉及绷带包扎。

2. 保守治疗

① 每天用 2% 戊二醛药浴患部 1 次，一周为一个疗程。此保守疗法以防止感染、破溃，促进疣生增生物坏死脱落为目的。

② 也可选择烧烙的方式进行治疗，可设计一下烧烙面比较大的烙铁，结合定期的修蹄过程进行烧烙治疗。

3. 注意事项及护理

① 手术治疗效果相对于保守治疗而言效果确实，但也有个别可复发。

② 对于病变较小的疣生皮炎病例可采用保守治疗方式，因为病变较小者不会对牛运动机能及全身功能造成明显影响。

（六）预防

定期用 2% 戊二醛药浴牛蹄可减少本病发生。

此病有一定的地方性发生特点，也表现出传染性倾向，在购入奶牛过程中应该加以防控，防止通过购买奶牛将此病带入自己牛群。

十六、奶牛蹄底溃疡

蹄底溃疡又称局限性蹄皮炎，是指牛蹄的底球结合部发生角质缺失、真皮裸露，进而发生肉芽组织增生，甚至引起蹄深部组织感染的一种常见蹄病。

本病多发生在前蹄的内侧指和后蹄的外侧趾，病变局限于底球结合部（通常靠近近轴侧），并有一定的对称性。高产奶牛与分娩后产奶高峰期发病较多，长期站立在水泥地面的奶牛发病率高。潮湿季节和冬季发病率高；发病年龄一般为 5~8 岁。

（一）病因

发病机制尚无定论。一般认为奶牛蹄底溃疡与外伤以及病原微生物感染的关系不大，主要是营养代谢紊乱所致。已知下列因素可引起本病。

① 有人认为固有指（趾）动脉终支和内、外指（趾）动脉之间的吻合支血栓，引起局部缺血性坏死，是引起本病的一个原因。

② 慢性瘤胃酸中毒或高精料导致瘤胃内革兰氏阴性细菌大量崩解释放内毒素或体内组胺水平增高，作用于蹄真皮，导致微循环障碍从而导致本病发生。

③ 削蹄不合理，蹄底角质削得过多或不够，易形成对该部位的过度压迫引起本病。

④ 牛舍或运动场过度潮湿，易引起角质软化，有助于本病的发生。

⑤ 骨质疏松也是导致本病发生的一个原因，临床发现骨质疏松病牛在后期往往伴有蹄底溃疡发生。

⑥ 不良的肢势和蹄形，有助于本病的发生，如 X 状肢势、直腿、小蹄、卷蹄、大外侧趾、延蹄和芜蹄等。

⑦ 饲料中锌缺乏也可使蹄底溃疡的发病率升高。

⑧ 本病的发生还与长期站立水泥地面或站立和运动在炉灰渣、石铺的地面和运动场有关。

⑨ 远端指（趾）节骨近端受到过分压力而使深屈腱向一侧牵拉，易引起局限性蹄皮炎。这是由于不正肢势造成的，通常为 X 状肢势。

（二）临床症状

发病部位多为前肢内侧指和后肢外侧趾，表现为底球结合部的角质变软、崩解、缺损（图 14–13），蹄底真皮外露。患侧蹄壳可感到温度升高，动脉的搏动可增强。早期的病例底球结合部角质脱色，压迫时感觉角质变软，动物表现疼痛。病情进一步发展时，角质可出现缺损，暴露出真皮，或者也长出菜花样或莲蓬样肉芽组织。角质缺损后，粪尿和污泥等异物容易进入角质下引起感染，球部、冠部出现炎性肿胀，并在蹄底角质下形成不同方向的潜道和化脓性蹄皮炎，或并发深部组织的化脓性过程，甚至在蹄冠形成蜂窝织炎和脓肿。有时引起蹄骨骨髓炎，致使深屈腱抵止点处

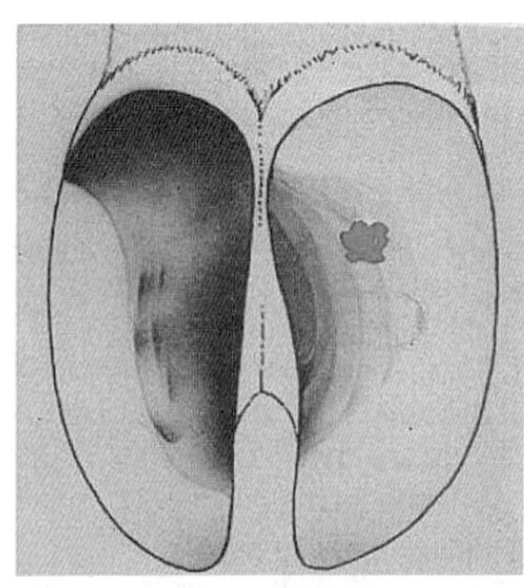

图 14–13　蹄底溃疡示意图

断裂。

后肢外侧趾发病时，患病肢外展，用内侧趾负重。有的牛也用患趾尖负重，使底球结合部架空。有时也可看到患肢抖动，在硬地上运步跛行可增重。

两肢同时患病时，不易被发觉，因为两肢交互休息和负重，只是看到牛卧的时间比以前多，同时显得运步笨拙。二前肢内侧指同时发病时，还会出现前肢交叉站立的姿势（彩图 44）。

由于病变和感染的程度不同，可出现不同程度的跛行，跛行可持续很长时间，明显影响产奶量，并且体质下降，甚至被迫淘汰。

（三）治疗

用 4% 硫酸铜或 0.1% 新洁尔灭溶液浸泡、清洗患蹄、溃疡灶；切除溃疡灶的坏死角质，或过度生长溃烂肉芽，再用 4% 硫酸铜或 0.1% 新洁尔灭溶液冲洗溃疡灶→蹄炎膏 + 木瓜酶粉（或土霉素粉 + 松馏油）→打绷带；治疗期间换药 2~3 次。

如感染化脓时，肌内注射盐酸头孢噻呋 20mL；配合肌内注射氟尼辛葡甲胺每千克体重 2mg，每天 1 次，连用 3~5d。

注意事项及护理：

① 为了减少患指（趾）负重，也可在健蹄下粘一木制蹄掌（图 14-14），这样更有助于提高治愈效果。

图 14-14　奶牛木制蹄掌

② 口服硫酸锌对治疗本病也有一定疗效，每天每头 5~8g，连用 1 周。精饲料中添加 0.01%~0.02% 硫酸锌对本病有一定预防作用。

③ 治疗本病时，首先应改变病牛的饲料配比，减少精饲料给量，增加优质粗饲料，改善瘤胃内环境，提高瘤胃内容物的 pH 值，降低血浆内毒素含量。

十七、奶牛蹄糜烂

蹄糜烂是奶牛常见的一种蹄病，以蹄底和蹄球负重面角质的糜烂为病理变化特征，又称坏死性蹄皮炎，严重时可继发角质深层组织疾病。

本病是欧洲和北美洲最常见的蹄病。颜色浅的蹄角质比有色素的蹄角质容易

发病，后肢比前肢多发，内侧指（趾）比外侧指（趾）多发。在英国本病占蹄病的 9%。

（一）病因

① 牛舍和运动场潮湿不卫生，运动场内污水积存，粪污堆积，奶牛蹄长期在污泥、粪尿中浸渍，角质变软，感染所致。

② 蹄形不正，蹄底负重不均，如延蹄、芜蹄、蹄叶炎等易诱发本病。

③ 修蹄时不合理的修削或损伤蹄踵、蹄球部也是导致本病发生的一个原因。

④ 有人认为结节丝状杆菌与本病有关。

（二）临床症状

本病进展很慢，除非继发角质深层组织疾病和感染，一般不引起跛行。本病只在蹄底或球部出现小的深色小洞，有时小洞联合在一起形成大洞或沟，浅颜色角质比有色素的角质易被侵害。角质糜烂形成的小洞，也可向深层发展，引起不同的继发症，轴侧沟处最易向深层蔓延，往往在深部组织形成潜道，管道内充满污灰色、污黑色或黑色液体，有腐臭难闻气味。当炎症蔓延到蹄冠、球节时，关节肿胀，皮肤增厚，失去弹性，疼痛明显。化脓后关节破溃，流出乳酪样脓汁，病牛呈现全身症状，体温升高，食欲减退，乳产量下降，消瘦，运步呈“三脚跳”。

后肢比前肢多发，内侧趾比外侧趾多发，患慢性蹄叶炎和蹄有变形的牛容易发生本病。

（三）诊断

本病属于一种外科疾病，根据其蹄底角质糜烂、出现黑色小洞，内流出黑色腐臭液体，即可做出临床诊断。

在诊断时要注意与蹄底溃疡、蹄底外伤性蹄皮炎鉴别诊断。

（四）治疗

第 1 步：用 4% 硫酸铜溶液彻底清洗患病牛蹄。

第 2 步：削除不正常的角质及糜烂组织，用 2% 戊二醛溶液或 4% 硫酸铜溶液或其他防腐消毒剂浸泡，也可用 3% 双氧水反复冲洗病灶。

第 3 步：对于糜烂较重者，涂抹蹄炎膏或土霉素粉 + 松馏油包扎。

对于患糜烂较轻者，保持地面干燥、松软，在处理之后每天用 2% 戊二醛溶液或 4% 硫酸铜溶液蹄浴；每天给病变部位喷涂植物精油或用植物精油泡蹄也是一种较好的治疗方法。

第 4 步：当深部组织感染化脓，并伴有体温升高、食欲废绝时，在局部治疗的同时可用磺胺、抗生素、氟尼葡甲胺等进行全身治疗，对症治疗。

注意事项及护理：

治疗期间给患牛提供干燥、松软的生活、运动场地；也可对牛蹄进行石灰浴（干浴）。

十八、奶牛蹄冠蜂窝织炎

蹄冠蜂窝织炎是蹄冠部皮下组织、蹄冠和蹄缘真皮以及临近蹄壳皮肤真皮的弥散性化脓性或化脓坏疽性炎症。

（一）病因

① 蹄冠部外伤是导致本病的一个主要原因。微生物从受伤的皮肤侵入蹄冠部组织可引起感染发病。当蹄冠部受伤后，奶牛站在泥泞、积粪的运动场或圈舍地面上，更容易引发本病。牛蹄部长期浸渍于粪尿或污水中，可使皮肤软化，皮肤抵抗能力下降，也可导致微生物侵入引发本病。

② 饲养不科学，为催奶大量饲喂精料，引起瘤胃酸中毒及急性蹄叶炎，如不及时处置，容易继发蹄冠蜂窝织炎。

③ 尖硬异物如铁钉、铁丝等引起牛蹄皮肤受损，造成坏死杆菌、化脓性棒状杆菌、链球菌、结节状梭菌等细菌的感染，可继发蹄部蜂窝织炎等蹄病。

④ 本病还可继发于牛的指（趾）间疾病和蹄底溃疡、白线疾病、深部化脓性炎症（如化脓性蹄关节炎）、指（趾）腱鞘炎、球后脓肿等。

（二）临床症状

蜂窝织炎发生的初期常伴有全身性症候，如体温可升高到 40℃，甚至更高，食欲减退，精神沉郁，出汗，肘部肌肉震颤。奶牛泌乳量明显下降，呼吸和脉搏增数，血液检查，可见白细胞总数增加，嗜中性白细胞比例也增加。

急性病例发病突然，患肢不愿意负重，或仅以蹄尖着地，走路跛行。患肢蹄冠部肿胀，蹄壁叩诊疼痛敏感，也可见指（趾）间隙也肿胀。蹄冠部可看到被毛逆立，有的部位可表现脱毛，颜色浅的皮肤可看到发红，甚至发紫，皮肤紧张发亮。

压迫蹄冠处动物表现明显疼痛。

若前蹄患病，站立时两后肢伸于腹下，患肢向前伸出，以蹄踵着地，头颈高举，运步时步幅小而迅速；若后蹄患病，站立时两前肢后踏，患肢抬起，避免负重，头颈下低，运步时步幅短缩，患肢着地时间短而迅速提起；患牛运动时呈明显支跛，甚至三脚跳。

在病程发展过程中，蹄冠部的炎性水肿可局限形成几个大小不等的肿胀，除脓肿处有肿胀和波动外，其他部位也会出现肿胀，如不治疗，脓肿成熟后也可自溃，脓肿破溃后全身症状可明显好转，跛行也可减轻。脓肿破溃后流出不同颜色和稠度的脓汁，脓汁的性状决定于所感染微生物的性质。

蹄冠蜂窝织炎也可向深部蔓延，引起蹄球后脓肿；15~20d 后放射学检查，指（趾）骨可呈现骨膜增殖；蹄冠蜂窝织炎破溃后，如治疗不合理，可形成蹄冠部溃疡，长满肉芽，久治不愈。

（三）诊断

根据全身和局部症状此病不难诊断，但应区别是否为其他疾病的继发症状，因为蹄冠蜂窝织炎往往是蹄内各组织化脓性过程在蹄冠形成的局部表现。

（四）预后

本病的预后慎重，因为往往是继发病，特别是继发于深部组织的化脓性过程，如化脓性蹄关节炎时，就不易治愈。

（五）治疗

此病泌乳奶牛多发，如不及时治疗，可致蹄匣脱落，全身症状恶化，卧地不起，继而发生脓毒败血症而被迫淘汰。

本病的治疗原则是消除病因、解除疼痛、改善循环、促进愈合。

1. 清除腐败、化脓、坏死组织

首先应该清理蹄部污染物，用消毒液（0.1% 新洁尔灭、4% 硫酸铜、3% 双氧水等）清洗病变部位、剪除被毛，广泛涂以碘酊，包括蹄壳；然后认真进行清创处理，清除其坏死组织和相应脓汁；向创内投放磺胺粉、蹄炎膏或其他消炎促进愈合药物，然后包扎，每天换药 1 次。

2. 局部封闭疗法

氢化可的松注射液 20mL，青霉素钠 400 万 IU，3% 盐酸普鲁卡因 20mL 混合，

在蹄冠上方做环形皮下封闭注射，以消炎镇痛、防治病灶扩散。

3. 全身应用抗生素控制感染

在局部治疗处理的同时，肌内注射头孢类抗生素、磺胺等药物进行全身治疗。另外，可应用各种支持疗法，如输液、注射维生素 C 和碳酸氢钠钠液等进行全身治疗。

4. 注意事项及护理

① 患蹄要与污染物隔离，将其隔离于干燥洁净圈舍内，饲喂易消化、富营养的饲草料，做好患部护理。

② 如果脓肿已经成熟，或肿胀过分压迫组织时，可以切开，切口应该斜向，因为水平切口易破坏角质生长，而垂直切口易引起蹄裂。切开后可保证渗出物充分排出，同时可用防腐消毒液或抗生素溶液清洗后除去可见的坏死组织，为了促进渗出物排出，可以应用吸湿绷带包扎。

十九、奶牛蹄白线裂

白线是蹄底角质和蹄壁的结合部（图 14-15）。白线由不含角小管的角质构成，与含角小管的蹄底和蹄壁相比，更为薄弱；另外，白线部位也最易藏污纳垢、发生感染的地方。

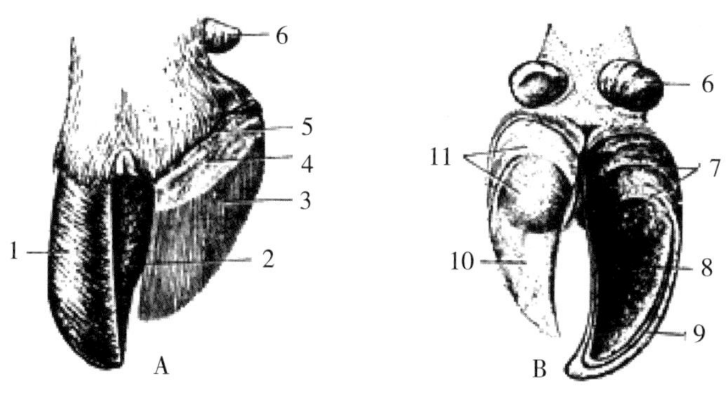

图 14-15　牛蹄（一侧的蹄匣被除去）

A. 背面　　　　B. 底面

1. 蹄的远轴面　2. 蹄壁的轴面　3. 肉壁　4. 肉冠　5. 肉缘
6. 悬蹄（副蹄）　7. 蹄球　8. 蹄底　9. 白线　10. 肉底　11. 肉球

（一）病因

白线病的发生主要是由于真皮疾病引起角质结构挫伤所致。许多病因可引起真皮炎，包括损伤（如圈舍地面、牛只长期站立、采食和挤奶时间过长）、饲料和环境等因素。奶牛在坚硬地面或在有尖利石片的通道上行走，异物刺伤等都可以引起本病。

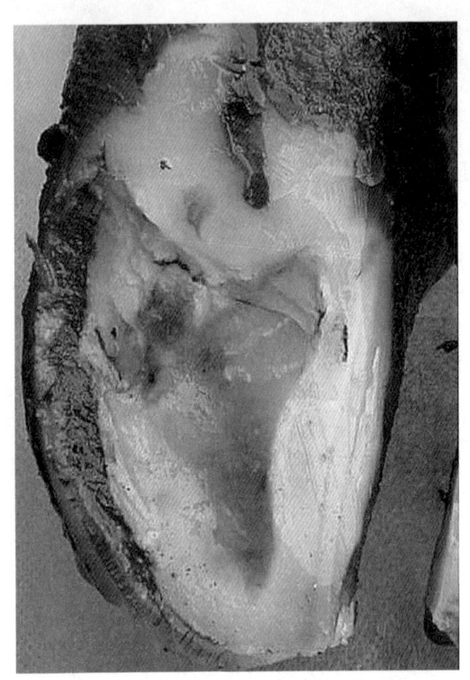

图 14-16　白线裂隙填充粪便等异物

（二）临床症状

此病在后肢的外侧趾较多发，白线病早期可见白线角质变黄或红染（出血），严重的病例白线缺损处形成裂隙，石子和其他脏物成为填塞物（图 14-16），进一步使白线分离。侵入真皮的感染可向蹄底蔓延或沿小叶向上蔓延。后肢外侧趾的远轴侧白线最为常发病，这是因为在运动过程中，坚硬的蹄壁和具有弹性的蹄踵的相对运动，使该处的白线受到了机械性牵张。

由于感染的最初部位和蔓延的方向不同，可发生各种白线脓肿。蹄尖处白线感染，有淡灰色脓汁流出。脓汁在蹄底角质下存留，可使角质与其下方的真皮分离，患畜严重跛行。感染可不断向深部延伸可导致真皮发生糜烂，症状会进一步加剧。

蹄部一般检查时常常有发热表现，压迫时疼痛。早期的病例很难诊断，病变很小容易忽略。蹄壳必须仔细削切，并清除松散的脏物。在外侧白线区有一段黑色的污迹，通常说明有感染。如进一步检查，可发现蹄壳内比较深的东西，实际上可暴露出一缺损处聚积有泥沙，并与感染渗出物混合在一起。

在更进一步发展的病例检查时，冠部可明显地形成窦，并导致对这种病变的怀疑，或者在病例的蹄肿胀更为严重时可扩展为化脓性关节炎。

一些病例可暂时平静下来，新生出的角质覆盖原来的缺损。逐渐变化，病变慢慢成熟，引起蹄冠脓肿形成，但没有明显的底缺损。少数病例可侵害到腱。

（三）诊断

病变在位置上具有特征性，它的进程是固定的。在蹄尖的例外，该部位上行性感染似乎不到蹄冠。

鉴别诊断包括蹄底的化脓性刺创，深部蹄皮炎、局限性蹄皮炎、蹄壁裂或远端指（趾）节骨骨折。

（四）治疗

第 1 步：用 4% 硫酸铜溶液或 0.1% 新洁尔灭溶液清洗整个患病蹄部。

第 2 步：用蹄刀扩开白线裂的裂隙，取出其中的异物、脏物、脓汁，形成一个“V”形新鲜创；再用 0.1% 新洁尔灭清洗，土霉素粉或磺胺粉 + 松馏油，打蹄绷带包扎。治疗期间换药 1~3 次。

注意事项及护理：

在治疗处理时，蹄尖的病变应使之暴露、并检查深部真皮和远端指（趾）节骨被侵害的情况，后者的一部分也可严格地刮除，在此阶段也允许保留该骨，作为肉芽和新角质生长后的一个功能实体。

二十、奶牛指（趾）间皮炎

指（趾）间皮炎是一种没有扩延到皮下组织的指（趾）间皮肤的急性或慢性炎症。此病可发生于各种牛，奶牛多发。

（一）病因

一般认为结节状杆菌和螺旋体为本病的病原微生物；粪便、泥污长时间浸渍是重要诱因。牛舍及运动场地面潮湿，粪尿积聚，卫生情况差，粪尿污物粘在蹄上不及时清除是本病的主要原因。

（二）临床症状

本病四蹄都可发生，后蹄较为严重。许多病例可看到牛划腿，表现蹄不舒服，运步时不自然，有轻度跛行。发病初期，病变局限在表皮，表皮增厚和稍充血，指（趾）间隙内有一些渗出物，出现皮肤表层湿性皮炎，与坏死杆菌病不同，本病并不侵及更深的组织（图 14-17）。

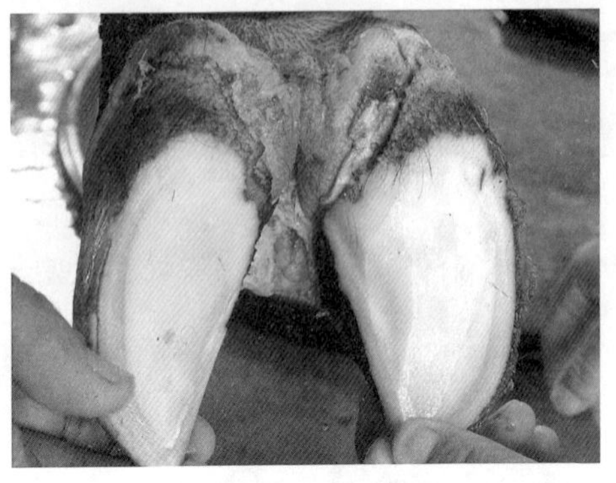
图 14–17　趾间皮炎

有的在发现时，病已发展到与球角质相邻皮肤肿胀而使角质与皮肤分离阶段，分离的角质和真皮之间很快进入泥土、粪便和褥草，出现明显跛行，局部有组织增殖，增殖可向指（趾）间隙掌（跖）侧发展（彩图 45），有的在球角质下形成潜洞，严重者可引起踵部与蹄底连接处横向断裂。

病变也可能平静下来转为慢性，常常发展为慢性坏死性蹄皮炎（蹄糜烂），有轻度跛行。

本病可并发角质下潜洞，引起化脓性蹄皮炎、局限性蹄皮炎（蹄底溃疡）、角质不规则消失等。

患本病的奶牛也可能同时存在乳房或其他部位的湿疹。

（三）诊断

根据本病特征可以确诊，但应与口蹄疫、指（趾）间坏死杆菌病和蹄皮炎进行鉴别诊断。

（四）预后

及时发现并采取防治措施时，预后良好。

（五）治疗

第 1 步：用 0.1% 新洁尔灭溶液清洗指（趾）间、蹄底、蹄踵，清除蹄踵部分离角质与真皮间的泥土、粪便，清洗、开放潜洞。

第 2 步：2% 戊二醛溶液或 4% 硫酸铜或浸泡药浴 5min，也可用含植物精油成分的药浴液泡蹄。

第 3 步：在局部病变上涂蹄炎膏 + 木瓜酶，或土霉素粉 + 松馏油；可以包扎，也可以开放治疗。

注意事项及护理：

① 对继发感染的可配合肌内注射头孢噻呋进行全身治疗，每天 1 次，连续 3~5d。

② 治疗期间给患牛提供干燥、松软的生活、运动场地。

二十一、奶牛蹄空壁

空壁也叫蚁洞，这是蹄壁的部分角质与真皮分离，白线裂是从蹄底面沿蹄壁向上蔓延。而空壁是从蹄壁上部向下扩延。

（一）病因

继发于蹄叶炎和蹄冠损伤，由于破坏了奶牛角质层或使蹄壁上部角质和真皮分离，真皮和角质生长不一致，其间可形成空洞。

蹄的干湿剧变，蹄负重缘削得高低不平，地面对蹄壁角质的机械撞击也是本病的发生因素之一。

（二）临床症状

空壁如已达蹄负重缘，清洗蹄后可以看到裂隙，如尚未到达蹄负重缘，则从蹄底检查不出异常。在蹄壁面仔细视诊时，可看到空壁所在的蹄壁向外突出，叩诊时这凸起的蹄壁有空洞音，由于空洞局限在蹄内，不会发生感染，所以，一般也不产生功能障碍，临床上多无跛行，重症时也可出现支跛。

分裂如扩延到整个蹄壁时，蹄底可能下垂，临床症状也会更明显。

（三）诊断

诊断上一般不会有什么困难，但应注意与白线裂区分。

（四）预后

此病一般预后良好。

（五）治疗

没有临床功能障碍时，一般不必治疗，但如扩展到蹄负重面时，要防止粪土等异物进入裂口内，以免造成进一步的感染，治疗方法同白线裂。

二十二、奶牛假蹄底

假蹄底也叫夹层蹄底，是蹄底真皮在炎症、感染等因素作用下，蹄底角质暂时停止生长，导致蹄底与新生蹄底之间分离、出现空隙或夹层的一种病理现象。

（一）病因

① 急性蹄叶炎（急性真皮炎）是导致奶牛发生本病的一个重要原因。

② 蹄底刺创、感染也可能是导致本病发生的又一原因。

（二）临床症状

此病一般无可见的跛行等异常表现，往往在修蹄时，去除松解的角质后露出覆盖在真皮表面的一薄层上皮样角质，发现蹄底角质异常，蹄底与新生蹄底之间分离、出现空隙或夹层这一病理现象，临床上也有人将新生蹄底称为第二蹄底。

（三）治疗

此病理变化往往在发病后，相隔一段时间的修蹄过程中发现，属于既往性病理变化，不存在治疗的问题。

但在修蹄时如果能正确对待假蹄底病例、合理修蹄，对预防不合理修蹄而继发其他蹄病有重要意义。

在修蹄时如遇到假蹄底，在蹄底修削时要让蹄壁修削面稍高于新生蹄底（第二蹄底），因为新生蹄底的硬度和负重能力较差，如果蹄壁修削面与新生蹄底面齐平，新生蹄底负重加重，容易出现蹄底角质损伤的问题。

二十三、奶牛粉蹄

粉蹄是奶牛患严重代谢性疾病、真皮炎症等情况下，蹄底角质暂时生长异常，生成的病理性蹄底角质疏松、易碎、呈粉末状，从而在蹄底与新生正常蹄底之间出现一层疏松、粉末状蹄底角质的病理现象。

（一）病因

① 饲料中的矿物质缺乏，尤其是钙、磷含量不足或比例不当是导致此病的一

个原因。

② 奶牛患较严重的代谢性疾病（例如：低血钙症、低血磷症、高血铜症、消化功能紊乱等）是导致奶牛发生本病的重要病因。

③ 奶牛摄入的可利用蛋白质不足或过瘤胃蛋白不足可导致本病发生。

④ 蹄叶炎是导致奶牛发生本病的又一个原因。蹄叶炎过程中可导致新生蹄底角质成分异常，从而使新生角质疏松、呈粉末状。

⑤ 圈舍潮湿、通风不畅，牛舍内产生的氨气侵蚀，蹄底角质蛋白在氨的作用下，分解成氨基酸，再进一步降解为粉状物。

⑥ 蹄底细微刺创、感染也可能是导致本病发生的原因之一。

（二）临床症状

此病一般无可见的跛行等异常表现，往往在修蹄时，去除蹄底陈旧角质时，发现下面有一层疏松、粉状的角质，清除粉状角质后下会露出一层新生角质蹄底。也描述为在两层新旧蹄底之间夹了一层粉质蹄底。

（三）治疗

此病理变化往往在发病后，相隔一段时间的修蹄过程中发现，属于既往性病理变化，不存在治疗的问题。

但在修蹄时如果能正确对待假蹄底病例、合理修蹄，对预防不合理修蹄而继发其他蹄病有重要意义。

在修蹄时如遇到粉蹄现象，在清除掉疏松的粉状角质层后，其修削注意事项与假蹄底注意事项相同。

二十四、奶牛蹄叶炎

本病又称弥散性无败性蹄皮炎，是蹄真皮的弥漫性、非化脓性炎症。通常侵害几个指（趾），在急性和亚急性阶段有全身症状。奶牛发生本病与产犊有密切关系，多发生于产犊后，头胎牛发病率高于经产牛。随着我国奶牛生产性能提高，本病发病率呈增长趋势，对奶牛业造成了日趋严重的危害。有人把乳房炎、子宫内膜炎和蹄叶炎并称为奶牛“三炎”。

（一）病因

长期以来认为蹄叶炎是全身代谢紊乱的局部表现。但确切的原因还不清楚，蹄叶炎的发生似乎与许多因素有关，包括分娩期间和泌乳高峰后采食过多的碳水化合物，运动不足，遗传和季节因素等，初步的研究结果表明，蹄叶炎的发生与如下几个因素有较密切的关系。

① 体内组织胺蓄积可引起奶牛蹄叶炎。实验表明，给牛皮下注射二磷酸组胺每千克体重 200μg，可引起急性蹄叶炎发生；指（趾）动脉注射组织胺也可在短时间（24h 内）引起急性蹄叶炎发生。

② 内毒素可引发奶牛蹄叶炎。已经证实，给奶牛注射革兰氏阴性杆菌内毒素，可成功地诱发蹄叶炎。

③ 日粮中精料过多，或粗饲料品质不良，或日粮结构不科学常常会引起奶牛蹄叶炎发生。

④ 蹄形不正，运动场设计问题也是引起奶牛蹄叶炎发生的一个重要原因。

⑤ 蹄叶炎还常常继发于酸中毒、乳房炎、子宫炎等疾病。

（二）症状

蹄叶炎可同时侵害几个指（趾），前肢内侧指、后指外侧趾多发。对奶牛而言，两后蹄发生蹄叶炎的概率显著高于两前蹄。

急性蹄叶炎时，病畜运步困难，沿硬地或不平地运步时常小心翼翼，愿意在软地上行走；站立时四肢收在一起，弓背，有减负体重的表现，疼痛，跛行，不愿站立。体温升高，脉搏加快，出汗，肌肉震颤。患病牛在牛舍内常用后趾尖站在粪沟沿上，减轻负重的疼痛。

两后蹄发生蹄叶炎时，患病牛低头、两前肢后踏，两后肢前伸，重心前移，愿意选择前低后高的地势站立（彩图 46），不愿行走。强迫运动时呈支跛；用蹄钳敲打蹄尖，疼痛敏感。

两前蹄发生蹄叶炎时，患病牛两前肢前伸，以蹄踵着地，蹄尖向上；两后肢前移，重心后移，抬头，不愿意走路。用蹄钳钳夹蹄尖，疼痛敏感，支跛。

四蹄同患蹄叶炎时，患病牛站立时四肢频繁交替换步，不愿运动、喜卧，强迫运动时步幅急促短促，呈紧张步样。

慢性蹄叶炎临床症状不如急性时严重，常无全身症状。站立时肢势异常，运步强拘，球部下沉，蹄底负重不确实，泌乳性能下降，可导致变形蹄、蹄骨移位。急性蹄叶炎如不及时治疗会变为慢性蹄叶炎，有些牛的蹄叶炎常反复发生于每个固定的泌乳时期。

（三）诊断

根据临床症状可以作出临床确诊，慢性时易与变形蹄的卷蹄、延蹄和扁蹄相混。

用 pH 值试纸通过检测奶牛尿液 pH 值，间接诊断是否是由于酸中毒引起的蹄叶炎，也是临床上诊断蹄叶炎的一个实用方法。

另外，也可以通过测定中组胺、血液碱储的方面来诊断奶牛蹄叶炎。

（四）预后

一般急性蹄叶炎早期经过及时治疗，预后良好；慢性蹄叶炎治愈困难，预后谨慎。

（五）治疗

消除病因、缓解疼痛、防止蹄骨转位是治疗本病的基本原则。

① 减少疼痛。可进行冷水蹄浴，也可用 3% 盐酸普鲁卡因 20~30mL 进行趾（指）部神经封闭；注射 5% 氟尼辛葡甲胺每千克体重 2mg，进行治疗。

② 静脉注射 5% 碳酸氢钠注射液 500~1 000mL、10% 葡萄糖 500~1 000mL。

③ 同时，配用氢化可的松或地塞米松等抗组胺药物进行治疗。一日一次，连续 3~5d

（六）预防措施

控制此病要重视预防，预防本病应注意以下几点。

① 科学搭配日粮，日粮中要保证足够的优质粗饲料。

② 精料中添加 1% 碳酸氢钠及 0.5% 氧化镁对本病有一定预防作用。

③ 产前、产后保证充足运动，运动场不可太硬。

④ 加强蹄部保健，定期修蹄、护蹄。

⑤ 加强子宫内膜炎、酮病、酸中毒、乳房炎的防治。

⑥ 对产后奶牛进行尿液 pH 值监测，保证奶牛尿液 pH 值不低于 7.2。

⑦ 育成牛阶段要防止清料比例过高，头胎牛产后蹄叶炎与育成牛阶段的日粮结构密切相关。

二十五、奶牛羊茅草中毒性蹄坏疽

（一）病因

羊茅草中毒性蹄坏疽由麦角样毒素引起，奶牛采食有内寄生霉菌的高大羊茅草后发病。

美国的许多州、新西兰、意大利、澳大利亚等地均有本病发生。

（二）临床症状

发病牛后肢系部（球节）发生黑色干性坏疽，坏死裂开线常将正常皮肤和死亡皮肤分开；蹄冠带处的皮肤也可由于坏死而分离开，露出下面已感染的皮下组织。耳尖和尾也发生坏疽。

（三）鉴别诊断

诊断本病时要注意与麦角中毒、冻伤、创伤等病理变化区分。

（四）治疗

立刻停喂有内寄生霉菌的羊茅草，对局部病理变化按外伤进行治疗处理。一般如果奶牛已经发病，其治疗效果不佳。

第十五章

犊牛疾病

一、犊牛副伤寒

犊牛副伤寒也叫犊牛沙门氏杆菌病，是由多种血清型的沙门氏菌属细菌引起的一种传染病，可导致犊牛败血症、肠炎、关节炎、肺炎病理变化及临床症状。

（一）病原

沙门氏杆菌为革兰氏阴性兼性需氧和兼性厌氧菌，形态与大肠杆菌相似。沙门氏杆菌属细菌对热、消毒药及外界环境有较强的抵抗力，对抗生素易产生耐药性。此类菌在水中可存活 2~3 周，在粪尿中可存活 4~12 个月以上。此类型菌的血清型有 2 400 多种，许多沙门氏菌都能引起犊牛发病，最常见的沙门氏菌为鼠沙门氏菌、纽波特沙门氏菌、都柏林沙门氏菌、肠炎沙门氏菌。

（二）流行病学

此病对犊牛危害巨大，呈地方性流行，发病率高达 20%~70%，死亡率高达 5%~75%。泌乳牛也可发病，成年牛多为散发或隐性带菌，牛群一旦感染本病，此病短期内难以在牛群中清除、净化，在多雨水的夏季此病发病率最高。

病牛和隐性带菌牛是主要的传染源，主要通过消化道传播流行，犊牛采食或接触了病牛粪便、尿、唾液、胎水、子宫排出物等污染的奶、饲料、饮水、喂奶用具、环境、犊牛体表等时可引起发病。

有一种说法认为，沙门氏菌种类及血清型较多，也是牛体内的一种寄生菌，通常情况下由于沙门氏菌在牛的肠道中数量少、毒力低不会引起犊牛发病；但当犊牛营养不良、环境恶劣，牛群饲养管理不当，气候巨变，密度较大等导致犊牛免疫能力下降时，可引起本病发生。

在长期存在本病的奶牛场，此病的发生率高低就成了奶牛场饲养管理水平高低的一个衡量指标。

（三）发病机理

沙门氏菌通过口腔进入消化系统后，在结肠、回肠内大量繁殖进入肠黏膜，并产生大量内毒素，从而引起肠黏膜炎症、表现充血、出血、水肿及回肠和盲肠黏膜增厚形成皱褶；同时，肠黏膜炎症过程中产生的前列腺素激活腺苷酸环化酶，肠上皮细胞分泌水、HCO_3^-、Cl^- 等离子增加，抑制 Na^+ 吸收，肠蠕动加强，从而表现出腹泻、拉稀、脱水、低血糖、低血钠、休克等症状。

当犊牛免疫力进一步下降时，沙门氏菌侵入肠系膜淋巴组织并在其大量繁殖，通过肝脏的网状内皮细胞进行入血液，于 24~28h 引起机体体温升高，并引起败血症和严重的胃肠炎。沙门氏菌也可以随血液循环到肺、关节、以菌血症的方式引起肺炎和关节炎。

患病后耐过不死的犊牛，沙门氏菌可以在肠淋巴结、肝脏、肺脏、脾脏、胆囊侵害相应的组织器官，从胆汁和肠壁病灶中持续向外排出病原污染环境。

（四）临床症状

根据犊牛副伤寒病程急缓、长短和严重程度可将其分为急性和慢性两种。

1. 急性

急性型主要以败血症、急性肠炎和肺炎症状为特征，生后 48h 左右即可发病。病程短的 2~3d 发生死亡，大部分在 10d 左右死亡，病程长者 20 多天死亡，也可转为慢性型。发热和腹泻是急性沙门氏菌病的一个常见症状。初期体温可升高到 40~41℃，呼吸和脉搏加快，食欲下降或不食。沙门氏菌引起的肠炎粪便多呈黄色，粪便中常有血液、黏液、甚至有黏膜碎片，粪便稀而难闻，后期虚脱、卧地不起、消瘦、脱水、体温降低。急性犊牛副伤寒死亡率高达 10% 以上。

2. 慢性

慢性犊牛副伤寒包括 2 种情况。

其一，由急性副伤寒转变而来，主要表现为肠炎、肺炎。食欲较差，也可时好时坏，肺炎时轻时重，体温时高时低，咳嗽、流浆液性或脓性鼻涕。这种慢性病例恢复期很长，犊牛消瘦，生长缓慢。

其二，从发病初期就以关节炎为主要表现，并表现有一定的腹泻或肺炎症状。此类型发病病程较长，可达 30~50d，发病率可达 5%~24.3%。头胎牛也可发病，发病率为 5%（7/135）。

多在出生后 7~10d 发病，以关节肿胀为主要特征，关节肿胀具有一定的对称性，多为两前肢的腕关节、肩关节肿大，或为两后肢的跗关节、膝关节肿大（彩图 47）。患病犊牛不愿走动、跛行、喜卧，食欲下降，精神沉郁，体温一般为 40~41℃、发病一周后体温大多恢复正常。患病牛消瘦，有些伴有轻度腹泻症状，个别患病犊牛流脓性鼻涕、伴有呼吸道炎症，犊牛脐带干燥、脱落情况不良。采用一般对症治疗效果不佳，除死亡病例外，多数因丧失饲养价值被淘汰处理。

另外，此病虽然被称为犊牛副伤寒，但首次分娩的奶牛产后也可发生本病（彩图 48），发病率可达 5%，头胎牛发病多在产后一月内发病；成乳牛多为隐性感染带菌状态。

近年来，以关节炎为特征的慢性型病例较为多见；以败血症、急性肠炎和肺炎症状为特征的急性病例相应要少见一些。

（五）病理变化

关节腔内有多量、红色、混有少量纤维絮片的液体。关节周围的腱鞘肿大，腱鞘中含有多量淡红色渗出液。

胃肠黏膜呈出血性炎症，有出血点，水肿，肠系膜淋巴结肿大、出血；肝脏肿大，肝脏上有点状坏死灶。回肠和盲肠黏膜增厚形成皱褶，甚至出现溃疡病灶或纤维素性坏死。膀胱、肾有少量出血点，肺脏有炎性灶。

（六）诊断

根据临床症状、流行特点及病理变化可做出初步诊断；确认本病可采取肝脏、肺脏、肠淋巴结或关节腔分泌液体做沙门氏菌培养、分离、鉴定。

（七）治疗

本病的治疗原则是：杀菌消炎、防止虚脱、止痛排液；兼顾局部治疗和全身治疗。

1. 全身治疗措施

用长效土霉素注射液每天肌内注射一次或注射头孢噻呋钠针剂进行治疗。其次

就是对症治疗，如解热镇痛（氟尼辛葡甲胺）治疗、补液治疗、支持营养治疗等。

2. 局部治疗措施

① 对肿胀严重者穿刺排液后内注青霉素、链霉素、地塞米松、普鲁卡因进行治疗，可进行 2~3 次，但操作过程中要注意严格消毒。

② 利用青霉素和盐酸普鲁卡因在关节上方进行封闭治疗，隔天 1 次。

③ 肿胀关节上涂抹活血、化淤、消肿的中西药制剂进行配合治疗。

此病具有很大的复杂性，奶牛一旦感染本病，难于彻底消除，此病在少数奶牛场长期存在，根深蒂固，损失巨大。必须采取综合措施进行控制净化，重治疗、轻综合预防的思想是十分有害的。

（八）预防措施

① 做好产房消毒工作，及时清理排出的胎衣、胎水等分娩排出物，地面用 3% 火碱每天、每产认真消毒。防止母牛通过分娩排出物对产房环境造成污染，防止犊牛通过接触隐性带菌母牛的分娩排出物而感染发病。

② 犊牛出生后，立刻单独隔离饲喂，初乳要进行巴氏消毒，犊牛舍在全面彻底消毒一次后，每天坚持消毒 1 次。

③ 产房安排专人昼夜值班，保证犊牛在出生后 1h 内喂上初乳，喂量为体重的 10%，提高犊牛自身免疫力。

④ 认真做好断脐工作，断脐后用 5% 碘酊浸泡断或药浴脐断端，防止新生犊牛通过脐带感染本病。

⑤ 在本病发病时期，犊牛出生后，全部喂服药物进行预防控制，喂服时间为连续 5d。土霉素粉，每天 1 次，每次直接向口中喂服 2g；或注射用链霉素，早晚各口服一瓶（100IU）。

⑥ 对发病牛立即进行隔离治疗。

⑦ 对无治疗价值的较重病例要及时进行淘汰处理。

⑧ 注射疫苗预防本病的一种有效方法，可获得良好的预防效果。

二、犊牛坏死性喉炎

犊牛坏死性喉炎是由坏死杆菌引起的一种以喉部感染坏死为特征的犊牛恶性传染病。本病以口腔黏膜、喉部黏膜、喉部淋巴结坏死、溃疡、化脓等变化为主要特征，在本病的发生、发展过程中发病犊牛口腔及喉部黏膜上常会附着一种白色坏死性假膜，所以也称犊牛白喉病。

（一）病原

引起本病的病原为坏死杆菌，坏死杆菌为革兰氏阴性菌，专性厌氧菌、无荚膜、不形成芽孢，呈多形性。

本菌对理化因素抵抗力不强，日光直照 8~10h 可杀死本菌，1% 高锰酸钾 10min、5% 来苏尔 5min 可使用该菌死亡。坏死杆菌在粪便中能存活 50d，尿中能存活 15d，在土壤中能存活 10~30d。本菌对青霉素、四环素、磺胺、氟苯尼可敏感。

（二）流行病学

坏死杆菌存在于自然界的土壤之中，也存在于各种动物的消化道内，包括牛瘤胃中也有一定数量的坏死杆菌。只要犊牛不采食含大量此菌的饲草、饲料，坏死杆菌在牛体内不能大量繁殖，可以维持相应的生物体系平衡，犊牛就不会发病。本病常呈地方性发病，病牛主要通过粪便、口腔分泌物向环境排出病原菌，犊牛通过采食、接触被病原污染的饲料、饮水、环境、垫草感染本病。另外，口腔黏膜损伤及脐带也是感染本病的一个途径。

2013 年 12 月，山东某规范化奶牛养殖场发生本病，先后有 31 头发犊牛病，发病后 7~10d 出现死亡，死亡 12 头，死亡率为 38.7%。

本病多发生于冬季寒冷时期（12 月至翌年 3 月），冬季（尤其是初冬）气温下降较大，犊牛在舍内待的时间增加，会使舍内垫草潮湿不洁，如果不及时更换垫草，保持舍内地面干燥，就可导致舍内坏死杆菌大量繁殖，从而导致本病发生。

本病 3 月龄的犊牛多发，目前绝大多数奶牛场所采用 60 日龄断奶，3 月龄犊牛处在断奶应激阶段，如果犊牛在哺乳期饲养管理不当，断奶时犊牛达不到精料、干草的正常采食标准，就会导致体质和自身免疫力下降，这会成为促使本病流行的一个重要诱因。

犊牛的饲草粗硬、长，加工调制不当的牛群易发生本病。完好的口腔黏膜具有抵抗坏死杆菌侵入体内的作用，当口腔黏膜的完整性受到破坏时，就为坏死杆菌的侵入创造了条件，由伤口侵入的坏死杆菌可在侵害部位大量繁殖，引起局灶性炎症和坏死，病变由口腔向喉、气管、肺延伸还可引起犊牛肺炎。因此，在犊牛饲养阶段要高度重视干草的加工调制，以防粗硬的干草损伤犊牛口腔黏膜。

肖定汉曾报道，京郊某牛场在饲养过腐蹄病病牛的圈舍内饲养犊牛，结果引起

了犊牛白喉病流行；某牛场用成乳牛吃剩的饲草作为犊牛褥草，结果引起本病流行。由此可见，环境中坏死杆菌大量繁殖可引发此病。

（三）发病机理

坏死杆菌侵入口腔黏膜组织或通过受损的黏膜表面创伤进入口腔黏膜组织大量繁殖，引起局灶性炎症，导致相应部位发生肿胀、化脓、坏死；同时，坏死杆菌在繁殖过程中会产生杀白细胞素和内毒素，对黏膜组织产生毒害作用，从而导致相应组织的坏死。这一病理过程可从口腔延伸到喉部，也可突破喉部的淋巴结进入血液或从喉部进一步扩展入肺，引起犊牛肺炎，从而导致犊牛死亡。

（四）临床症状

本病一般发生于2~5月龄的犊牛，发病初期体温升高（40~41℃）；食欲下降、不食，流涎（彩图49）、口臭；呼出的气体难闻（腐臭气味），齿龈、颊部黏膜、硬腭、舌面有溃疡灶或坏死灶，喉部肿膜、黏膜脱落、局灶性坏死。当感染成肺炎时，鼻孔流脓液、呼吸困难（尤其是呼气时表现更为明显），咳嗽，咳嗽时表现痛苦，少数病例伴有喘鸣声音；患病犊牛瘦弱、喜卧、不愿意走动，个别病例腮部肿胀。随病情恶化犊牛表现消瘦、虚弱、卧地不起，大多于发病后7~10d死亡。

（五）病理变化

本病的典型病理变化主要表现在口腔、喉咽、气管和肺部。舌表面有数量较多、病变明显、黄豆大小的坏死灶和溃烂灶（彩图50）；口腔内颊部表面也有一定数量的溃烂斑，口腔内黏膜潮红；喉室入口因肿胀而变得狭窄，喉会厌软骨、杓状软骨、喉室黏膜附有一层灰白或污褐色假膜，假膜下有溃疡；咽喉部淋巴结化脓、坏死（彩图51）。气管内膜有一定的炎症变化，肺部有出血及炎症症状。

（六）诊断

根据临床症状特点、流行病学特点和病理变化特点，可做出临床诊断。

确诊本病可采取喉部淋巴结化脓坏死组织立即进行涂片、染色，然后用油镜进行病原检查，观察到了呈短杆状、球杆状的革兰氏阴性菌。也可采取喉部淋巴结化脓坏死组织培养、分离进行病原鉴定。

（七）治疗

① 对牛群中的发病牛及时进行隔离治疗；对无治疗意义的病牛及时淘汰。

② 肌内注射射氟苯尼可 + 维生素 ADE（用量与预防注射相同）。维生素 ADE 每头牛注射 2~3 次即可，5mL/ 次，氟苯尼可每天注射 1 次，每千克体重 20~30mg。

另外，每天配合输液治疗 1 次，除葡萄糖、电解质等对症治疗药物外，输液时加入磺胺甲氧嘧啶每千克体重 20~30mg 进行治疗。

③ 对发病犊牛每天用 3% 双氧水清洗口腔 1~2 次，每次清洗后清后在犊牛口腔中的坏死灶、溃疡面上涂抹碘甘油。

（八）预防措施

对发病牛群中尚发病的犊牛，每头注射维生素 ADE 一次，5mL/ 次；按每千克体重 20~30mg 的用量肌内注射氟苯尼可，每天注射 1 次，连续注射 3d；进行预防控制。

彻底更换犊牛圈舍铺垫的垫草，保持垫草、地面干燥，并做好犊牛舍的通风换气工作，做好通风、换气与保暖工作的协调统一。

将用来饲喂犊牛的羊草用揉碎机进行加工作处理，保证羊草柔软，防止粗硬的羊草损伤犊牛口腔黏膜。

加强哺乳期犊牛饲养管理工作，增加哺乳期犊牛的精料采食量，给哺乳期犊牛提供优质干草。

三、犊牛化脓性隐秘杆菌病

目前，在奶牛化脓性隐秘杆菌病临床防控研究方面的报道较为少见；犊牛化脓性隐秘杆菌病的临床研究报道更是少见。2013 年 9 月，笔者发现北京某奶牛场的犊牛群中存在有一种未知的疑难疾病，对其进行了为时 1 年的临床跟踪研究，最后确诊为犊牛化脓性隐秘杆菌病，犊牛化脓性隐秘杆菌病以化脓性肺炎为主要病理变化。

（一）病原

化脓性隐秘杆菌属于隐秘杆菌属，革兰氏阳性（彩图 52），在加血液琼脂培养基上培养时化脓性隐秘杆菌呈现透明的 β 溶血现象。分别将此菌以 2 × 107CFU/ 只的剂量腹腔接种 6 周龄 Balb/c 小鼠进行毒性测定。化脓性隐秘杆菌在 5~7d 内使小鼠表现食欲下降，精神沉郁等轻度症状。此菌对一般抗生素不敏感，且有较高的耐药性（表 15-1）此菌是奶牛、肉牛等动物体的内源性、条件性致病菌，此菌主要存在于动物体内几乎所有的黏膜中，也可从健康奶牛的胃、肠道共生菌群中分离到本菌。在动物机体免疫力低下时，本菌可引起化脓性感染（特别是黏膜组织感染）；继而引发奶牛乳房炎、奶牛子宫炎、肺炎、心内膜炎等疾病发生，对奶牛养殖危害严重。

表 15-1　犊牛化脓性隐秘杆菌药敏试验结果

药物代码	药物名称（中文）	抑菌圈直径（mm）	敏感性
DA	克林霉素	13	低
S	链霉素	0	低
P	青霉素	0	低
AK	阿米卡星	16~20	中 ~ 高
K	卡拉霉素	18	高
TE	四环素	30	高
LEV	左氧氟沙星	23	高
CL	头孢氨苄	14	中
NOR	诺氟沙星	15	中
CE	头孢拉定	14	中
OT	土霉素	0	低
NA	萘啶酸	30	高
ENR	蒽诺沙星	30	高
SXT	复方新诺明	0	低
AMP	氨苄青霉素	34	高
E	红霉素	10	低
CFM	头孢克肟	19~23	高
CEC	头孢克洛	17	中
CFP	头孢哌酮钠	27	高
KZ	头孢唑啉（先锋霉素）	23	高

（二）流行病学

此病可在发病牛群中较长时间存在，发病率可达 8.46%。犊牛开始发病时间为出生后 1 月龄，发病后采用磺胺、头孢、青霉素、链霉素及对症治疗无效，一般在 2~2.5 月龄死亡，死亡率 100%，病程为 60d 左右。同一牛场的育成牛、青年牛、泌乳牛无类似病例发生。成乳牛多为隐性感染带菌牛，个别成乳牛呈化脓性隐秘杆菌性乳房炎症状。隐性感染带菌母牛是重要的传染源，主要通过消化道和呼吸系统感染、传播本病。

（三）发病机理

病原菌经由消化道黏膜进入血液循环系统，再进入肺或直接经由呼吸系统进入肺引起化脓性肺炎及脓毒血症，这是导致犊牛治愈率低及死亡的主要原因。

（四）临床症状

此病多呈散发，突然发病，发病犊牛体温升高（40~41℃），咳嗽、咳嗽时伴有疼痛表现，流黏液及脓性分泌物，呼吸急促、困难，精神沉郁，心律不齐，双侧眼球高度突出，后期共济失调，行动不稳、跌跤，个别有腕关节肿大、腹泻症状。成乳牛往往呈隐性感染带菌。

（五）病理变化

犊牛化脓性隐秘杆菌呈典型的化脓性肺炎病理变化。肺与胸膜粘连，肺脏表面、切面、胸膜上有大小不得不等的大量脓包，大的脓包稍大于鸡蛋、中等的脓包大小如乒乓球、小的脓疱如粟粒大小（彩图 53），切开后流出大量液态脓汁，肺发生实变、暗红色、质地硬。气管及喉部蓄积有大量脓汁。

心脏表面血管缺血，呈白色，死亡犊牛心内血液中可见少量脓汁；胆囊肿大，充满胆汁，胆汁浓黏；脑膜有轻度炎症。心脏表面血管缺血、呈白色这一病理现象，可能是由于犊牛患病后期出现极严重的脓毒败血症，血液中的脓汁成分堵塞血管所致。

（六）诊断

通过临床症状、流行病学特点及病理解剖学特点可作出初步诊断，进一步确诊需采集患病犊牛肺、肝、心、脑组织及血液、脓汁、胆汁病料进行细菌分离、鉴定。

（七）防控措施

在临床防控研究过程中，曾对 11 头患病犊牛进行了针对病原的抗生素治疗和

对症治疗，但无1头治愈，最终患病牛均于2~2.5月龄死亡。这说明当犊牛出现临床症状时，已经在肺上形成了严重的化脓性肺炎病灶，其治疗效果将会很有限。因此，必须重视此病的预防工作。

在有此病发生的奶牛场中，对刚出生的犊牛出生后连续3~4d肌内注射复方磺胺对甲氧嘧啶钠，用量为每千克体重15~20mg，1~2次/日，可有效减少此病的发病率。由此可见，在感染初期进行药物预防对降低此病发病率有一定作用。

做好初乳检测工作，禁止用隐性感染此菌的母牛初乳喂犊牛，对由隐秘杆菌引起的乳房炎牛要进行净化。

由于各奶牛场在治疗牛病时所用抗生素种类不尽相同，化脓性隐秘杆菌会产生不同的耐药性，各牛场在针对本病进行预防时因选用不同的抗生素，不可死搬硬套。

四、犊牛隐孢子虫病

隐孢子虫病是由不同虫种的隐孢子虫感染引起的一种疾病，隐孢子虫在世界范围内能够广泛导致人和动物腹泻发生。包括人在内的240多种动物均可感染，被感染的种类有哺乳动物、两栖动物、爬行类、鱼、鸟和昆虫。其中，反刍动物最为易感。

1971年美国的Panciera等首次报道了牛隐孢子虫病。目前，无论是在发达国家还是发展中国家，隐孢子虫呈全球性分布。1985年我国首次发现本病，随后在我国青海、甘肃、陕西、广东、河南、安徽、湖南、山东、北京、天津等多个省（区）相继发现了牛隐孢子虫病。近年来，该病在国内外的感染发病率呈逐年上升趋势，感染该病的牛可出现严重腹泻、体重下降、生长延迟，产奶量下降等损害。隐孢子虫感染对于免疫功能正常的牛呈隐性感染，对于免疫功能低下的犊牛则会造成致命性损害。此病给奶牛业造成了严重的经济损失。牛隐孢子虫病已成为当前严重危害我国养殖业的传染病之一。

（一）病原

隐孢子虫属于顶端复合体门、孢子虫纲、球虫亚纲、真球虫目、艾美球虫亚目隐孢虫科、隐孢子虫属。能感染牛的隐孢子虫有八个有效种和两个基因型，八个种分别为安氏隐孢子虫、牛隐孢子虫、猫隐孢子虫、人隐孢子虫、微小隐孢子虫、芮氏隐孢子虫、猪隐孢子虫和犬隐孢子虫。一种隐孢子虫可以感染多种动物，同样一种动物也会受到多种类型的隐孢子虫感染。最易感染牛的隐孢子虫主要有：小球隐孢子虫、安氏隐孢子虫、牛隐孢子虫和 *C. ryanae*。

隐孢子虫的卵囊呈圆形或是椭圆形，卵囊壁光滑，一端有裂缝，成熟卵囊内含有四个裸露的香蕉形的子孢子和一个颗粒状的残体。虫体寄生于宿主黏膜上皮表面微绒毛刷状缘内，虫体的主体与宿主细胞相融合，因此，有些人也称隐孢子虫为细胞内寄生。

小球隐孢子虫寄生于肠，卵囊指数为 1.06。小球隐孢子虫有两种基因型：一种是“人”基因型，另一种是人畜共患的“牛”基因型。通常所说的小球隐孢子虫指的是小球隐孢子虫牛基因型，小球隐孢子虫牛基因型是感染哺乳动物和人类的优势虫种。

安氏隐孢子虫寄生于胃内，卵囊指数为 1.35。安氏隐孢子虫不能感染免疫力正常的小鼠。2004 年日本学者 Satoh 等从自然感染牛体内分离到的“新型安氏隐孢子虫”可以感染小鼠，可能是牛安氏隐孢子虫的新生物型。

牛隐孢子虫和 C.ryanae 寄生于肠，卵囊指数为 1.06。2002 年，Xao 等对 2 个牛隐孢子虫分离株的 18 S r R N A 基因序列进行了分析，确定该分离株为隐孢子虫牛基因型。

（二）流行病学

牛隐孢子虫流行非常广泛，不受季节和地域的限制。牛隐孢子虫在不同国家和地区都有流行。国内调查结果表明，在广东、河南、南京、安徽、青海、无锡、合肥等省市和地区乳奶牛隐孢子虫的感染率分别为 8.46%、26.12%、20.60%、6.39%、36.5%、21.43%、13.62%。

犊牛易感染隐孢子虫病，随年龄的增长，牛的免疫功能逐渐增强，其感染率和感染强度降低。

奶牛的年龄与易感隐孢子虫种类呈一定的相关性，微小隐孢子虫主要感染断奶前犊牛，安氏隐孢子虫主要感染育成牛和成年牛，牛隐孢子虫主要感染断奶后犊牛。对奶牛而言，3~4 日龄至 3~4 周龄的犊牛感染后易表现急性腹泻，5~15 日龄的犊牛最易感染，1 月龄的牛发病率亦较高，犊牛发病率一般在 50% 以上，病死率可达 16% 以上。

隐孢子虫病传播途径广泛，可通过水源、食物、空气和密切接触等途径传播。患病犊牛自 5 日龄至 3~4 周龄排出隐孢子虫卵；一旦感染结束，犊牛就停止排出虫卵。许多感染轻微的犊牛仅排出少量虫卵而无任何临床症状；但感染严重者则排出大量虫卵，导致肠道受损和腹泻。感染犊牛排出的虫卵可污染周边环境，包括饲料和水源。然后，这些虫卵被其他犊牛摄入，导致感染继续扩散。因此，奶牛场隐孢子虫病通常是犊牛相互之间的直接传染。有时候，这种疾病还会通过患病犊牛传染给饲养人员。

该病潜伏期为 36~48h 至 7~12 d，病程 2~14 d；能独立发病，也能与轮状病毒、冠状病毒、大肠杆菌混合感染。

（三）临床症状及病理

感染隐孢子虫的犊牛主要表现为精神沉郁、厌食、腹泻，粪便呈黄乳油状，灰白色或黄褐色，含有大量纤维素、血液和黏液，后呈透明水样粪便，有时体温略有升高；经过 10 d 左右水样下痢后缓慢变为泥状便、软便，逐渐趋于正常。

患病犊牛体弱无力，被毛粗乱，生长发育停滞、极度消瘦，运步失调；常呈暴发式流行，死亡率可达到 16%~40%。

隐孢子虫主要损害小肠表面的绒毛，这些绒毛负责吸收进入小肠的液体和营养。绒毛被损害后，小肠则不能正常吸收水分和营养，继而就会发展成为腹泻。此时，被感染犊牛会表现昏昏欲睡、食欲废绝，并最终发生脱水。腹泻一般持续数天，直到免疫系统清除感染，以及肠道自行修复了由隐孢子虫所造成的损伤。

病理组织学检查，隐孢子虫主要感染宿主的空肠后段和回肠，倾向于后端发展至盲肠、结肠旋袢，甚至直肠。空肠、回肠固有层嗜酸性、嗜中性粒细胞及少数淋巴细胞和单核细胞等的增生浸润，尤其嗜酸粒细胞的增生浸润散布在肠及肠淋巴组织中。当病程延长，肠黏膜绒毛变性、萎缩、坏死，丧失刷状缘，立方上皮细胞变矮，陷窝变长。

（四）诊断

根据临床症状、流行病学资料调查等进行初步诊断，确诊可进行实验室检查，常用的实验室检查方法有以下几种。

1. 粪便镜检法

采取粪便标本可通过直接染色镜检或者将其粪便标本先采用浓集技术处理，然后再染色镜检，可以提高检出率。可用姬氏液染色，胞浆呈蓝色，内含 2~5 个致密的红色颗粒。也可用齐尼氏染色法检查粪便中的卵囊。

2. 免疫学检测法

免疫学检测方法主要包括：酶联免疫吸附试验、免疫荧光试验、单克隆抗体技术和单克隆抗体检测法。引用单克隆抗体检测法可检测隐孢子虫卵囊壁抗原，也可检出粪便标本和小肠组织病理（活体检查）标本中的隐孢子虫卵囊，并且可用于水源及环境中隐孢子虫卵囊污染的检测，特异性及敏感性可达到 100%，对于仅有几个卵囊的标本也可检出，目前国外已有商品化试剂盒销售。

（五）治疗

国内外对本病的防治研究多数仍处于动物实验阶段，还未筛选出治疗隐孢子虫病的特效药，且用于临床的报告较少；国外学者已筛选了 40 余种抗生素用于治疗隐孢子虫病，但绝大多数无效。目前，国外有用阿奇霉素、乙酰螺旋霉素、泰乐菌素、抗球虫药物、中药等临床治疗此病的报道，但结论尚不一致，有待于进一步研究、验证。

临床治疗多采用对症治疗和支持疗法。一般对免疫功能正常的动物，应采用纠正水、电解质紊乱就能取得良好的效果，尤其是对于脱水严重的病例及时补液、纠正电解质平衡能有效地提高本病的治疗效果。而对于对免疫功能低下的个体，恢复其免疫功能、并且给予一些增强免疫力的药物进行治疗。

（六）预防措施

奶牛隐孢子虫病时常发生，对于本病目前尚无特异性治疗办法；一旦环境被隐孢子虫污染，要想根除难度很大。面对这一困局，在针对此病的防控上问题上，预防就显得更为重要；但隐孢子虫卵囊对恶劣的自然环境和常用的消毒药有很强的抵抗力；另外，隐孢子虫可感染多种畜禽，疫原不易明确；这些因素又给此病的预防工作增加了难度。

在疫苗预防方面，预防隐性孢子虫感染的疫苗研发目前几乎没有任何进展。有专家曾尝试给干奶牛接种隐孢子虫进行免疫，但无明显的预防效果。

在奶牛隐孢子虫病的预防上，我们应该重视如下几个方面的防控措施。

① 对发病犊牛要及时隔离治疗，并彻底清除其粪便、严格消毒其圈舍。

对发病后的畜舍或流行区的畜舍，应定期用 10% 福尔马林溶液或 5% 氨水溶液或二氧化氯进行彻底消毒。

加强牛舍环境卫生和清洁是减少感染的关键。然而，一旦环境被隐孢子虫污染，要想根除难度很大，所以在平时的饲养过程中要加以注意。有条件的牛场要为成年母牛和犊牛提供一个清洁和干燥的场所，母牛分娩后立即隔离新生犊牛。

② 对表现腹泻的犊牛要及时饮服口服补液盐溶液，并口服相应的抗生素、益生素等进行早期防控。同时，要认真做好犊牛饲喂用具的清洗、消毒和卫生管理工作。

③ 犊牛出生后，要严格防止犊牛口鼻与地面或污物接触，如果口鼻被污染，要用 0.1% 的新洁尔灭及时进行擦洗、消毒。因为初生后 2~3h 是新生犊牛的免疫力空白期，是引起感染的关键时期。

④ 喂好初乳，防止犊牛发生胃、肠消化功能紊乱。

隐孢子虫感染对于免疫功能正常的牛呈隐性感染，对于免疫功能低下的犊牛则会造成致命性的损害。对新生犊牛来说，胃肠消化功能紊乱是导致免疫功能异常或低下的重要原因；而确保犊牛及时够获得足量、优质清洁的初乳，是保证犊牛胃肠消化功能正常的关键因素。

奶牛犊牛隐孢子虫病的发病率远高于肉用犊牛的发病率，其主要原因就于肉用犊牛自由采食初乳、常乳的数量和时间显著高于奶牛犊牛。笔者也发现，在现代化奶牛饲养模式下，犊牛出生后只灌服一次初乳的犊牛群隐孢子虫病发病率明显高于生后灌服二次初乳的犊牛群。

在现代化奶牛饲养模式下，为适应规模化养殖模式，犊牛饲养管理工艺得到了大量简化，奶牛出生后强行灌服一次初乳（灌服量体重 10%）的做法，也是容易诱发犊牛消化功能紊乱的一个重要原因。所以，存在此病的牛场，如果将一次灌服改为二次灌服、即采用“4+2 模式”，也可起到减少、减轻感染本病的作用。

五、犊牛真胃溃疡

犊牛真胃溃疡是由生物性、物理性、分泌物或排泄物长期刺激真胃黏膜，在真胃黏上形成长期不愈的慢性病理性肉芽创就叫真胃溃疡。真胃溃疡是犊牛较为常见的一种慢性内科疾病，其发病率高达 32%~76%，治愈率低、死亡率高、易复发是此病的一个特点。

（一）病因

到目前为止，我们尚未完全破解犊牛真胃溃疡的真正病因。但临床研究表明，如下原因是导致或促进犊牛真胃溃疡发生的主要病因。

1. 初乳不足或质量低下

由于犊牛食入的初乳不足或质量低下是导致犊牛溃疡发生的一个原因。初乳喂量不足或质量低下，可使犊牛从初乳中获得免疫球蛋白、淋巴细胞、母源细胞的数量显著减少，导致犊牛免疫能力低下，从而增大了产气荚膜梭菌、幽门螺旋菌、鼠伤寒沙门氏菌、八叠球菌等引发真胃溃疡的可能性。

2. 喂乳间隔时间过长

犊牛真胃分泌的凝乳酶、胃蛋白酶是犊牛消化胃内乳汁的两个主要酶，这两种酶都具有分解蛋白质的作用。当真胃空虚无内容物，且真胃内 pH 值在一定范围内时，这两种酶可以分解胃壁组织，从而引发真胃溃疡。

研究表明，凝乳酶在 pH 值为 3.0~3.8 的环境下其分解、消化、凝乳的活性最强，pH 值 >3 时减弱；胃蛋白酶在 pH 值为 2.0~2.5 的环境下其分解、消化活性最强，pH 值 >3 时减弱。由此可见，犊牛空腹时，长时间的低 pH 值环境可以可以导致凝乳酶、胃蛋白酶对胃壁黏膜的自我消化，从而导致真胃溃疡发生。如果真胃无内容物时 pH 值维持适宜的数值，或科学的减少哺乳期犊牛空腹时间，使犊牛真胃酸碱度更多时间维持在 pH 值 >3，就可以达到减少本病发生的结果。

进一步的临床研究表明，喂奶次数与犊牛真胃内环境的 pH 值确实存在密切关系（表 15–2），结合养殖模式确定适当的饲喂次数，或采用犊牛自动饲喂系统，对减少犊牛真胃溃疡有实际作用；另外，增加喂乳次数也可防止真胃 pH 值超过 5.5。

表 15–2　喂奶次数对哺乳犊牛真胃 pH 值的影响（日喂奶量为体重的 12%）

24h 喂奶次数	喂奶间隔时间（h）	真胃 pH 值	真胃 pH 值 >3.0 在 24h 内持续时间 (h)
0	–	1.73	0
2	12	3.44	11.8
3	8	3.69	16.4
4	6	3.64	14.6
8	3	3.67	17.0

由表 15–2 可以看出，在没有采用犊牛自动饲喂系统的情况下，一日三次喂奶是一种较为适宜的喂奶次数。

3. 异食

犊牛阶段由于其消化功能尚不健全，神经、内分泌系统对消化系统的调控调功能还在发育成熟之中，饲养管理不当（哺乳期过早给犊牛喂青贮饲料、学食的颗粒料品质差）就更容易发生消化功能功紊乱，犊牛此阶段也是最容易发生异食现象的阶段。如果犊牛岛或犊牛圈中的垫料为稻壳、锯末、沙子、发霉垫草或其他异物，犊牛容易因异食而食入此类异物，这些物质在此阶段的犊牛真胃中难以消化，损伤真胃黏膜，进一步促进了真胃溃疡的发生，也会因此引起犊牛腹泻等疾病发生。

4. 细菌及寄生虫

在犊牛真胃溃疡病变中，目前已经分离到了产气荚膜梭菌、八叠球菌属、鼠伤寒沙门氏菌等。

1988 年，肯萨斯州立大学兽医学院的研究员用人工实验方法，利用 A 型产气荚膜梭菌感染犊牛真胃发生了真胃炎；这也是为什么存在梭菌感染牛场，犊牛腹泻问题较多的原因之一。其次，消化道寄生虫也是引发真胃溃疡的一个诱发因素。

另外，大家普遍认为幽门螺旋杆菌（Hp）感染是犊牛真胃溃疡发生的又一个病原菌，有资料显示，在人的胃溃疡中 Hp 的检出率为 70%~90%，在十二指肠溃病中 Hp 的检出率高达 95%~100%。

5. 应激

应激（断奶、气温剧变、惊吓等）也是诱发真胃溃疡的一个原因。应激可通过神经内分泌系统增加胃酸分泌，减少胃肠黏液分泌（减弱胃壁的保护作用），又可影响胃肠道黏膜的血液供应。另外，机体受到应激时产生多量肾上腺素类激素，这些类固醇还能减缓胃壁的再生能力。所以，应激也是诱发真胃溃疡的一个原因。

（二）真胃溃疡的类型及临床症状

根据真胃溃疡的组织损伤程度，可将其分为三种类型。

（1）轻度　真胃黏膜和黏膜膜下层组织受到损伤，黏膜下层血管轻度损伤，犊牛食欲下降，粪便中混有少量鲜血（彩图 54）。

（2）中度　真胃黏膜及膜下层血管受损破裂出血，但未穿孔，患病犊牛食欲减退，排黑色粪便、粪便黏性增高。

（3）重度　真胃黏膜、黏膜下层、肌层及浆膜层受到贯通性损伤，真胃内容物进行入腹腔，依据穿孔大小可引起局部性腹膜炎或腹腔广泛性腹膜炎（彩图 55）。患病犊牛食欲废绝，初期体温升高，精神沉郁，腹痛，胃肠蠕动停，卧地不起并伴发痛苦呻吟，后期体温下降，休克。

除上述表现外，患病犊牛根据病情轻重还会表现不同程度的瘦弱、被毛粗乱无光泽，可视黏膜苍白、贫血，饮水多、呕吐，昏睡、磨牙，血液检查可见白细胞总数减少，粪潜血检查阳性等症状。

（三）发病机理及病理变化

真胃溃疡的主体发病机理是真胃分泌的凝乳酶、胃蛋白酶在低酸度环境下对胃组织发生的自体消化。长期不愈的慢性病理性肉芽创炎症局灶是真胃溃疡的典型病变，在真胃壁可见到溃疡灶，重度真胃溃疡可形成胃穿孔及腹膜炎。

导致胃黏膜等胃组织糜烂、坏死、穿孔的基础原因是胃组织因局部缺血而发生的组织坏死。大量的病理剖检证明，其溃疡和坏死灶多发生于胃壁易发生缺血的部位，即真胃大弯中线附近。这是因为真胃的血管是从真胃小弯的中线开始，对称性的向胃壁两侧分布，在血管分布过程中血管分支逐渐增多，并由大血管变成细小血管，最后胃壁两侧的血管通过树枝样的小血管在真胃大弯中线部汇合，在两侧血管汇合处血管的分布存在肉眼可见的空白区域，因此真胃大弯中线部血管分布密度最小，所以，此部位也就成了最容易发生缺血的部位，血液循环最差的地方就是胃穿孔多发的地方。

（四）诊断

对于犊牛真胃溃疡的诊断在其病程后期，通过临床症状可做出临床诊断，但对于处于病程早期或轻度的真胃溃疡临床诊断则较为困难。

实验室诊断中，血液白细胞总数减少，贫血，红细胞数下降，粪便长时间的潜血阳性是确诊本病的重要指标，再结合临床症状及病程可做出诊断。

（五）治疗

① 根据本场导致真胃溃疡发生的具体饲养管理因素，消除病因或改善饲养管理。

② 清理真胃、灌服真胃黏膜保护药剂。

a. 禁食半天后，灌服液体石蜡油 200mL，清理真胃。

b. 灌服氧化镁 100~150g 每天 1 次；或灌喂服“胃得乐”5~10 片，早晚各 1 次；或灌服硅酸镁 50~100g，每天 1 次；同时，口服磺胺类药物控制胃内细菌感染，抑制真胃黏膜的炎症过程。

③ 也可利用拮抗 H_2 受体制剂，通过减少胃酸分泌的原理进行治疗。

④ 对症治疗

a. 针对贫血注射维生素 B_{12}、铁制剂、止血敏等进行治疗。

b. 针对腹痛注射氟尼辛葡甲胺非甾体类解热镇痛药等进行治疗。

c. 输糖、补液、补充营养元素。

六、新生犊牛窒息症

犊牛出生后即表现呼吸微弱或呼吸停止，但仍保持微弱心跳，称为新生犊牛窒息症。本病是新生犊牛的常见病。如不及时采取适当治疗措施，常常会导致新生犊牛死亡。

（一）病因

① 胎儿胎盘和母体胎盘过早分离，但胎儿未及时产出或产出延长或过慢。此情况多见于难产。

② 脐带因挤压或缠绕而发生血液循环障碍。

③ 胎儿产出后未及时撕破胎膜。

④ 母牛在怀孕期间营养不良或患某些全身性疾病。

（二）临床症状

根据其发生窒息的程度不同，可分为绀色窒息和苍白窒息。

① 绀色窒息是一种轻度窒息，由于血液中二氧化碳浓度过高，可视黏膜发绀，口和鼻腔内充满黏液及羊水，舌垂于口外。呼吸微弱而急促，有时张口呼吸，喉及气管有明显的湿啰音，四肢活动能力微弱，心跳快而弱，角膜反射尚在。后躯常粘有胎粪。

② 苍白窒息又称重度窒息，仔畜呈假死状态，缺氧程度严重，黏膜苍白，休克，全身松软，反射消失，呼吸停止，心脏跳动微弱，脉不易摸到，生命力非常微弱。

（三）治疗

1. 清除口鼻黏液，促进黏液及羊水排出

尽快清除胎儿口、鼻黏液，将胎儿倒吊起来抖动或用手拍打胸部，促进鼻腔及气管中的黏液排出；也可用导管吸出气管中的黏液。

2. 诱发呼吸反射

可用呼吸机进行诱发呼吸，还可用针等物扎刺鼻腔黏膜以此来诱发呼吸反射。

3. 人工呼吸，输氧，保温

人工呼吸时可利用呼吸机，也可将倒吊的犊牛两前肢用手握住，有节奏的做“扩胸运动”。有条件的可给犊牛输氧，同时要做好保温工作。

4. 药物急救

可注射尼可刹米、樟脑磺酸钠、安钠咖等药物进行抢救，具体用那一种药物效果好，要根据具体情况来定，注射上述药物后监测心跳变化，以观察出相应药物的作用。还可补液、补糖、输注碳酸氢钠及双氧水，进行抢救治疗，但要注意输液温度。

七、新生犊牛脱水热

新生奶牛脱水热症是荷斯坦奶牛的新生犊牛在出生后不久，发生的一种以脱水和发烧为特征的疾病。本病由水代谢障碍所致。

（一）病因

犊牛在出生后最初的数日内喂奶量不足、饮水不足，造成体温调节功能障碍，是导致新生犊牛发生脱水症的主要原因。

出生后不良环境刺激而产生的应激，或某些先天因素，也可引发本病。

（二）临床症状

本病多发生于犊牛出生后 2~3d 内，体温升高到 40~41℃。明显消瘦，皮肤失去弹性，用手指将颈部皮肤捏起后放下，皮肤不能立即展开，脱水愈严重则所需时间愈长。

两眼球下陷。舌和口腔较干燥。脉细甚至不易摸到。尿少或无尿。

严重者表现衰弱、病危。

（三）诊断

临床检查和问诊（喂乳量是否充足，有没有饮水等）是诊断本病的一个重要手段；也可结合化验室诊断。新生犊牛发生本病后，血液红细胞增高，平均为 900 万 / mm^3；血沉减慢，60min 平均仅为 0.1。尿液中无红细胞、白细胞和细菌。

（四）治疗

① 动物机体内的水，大部分是以游离水的形式存在的，只有小部分是以结合水的形式构成机体组织，所以牛机体脱水可以用口服或注射的方法来补充水分，其中静脉输液补水作用迅速，能迅速解除脱水对机体的影响。剂量一般为每千克体重20~40mL。临床实践表明，一次性静脉输液补水，以输至血沉回升到正常值时效果最好。

② 犊牛脱水都伴有不同程度的电介质丧失和体液平衡紊乱。所以，除补充水分外，还要注意补充电介质和纠正酸碱平衡。

③ 对于症状较轻，又有饮欲的病例，供给 1% 食盐和 5% 葡萄糖的混合溶液，任其自由饮用。

④ 对于脱水症状较重，饮欲差或无饮欲的病例，采用 1 次性颈静脉注射葡萄糖生理盐水 1 000~1 500mL。静脉注射不方便时，可进行腹腔注射。必要时，隔 4~6h 再输液一次。

⑤ 一般在治疗 1h 后，体温开始逐渐下降，3~4h 内恢复到正常。

八、胎粪停滞

新生犊牛通常在出生后数小时内排出胎粪。如果在出生后一天还排不出胎粪，并伴有腹痛现象，就称为便秘或胎粪停滞。本病在新生犊中偶有发生，主要发生于体弱的新生犊牛。便秘的部位多在直肠或小肠部。

（一）病因

母牛营养不良，初乳品质不佳，或犊牛所喂初乳不足，或未吃到初乳。犊牛先天发育不良或早产、体弱，均易发生胎粪停滞。

（二）临床症状

犊牛肠音减弱，表现不安，不食或少食，拱背、摇尾、努责。有时踢腹或回顾腹部，偶尔腹痛剧烈。以后精神沉郁，不吃，呼吸、心跳加快，腹部臌胀，全身无力，卧地不起。用手指进行直肠检查，可能能触到硬固的粪块。

（三）治疗

① 用温肥皂水进行深部灌肠。

② 灌服液体石蜡 100~200mL，还可配合灌服酚酞 0.1~0.2g。

③ 若上述方法无效时，可施行剖腹术。如有自体中毒时，要注意补液、强心、解毒。

（四）预防措施

妊娠后期要注意饲养管理，以防母牛营养不良。分娩后要及时让犊牛吃足、吃好初乳。

九、新生犊牛搐搦症

新生犊牛搐搦症多发生于 2~7 日龄。其特征为突然发病，表现强直性痉挛，随后出现惊厥和知觉消失；病程短，死亡率高。

（一）病因

本病的发病原因不十分清楚。

① 可能由于妊娠期间母体矿物质不足，由急性缺钙、缺镁所致。

② 镁代谢紊乱。

（二）临床症状

犊牛突然发病，头颈伸直，四肢强直性痉挛。不断空嚼，嘴边出现白色泡沫、流涎。随后牙关紧闭，眼球震颤，角弓反张，全身性痉挛，随即死亡。

（三）治疗

10% 氯化钙 20mL、25% 硫酸镁 10mL、20% 葡萄糖 20mL，混合后一次静脉注射。也可配合阿托品、多酶片、维生素等进行治疗。

（四）预防措施

① 对妊娠后期的母牛要供给营养丰富的全价日粮，尤其是矿物质。

② 注意钙磷平衡，让犊牛多晒太阳、多运动。

十、犊牛水中毒

犊牛口渴时喝入大量水，引起的阵发性血红蛋白尿就叫水中毒。也叫犊牛血红蛋白尿症或阵发性血红蛋白尿症。多发生于6月龄以下犊牛，特别是断乳前后和哺乳期增喂精料时。

（一）病因

天气炎热、气温过高，犊牛出汗多，丧失盐分，饮水次数又少，招致犊牛一次暴饮大量温水或冷水。

冬季水易变冷结冰，饮水次数又少，遇温水时易暴饮而发生水中毒。

犊牛断奶前后，尤其是断奶后，改喂饲草饲料，需要的水分增加，饲养人员又未能及时增加饮水次数，都可造成犊牛一次暴饮大量水而导致发病。

一般而言，犊牛一次饮水超过10kg，就可能发生水中毒。犊牛的真胃和瘤胃发育较快，在断奶前后已有相当大的容积，因此，口渴时一次能饮喝大量水。在正常情况下，犊牛可通过神经—内分沁系统对肾脏的调节作用，加强其泌尿功能，从肾排出过多的水分，而不发生水中毒。当犊牛严重缺水时，可反射性地引起垂体后叶分泌加压素作用加强，来保护体内水分丧失，这时其利尿作用降低，表现少尿或无尿。血管加压素的作用经过6h以上时间才能解除，如果在这段时间内给予大量饮水，而其利尿作用又弱，势必造成组织蓄积大量水分，过多的水分会使血液中红细胞发生溶解，血红蛋白从尿中排出，形成血红蛋白尿。过多的水分还能使脑组织细胞更加胀满，从而出现类似大脑水肿的神经症状。

（二）临床症状

犊牛暴饮大量水后，瘤胃迅速膨大，经1h左右，最早的只需15min，便可排出红色尿液。轻症犊牛只是精神欠佳，粪便变稀，排一次或几次红色尿液后即好转。

有的患犊在瘤胃膨胀时，出现精神紧张，呼吸困难，出汗，口吐白沫，从一侧鼻孔流出少量红色泡沫样液体，伸腰，回头观看，后肢踢腹，从肛门排出少量稀粪，同时频频排出红色尿液，以后逐渐变深变浓，呈咖啡色。重症者，突然卧地或起卧不安、颤抖、共济失调，阵发性或强直性痉挛甚至昏迷。个别病犊会很快死亡，体温正常或偏低。

（三）诊断

根据每天饮水次数，犊牛暴饮的历史，饮水后排出红色尿液，尿沉渣无或只有少数几个红细胞的检验结果，即可作出诊断，但应注意和泌尿道出血、牛梨浆虫病、钩端螺旋体病区别。

（四）防治

发病轻的犊牛，只要增加饮水次数或让其自由饮水，杜绝暴饮，病犊可以逐渐康复，不治而愈。发病重的犊牛，具有神经症状，可应用镇静药和静脉输注高渗溶液，如10%高渗盐水或葡萄糖溶液，每次静脉注射200~300mL。

防止暴饮是预防本病的关键，采用自由饮水或冬天充分保证足够温水，可有效预防本病发生。

十一、犊牛脐尿管瘘

脐尿管瘘又叫脐部流尿，是犊牛出生后脐带中的脐尿管闭锁不全而引起的一种犊牛疾病。其临床特征是犊牛排尿或不排尿时从脐孔流出尿液。

（一）病因

在妊娠期间，胎儿借助脐尿管将胎儿的尿液排到尿囊之中；出生后脐尿管在断脐后发生闭锁，膀胱底部的脐尿管孔发生闭锁。膀胱由袋状变为梨状，膀胱中的尿液经过尿道排出体外。

出生后如因断脐不当，或犊牛吮吸脐带断端，造成脐带感染，就会影响脐尿管或脐尿孔的闭锁而发生本病。另外，断脐过程中的强拉硬扯及“漏脐”也可引发本病。

（二）临床症状

初期仅见犊牛排尿或不排尿时脐孔有漏尿现象，无全身症状。随着时间延长，会引起脐炎，形成一瘘管。有的犊牛由于并发脐带炎而呈现精神沉郁，体温升高，食欲不振等症状。

（三）治疗

① 将脐部用消毒液进行认真清洗，每天在脐部涂抹碘酊 2 次，连续数日。还可配合脐部封闭注射（0.25% 普鲁卡因 15mL、青霉素 80 万 IU、链霉素 100 万 IU），隔日一次。

② 还可将脐部清洗消毒后，用口袋缝合法进行缝合治疗。

③ 有全身症状时，要配合全身注射抗生素进行治疗，要防止败血症发生，还要考虑对症治疗。

（四）预防措施

断脐时要做好脐带消毒工作，在距腹壁 6cm 处将脐带剪断、结扎，断端在 5% 的碘酊中浸泡。

为防止犊牛互相吮吸脐带，最好将新生犊牛单独饲养。

十二、新生犊牛肛门闭锁

肛门闭锁包括两种情况，一是直肠发育正常，但肛门被皮肤封闭（称为肛门闭锁），没有肛门孔；在此情况中，还有一些病例，肛门开口于阴道壁上。二是除无肛门外，直肠末端形成盲囊，甚至有些直肠短于正常长度，盲端距离皮肤有一段距离，这种情况严格地讲应该称为直肠闭锁。

（一）病因

目前认为引起本病的原因主要有如下两点。

① 近亲繁殖、隐性遗传。

② 怀孕期维生素 A 严重缺乏。

（二）症状与诊断

刚出生 1~2d 的患病犊牛，一般无明显临床症状，粗心者不易发现。随后会发现患病犊牛不排胎粪，不安，频频努责、常做排粪姿势，不食。随时间延长出现腹疼，精神不振，腹部臌胀，其病程可达一周或再长一些，最后会出现自体中毒而发生死亡。

肛门检查时发现无肛门孔。

肛门闭锁：当患病犊牛努责时，肛门处皮肤突起明显，甚至隔着皮肤能摸到胎粪。如果肛门开口于阴道，会从阴道中排出粪便，这种情况大多排粪不畅，只能排出少量稀粪。

直肠闭锁：闭锁的直肠盲囊靠近肛门皮下时，其局部症状与直肠闭锁相似；如果距肛门皮肤较远，则看不到努责时肛门处皮肤突起、也隔着皮肤摸不到胎粪，但会观察到整个会阴向外突出。

通过检查肛门孔可确诊本病，但诊断时要注意与结肠闭锁、新生仔畜便秘相区别。

（三）治疗

尽早手术治疗是本病的唯一方法，如果直肠严重发育不足、短缺部分太长，则无治疗价值。

1. 肛门闭锁

将犊牛侧卧或倒提保定，对手术部位进行剃毛、清洗、消毒，局部用 2%~5% 的盐普鲁卡因做浸润麻醉，在努责时突起最明显的地方切口，充分排出蓄粪、清洗，将直肠黏膜外翻缝合在切口的皮肤边缘上，形成一人造肛门孔。最后在人造肛门孔周边外涂油剂抗生素，每天 1 次，并注意清理，7~10d 拆线。

对于肛门开口于阴道壁上的肛门闭锁病例，在进行上述手术治疗处理的基础上，还要用羊肠线缝合阴道壁的开口。

2. 直肠闭锁

其手术治疗方法与肛门闭锁的治疗方法相似，不同之处是切开肛门处皮肤后，要寻找直肠盲囊，并分离、再将直肠盲囊尽量向外拉出，然后在直肠盲囊上切口，其后的处理方法与上述肛门闭锁相同。

第十六章 其他疾病及临床治疗技术

一、奶牛产后截瘫

奶牛产后截瘫是由于决定奶牛正常分娩过程的要素存在一定程度异常，在分娩过程中导致母牛后躯肌肉、韧带、肌腱、神经、脊椎、骨骼等损伤，而无法站立的一种疾病。随着奶牛饲养管理水平的迅速提升，在奶牛产后瘫痪得到有效控制之后，产后截瘫成了奶牛场面对的又一个重要的产后瘫痪性疾病，该病治愈率不高、疗程较长、治疗难度大，死淘率较高。此病的病因、诊断、治疗较为复杂，也有人将奶牛产后截瘫归入奶牛产后爬卧综合征之列。

（一）发病原因

（1）胎儿过大　过大的胎儿通过压迫闭孔神经、盆骨神经等引起神经异常挤压，造成神经功能障碍或结构受损，从而引发奶牛产后截瘫；胎儿过大也可挤压造成腰椎韧带、肌肉、肌腱剧伸、拉伤、损伤等功能或结构受损而引发产后截瘫发生。

（2）母牛怀双胎　母牛生双胎时，分娩过程延长，胎儿总体积增大，可由于挤压、骨盆及后躯神经等而导致本病发生；怀双胎的母牛分娩过程显著长于怀单胎的母牛；怀双胎母牛的产后截瘫发病率显著高于怀单胎的母牛。

（3）硬产道狭窄　产道大小是决定奶牛分娩过程是否正常的母体要素之一，在胎儿大小正常的情况下，如果硬产道狭窄同样可造成胎儿对母体骨盆神经、肌腱、骨等组织的过度挤压而发生产后截瘫。

（4） 难产时不科学的助产　粗暴的助产是引起产道某一部位韧带、神经、肌肉、骨、关节损伤而发生截瘫的又一原因。

（5）奶牛产后瘫痪治疗护理不当　奶牛患产后瘫痪后，未及时治疗，或第一次补钙剂量不足，导致母牛在牛床上挣扎起卧、爬行，容易造成后躯神经、肌肉、韧带、关节等损伤，从而使产后瘫痪奶牛继发产后截瘫。

（6）奶牛产后虚弱　如果奶牛产后体质过度虚弱，肌肉乏力松弛，韧带紧张性降低，患牛起立困难，在强行起卧、运动中的跌跤、挣扎可导致产后瘫痪；产后在光滑的地面上起卧、行走，也可导致本病发生。另外，由于母牛产后虚弱、较长时间的卧地不起，未能有效治疗或护理不当，由于后躯肌肉受压迫、缺血造成相应的肌肉组织水肿、损伤、坏死也可导致产后截瘫发生。

（二）发病机理

尽管引起奶牛产后截瘫的原因较为复杂，但引起奶牛产后截瘫的直接原因可归纳为以下 3 点。

其一，由于分娩过程的异常挤压或压迫，导致闭孔神经、盆骨神经、胫骨神经损伤功能或结构损伤（例如水肿等），导致所支配的肌群或肌肉疼痛、功能障碍，而使后躯运动机能障碍、不能自行起立。

其二，由于分娩过程的异常挤压或压迫，导致骨盆、荐骼关节、腰椎部韧带、肌肉、肌腱的拉伤、水肿或机能与结构损伤，而使后躯运动机能障碍、不能自行起立。

其三，分娩过程的中的异常压迫或强行助产所导致的关节脱位及骨盆骨折，也是引起奶牛发生产后截瘫的又一发病机理。

（三）临床症状

奶牛产后截瘫绝大多数在分娩后立即发生，也可发生于产后 3~5d，以后躯无力、无法站立为主要临床表现。

患病牛体温、心率、呼吸一般均正常，瘤胃蠕动、食欲、反刍正常，精神状态正常、神志清楚、不昏睡，排粪、排尿正常。后躯无力，不能自行站立，后躯神经反射基本正常；病牛虽然不能站立，但可爬动或有站立欲望（图 16–1），有些病例还能自行翻身（彩图 56、彩图 57）。

人为驱赶时，患牛前肢呈跪爬起立姿势，后躯软弱无力，后肢及臀部拖地不动，而呈半蹲姿势（图 16–2）。

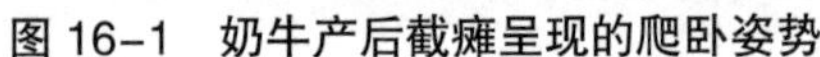

图 16-1　奶牛产后截瘫呈现的爬卧姿势

图 16-2　奶牛产后截瘫的半蹲姿势

（四）诊断

在临床诊断过程中，可依据临床症状，结合分娩过程、分娩时间、胎儿大小、是否双胎、助产过程等对此病做出临床诊断，该病诊断并不十分困难，但要考虑的因素较多而细致。进行细致的直肠检查或体表触摸检查时，可以触摸到患病牛腰椎、骨盆不平整、或后躯有相应的痛点。

目前尚无有效的实验室诊断办法，此病的诊断要注意与奶牛产后瘫痪相区分，两者的鉴别诊断要点（表 16-1）。

表 16-1　奶牛产后截瘫与产后瘫痪的鉴别诊断要点

区别点	奶牛产后截瘫	奶牛产后瘫痪
胎次因素	头胎牛发病率高、经产牛发病率低	头胎牛发病率极低、经产牛发病率高
食　欲	食欲正常	食欲明显下降或食欲废绝
排粪排尿	排粪、排尿正常	排粪、排尿减少或不排
咽肠功能	正常	伴有咽、舌及肠道麻痹
精神状态	正常	高度沉郁或昏睡
体　温	正常	偏低或正常
神志知觉	神志清楚	知觉障碍，反射迟钝或消失
后躯反射	正常	减弱或消失
运动功能	后躯瘫痪、可爬行、有站立欲望	四肢瘫痪、静卧、不爬行、无站立欲望
卧　势	挣扎站立时呈半蹲姿势	呈犬卧姿势或头颈“S”状弯曲姿势
糖钙疗效	静脉输钙治疗无效或效果差	静脉输钙治疗有效或效果好

（五）治疗

产后截瘫如果是骨折、韧带完全断裂、髋关节脱臼，则治疗价值不大，应及早淘汰，因为全身或局部用药无法根除相应的病理损伤，随着病程延长会继发褥疮、感染、肌肉压迫性缺血、变性、坏死及败血症而失去治疗意义。

对于由分娩过程的异常压迫或不当助产，导致的闭孔神经、盆骨神经、胫骨神经一定程度的功能损伤或结构损伤（例如水肿等）具有治疗价值。

对于由分娩过程的异常挤压或压迫或不当助产，导致的腰椎部韧带、肌肉、肌腱的剧伸、水肿或机能与结构的一定程度的损伤具有治疗价值。

1. 非甾体类解热镇药治疗

非甾体类解热镇痛药氟尼辛葡甲胺具有很好的解热、镇痛、抗炎、抗毒素作用，有助于神经、肌腱水肿及炎症的缓解。

① 肌内注射 5% 的氟尼辛葡甲胺 20mL，每日 1 次。

② 头孢噻呋注射液（每千克体重 1~2mg）。

③ 肌内注射 B120mL，每日 1 次。

④ 肌内注射维生素 C 注射液 30mL，每日 1 次。

⑤ 肌内注射维生素 ADEC 注射液 20~30mL。

⑥ 肌内或静脉注射氢化可的松注射液 50m。

连续治疗 3~7d。

2.“火烧战船”疗法

对腰荐部可能受到损伤，导致神经、肌肉机能障碍病例可采用此治疗方法进行治疗。

具体方法为：用 70cm × 80cm 棉粗布一块，用醋浸湿，以百会穴为中心，将被毛用醋喷湿，盖上被醋浸湿的那块粗布。然后将浓度为 80% 左右的酒精喷在白布上，点火使其燃烧，火大的时候，适当向着火的布上喷洒或浇洒醋，并防止火势蔓延至未喷醋的被毛部；火小的时候，向着火的布上喷洒或浇洒醋，如此交替、重复进行，维持正常火势。维持时间 5~20min，每天 1 次。

3. 穴位注射硝酸士的宁治疗法

硝酸士的宁能提高脊髓神经兴奋性，可消除肌肉和神经麻痹，有加速闭孔神经或局部神经功能恢复的作用。

在奶牛腰椎与荐椎结合处（也叫腰荐间隙 / 百会穴）剪毛、消毒用 12~16 号注射针头垂直刺入百会穴 2~3cm，注硝酸士的宁溶液 20~30mg。每日 1 次，用药

1~2 次。

另外，也可用皮下注射硝酸士的宁的方法来治疗奶牛产后截瘫，本病第 1d 注射量为 0.02g，以后每日递增 0.01g，至第 4d 时每次递减 0.01g，7d 为一个疗程。此治疗方法也可获得一定疗效。

4. 穴位电针治疗

电针疗法可选百会穴位与大胯穴组合进行治疗，每天电针治疗 2 次，每次 30min 左右。

5. 对症及辅助治疗

在针对奶牛产后截瘫进行治疗的同时，还应采取相应的对症治疗作为辅助治疗。

① 针对奶牛产后普遍存在的低血钙、低血糖、低血磷（葡萄糖酸钙注射液、葡萄糖注射液、磷酸二氢钠注射液或钙镁磷合剂等）进行对症及辅助治疗。

② 为预防感染可注射抗生素进行相应的辅助治疗。

（六）护理

① 治疗期间给患病牛提供充足的饲草、饲料和饮水让其自由采食。

② 在患病牛躺卧的地方铺垫垫草、垫料。

③ 及时给患病牛翻身或转换躺卧姿势，防止一侧后躯肌肉过度受压迫。

④ 每天用脚踩的方式给病牛按摩后躯 2 次，每次 30~60min，或每天用松节油加等量的 10% 樟脑酒精拭擦后躯、臀部及大腿。

⑤ 冬天要注意病牛保暖、防冻。

⑥ 病牛起立后，要继续给药，维持治疗 2d。

二、奶牛创伤性网胃 / 心包炎

奶牛创伤性网胃 / 心包炎是由于尖锐金属异物随采食进入网胃，穿过网胃壁、膈肌、刺入心包，而引起的网胃损伤、机能障碍及腹膜和心包炎症的一个病理过程。1 岁以上及怀孕后期的奶牛发病率较高。此病是牛的一个常见病，致死率高，对养牛业危害很大。

（一）病因

奶牛食入尖锐异物（铁丝、铁钉、缝针、钢丝等）是引发本病的根本原因，这些异物在网胃的收缩过程中会刺入网胃、膈及心包，而引发此病。

奔跑、爬跨、跌倒、瘤胃臌气、分娩努责等因素可促进或加速本病的发生和发展进程。

（二）临床症状

在技术因素和经济成本因素的制约下，依靠临床症状及临床经验对奶牛疾病做出早期诊断具有重要的实用价值。疾病的发生都是有原因的，没有原因的疾病是不存在的；病理过程的发生必然会导致其生理功能和代谢过程发生异常，从而引起奶牛行为、形态结构及生产性能等方面出现异常。

兽医具有敏锐、细致的观察能力，就可以发现相应疾病的特异性临床症状，为牛病早期诊断提供重要资料。形成敏锐、细致的观察能力不但需要积极认真的工作态度，更需要对疾病病理过程的深刻理解和认识，深刻理解牛创伤性网胃 / 心包炎所呈现的由创伤性网胃炎→创伤性腹膜炎→创伤性心包炎的病理变化过程，对本病的临床诊断具有重要指导意义。

奶牛创伤性网胃 / 心包炎在发生、发展过程中实际上包括了创伤性网胃炎、创伤性腹膜炎、创伤性心包炎三个病理过程（图 16-3）。除异物的物理性损伤外，胃

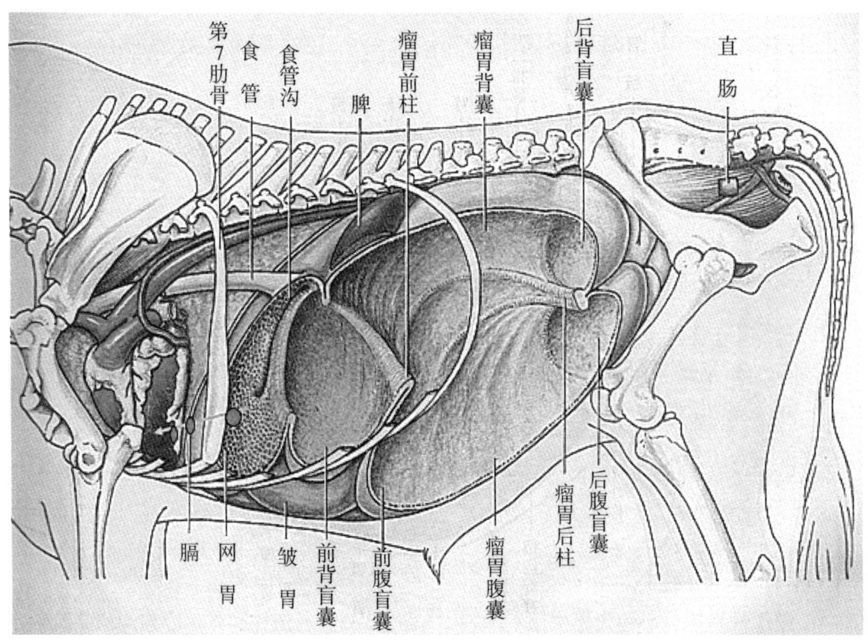

图 16-3　创伤性网胃——心包炎病理过程示意图

内的化脓菌或腐败菌导致网胃炎、腹膜炎、心包发炎是本病的主要病理变化。所以，在本病的发生过程中除急性病例外，大多会呈现由创伤性网胃炎→创伤性腹膜炎→创伤性心包炎的临床症状发展变化过程，这个病理变化过程所引起的临床症状为我们进行早期诊断提供了资料。

1. 创伤性网胃 / 腹膜炎阶段的临床症状

创伤性网胃炎 / 腹膜炎是本病发生的初期病理变化过程。病牛突然食欲下降，产奶量下降，瘤胃臌气（呈现类似于前胃弛缓的症状）。发病过程的前 3~5d 体温升高到 39.5~41.5℃。此时用抗生素治疗，一般会出现一段时间（7~10d）的好转。

2. 创伤性心包炎阶段的临床症状

如果病情未得到有效控制而进一步恶化，异物将进一步前移，大约 10d 后，上述前胃弛缓的症状一般会进一步加剧，此过程一般表明异物刺入了心包。金属异物刺入心包后，会引起心包膜、甚至心肌的损伤和一系列炎症变化，从而出现心包积液，心包积液内出现纤维蛋白、脓汁成分和气体，此时将呈现出具有此阶段病理变化的临床症状，此阶段将呈现心血管系统的临床异常及相应的全身症状。

创伤性心包炎阶段心血管系统的主要临床表现主要包括如下 4 个方面。

① 心跳加快，病牛的心率可由 70 次 /min 增加到 90~120 次 /min。有的病牛体温降低后心率仍不下降。

② 心音异常，听诊时可听到明显的拍水音等心外杂音。后期心音变得低沉、模糊，而且听诊区域变大。

③ 在颌下、胸前等疏松的皮下组织中出现明显的非炎性捏面样水肿（图 16-4、图 16-5）。

图 16-4　创伤性网胃—心包炎患牛颌下水肿

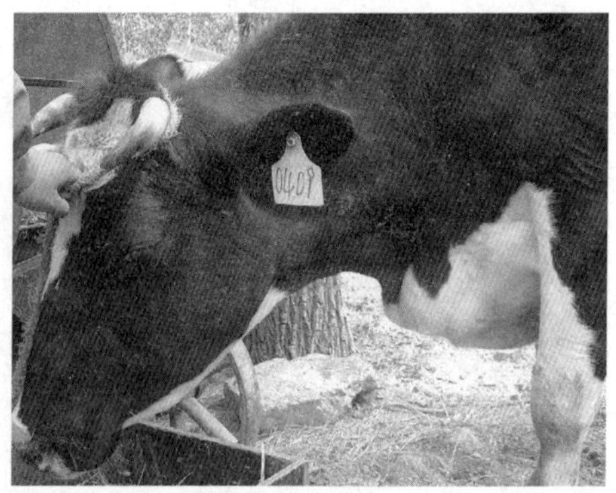

图 16-5　创伤性网胃—心包炎患牛胸前水肿

④ 出现颈静脉怒张，其程度接近于静脉注射压迫近心端血管时形成的怒张。

同时在怒张的静脉部位可见到随心跳节律而出现的明显波动。

创伤性心包炎阶段的全身性临床表现：

① 病牛不仅食欲下降，尤其不愿吃精料（偶尔吃极少量的优质青绿饲料），有的甚至食欲废绝。反刍和瘤胃蠕动几乎消失或完全消失，出现慢性瘤胃臌气。大便少而干，粪便颜色变黑，外包一层黏液，有的潜血检查呈阳性。

② 泌乳量严重下降或停止泌乳；后期整个乳腺组织皱瘪、颜色苍白。

③ 病牛精神沉郁、痛苦、磨牙、呻吟，神情呆滞（彩图 58）。

④ 病牛卧地时不愿站立，站立时又不愿卧下；站立时出现两前肢肘关节外展，拱背，肌肉哆嗦；极不愿行走。

⑤ 喜欢二前肢站于高处（图 16-6）；下坡或急转弯时表现得十分缓慢和谨慎。

⑥ 血液检验时，可发现病牛血液稀薄，手指接触血液有很滑的感觉。白细胞数升高，有的可达 14 000 个 /mm^3（后期有的牛因衰竭，白细胞可能降至正常），其中嗜中性白细胞增高至 50%~70%，而淋巴细胞则降至 30%~45%。

图 16-6　创伤性心包炎牛的异常站立姿势

⑦ 经过抗生素类、强心类、助消化类及利尿类药物对症治疗后，以上症状均无丝毫好转，相反病牛的整体状况向消瘦、脱水、贫血等更加衰竭的方向发展。这一现象可进一步佐证奶牛患“创伤性心包炎”的可能性。

（三）诊断

奶牛创伤性网胃 / 心包炎具有特殊的临床表现和病理变化过程，一般情况下通过临床症状及发病过程可作出诊断。

另外，X 线检查是本病的特异性确诊方法，通过 X 线可观察到金属异物。

由此可见，提高奶牛创伤性网胃 / 心包炎治疗效果的关键是早期诊断。目前，受多种客观因素限制，绝大多数牛场及兽医诊断部门没有适用于牛的 X 光机。在这种情况下，深入细致的掌握奶牛创伤性网胃 / 心包炎临床症状，依据临床表现尽可能早的对此病做出早期诊断就显得十分重要。

（四）治疗

提高奶牛创伤性网胃/心包炎治疗效果的关键是早期诊断。目前，受多种客观因素限制，绝大多数牛场及兽医诊断部门没有适用于牛的X光机。在这种情况下，深入细致的掌握奶牛创伤性网胃/心包炎临床症状，依据临床表现尽可能早的对此病做出早期诊断就显得十分重要。

创伤性网胃/心包炎的治疗方法包括药物治疗和手术治疗。药物治疗仅适用于创伤性网胃炎、且金属异物不再前行的病例。相对于药物治疗而言，手术治疗效果较确实，但手术治疗应该选择在发病的初期进行，治愈率可达50%以上，后期手术治疗的效果则十分有限，因为在病程后期异物不仅造成了网胃损伤，也造成了心包及心肌损伤，手术可以取出网胃中的异物，但难以消除已进入心包及心肌内的异物和感染。

1. 药物治疗

药物治疗属于保守治疗，治疗效果有限，仅适用于创伤性网胃炎、且金属异物不再前行的病例。治疗原则以抗菌消炎为主，临床最常用的方法是青霉素400万IU、链霉素400万IU肌内注射，每日2~3次（也可选用其他抗生素）。治疗阶段应该让牛选用前高后低站势。

2. 手术治疗

手术治疗效果确实，但手术治疗应该选择在发病的早期进行，此期手术治愈率可达50%以上；后、晚期手术治疗效果则十分有限。

手术治疗实际上选用的是牛瘤胃切开术，切开瘤胃后，术者直接将手伸入到网胃，通过触摸检查的方式摘除金属异物。

另外，在手术切开瘤胃前也可以通过腹腔徒手触摸的方法在膈肌和网胃间钝性分离粘连的网胃和膈肌、寻找金属异物，一些病例，通过此方法不用切开瘤胃就可以达到治疗目的。

（五）预防措施

加强饲草、饲料管理，防止尖锐异物混入饲草是防止本病发生的基础方法。

每年用牛瘤胃取铁器对一岁以上的牛实施瘤胃取铁1~2次，可以有效地减少本病发生。

为预防本病发生还可向牛瘤胃中投入磁笼，在以色列的奶牛群中，70%的一岁以上奶牛都采用瘤胃投放磁笼的方法来预防本病发生。

三、手术取出误落奶牛瘤胃内取铁器三例

奶牛创伤性网胃心包炎是由于尖锐异物随采食进入网胃，穿过网胃壁、膈肌刺入心包而引起的网胃及心包的炎症。此病 1 岁以上及怀孕后期的牛发病率较高，致死率高达 90%。为了预防奶牛创伤性网胃 / 心包炎发生，在生产上采取了许多措施，定期或不定期用瘤胃取铁器从奶牛瘤胃中吸取铁钉、钢丝等金属异物是预防此病较常见的方法之一。

在用瘤胃取铁器取铁过程中，为了保证较好的取铁效果，要求取铁器的磁铁必须在牛胃内滞留 30min 以上，在这一过程中偶尔会由于操作不当，忘记了固定留在牛口腔外面的取铁器绳（软钢丝绳或尼龙绳）或固定不结实，导致拴系磁铁的绳随着瘤胃蠕动被完全吸入奶牛胃内，造成取铁器误落奶牛瘤胃内的不良后果。笔者在奶牛兽医临床服务过程中，遇到 3 例取铁器误落奶牛瘤胃内的失误事例，对其及时进行手术治疗，挽救了奶牛生命。现将手术方法和治疗过程中的一点体会作以介绍，供大家分享、参考。

（一）病例临床资料

所遇 3 例取铁器误落奶牛胃内事故，均为操作人员粗心大意，将取铁器投入奶牛瘤胃后未将取铁器后端的绳系牢固，操作人员暂离操作现场所致。3 个病例中，2 头为 3 胎牛，1 头为 4 胎牛。

采用瘤胃切开术取出取铁器的时间，一例为事故发生后 8h，两例为事故发生后 20h。手术前发病牛的主要症状是不食、不安、瘤胃臌气。

（二）手术方法及步骤

1. 保定

将奶牛于五柱栏内站立保定。

2. 手术切口部位及术部处理

手术切口部位选在左肷窝处，以左肷窝三角形的中心为切口的中点，切口大小为 20~30cm。

手术切口部位先进行清洗剃毛，接着用清水冲洗掉术部的毛屑及肥皂液，然后用 0.1% 的新洁尔灭溶液冲洗术部，在术部涂 3%~5% 的碘酊消毒，用酒精棉球脱碘后盖上创巾准备手术。

3. 麻醉

采用腰旁神经干传导麻醉法进行手术麻醉。分别在左侧第1腰椎横突游离端前角下上方、第2腰椎横突游离端后角下上方、第4腰椎横突游离端前角下上方各注射3%盐酸普鲁卡因10mL，3点共注射3%盐酸普鲁卡因60mL。

4. 手术操作步骤

（1）腹壁切开　用手术刀依次切开皮肤，钝性分开腹肌，切开腹膜。

（2）固定瘤胃　将瘤胃壁部分拉出到切口外，在瘤胃背囊上选好切口部位。用12号手术缝合丝线将胃壁沿腹壁切口形状，用螺旋缝合法缝合固定一圈，缝合固定瘤胃时缝针不能全层穿透瘤胃壁。

（3）切开瘤胃　切开瘤胃前要在胃壁和腹壁切口之间用敷料做好隔离和衬垫工作，以防瘤胃内容物污染腹腔。在选定好的瘤胃背囊切口处纵向切开瘤胃，切口大小一般为20cm左右。

（4）取出误落胃内的取铁器　手术操作人员用手在瘤胃内触摸寻找取铁器，然后将其慢慢拉出。瘤胃内容物多时可先取出部分内容物，瘤胃内的饲草与取铁器绳绞缠严重时不要急于用力拉出，应该慢慢将其分开，然后再拉出。

（5）缝合瘤胃　取出取铁器后，清理瘤胃切口，采用螺旋缝合法及库兴氏缝合法用羊肠线依次缝合瘤胃。用加抗生素的生理盐水充分冲洗瘤胃切口缝合处后，拆除腹壁切口与瘤胃之间的固定缝线，将瘤胃还纳于腹腔内。

（6）缝合腹壁　用加抗生素的生理盐水充分冲洗腹壁切口后，向腹腔内投入适量青霉素和链霉素粉，然后用7号医用丝线采用螺旋缝合法缝合腹膜，用12号医用丝线采用结节缝合法依次缝合腹肌和皮肤。

5. 术后护理要点

术后护理以防止伤口感染和促进瘤胃功能恢复为重点。术后连续3d肌内注射青霉素、链霉素；根据情况肌内注射硫酸新斯的明或静脉注射10%浓盐水等促进瘤胃运动，并进行相应的对症治疗。

（三）结果与分析

采用上述手术治疗措施治疗取铁器误落牛胃内事故3例，均全部治愈，手术后第5d病牛食欲、精神状态、生产性能等基本恢复正常。由此可见，手术治疗是一种行之有效的治疗方法，发病牛术后生产性能正常。

当出现取铁器误落胃内的情况时，应该尽早采用手术方法进行治疗，如若耽误则后果严重。笔者曾遇到另外一起取铁器误落胃内的病例，由于未及时进行手术治疗，发病后第 3d 精神状况等严重恶化，病牛于第 4d 不治而亡。此病病程发展较快，笔者分析可能与如下原因有关。

其一，与瘤胃取铁器相连接的尼龙绳或软钢丝绳一般为 1.5~2m 长，进入瘤胃后会与瘤胃中的饲草绞绕在一起，导致急性网瓣口阻塞。

其二，当与瘤胃取铁器相连接的尼龙绳或软钢丝和瘤胃内饲草绞结、打捆而导致阻塞时，瘤胃蠕动会代偿性加强，瘤胃长时间剧烈的蠕动会导致瘤胃功能严重受损。手术治疗切开的这三个病例，瘤胃内的饲草呈高度干结状态，瘤胃内环境及功能受到了严重损伤。

由于与瘤胃取铁器相连接的尼龙绳或软钢丝较长，会与瘤胃内饲草绞结、打捆，所以取铁器与绳均停留于瘤胃内，一般不会进入后面的几个胃，更不可能进入肠，这三个病例也证明了这一点。

临床兽医在给牛用瘤胃取铁器进行取铁时，一定要将留在牛嘴巴外与取铁器相连的尼龙绳或软钢丝绳充分系好。在牛的瘤胃蠕动过程中，会产生较明显的吸拉力量，如果不将与取铁器相连的绳充分在外面固定好，牛会将其吸入胃内，这一点需要引起临床兽医工作者的高度重视，并且在取铁过程中操作人员不要远离现场，以防此类事故发生。

出现取铁器误落奶牛胃内之事，属偶然事件，此失误的本身并不影响牛瘤胃取铁器在预防牛创伤性网胃 / 心包炎上的有效作用。另外，除使用瘤胃取铁器取铁外，向瘤胃中投放磁笼也是预防奶牛创伤性网胃 / 心包炎的有效措施之一。在以色列，有 60% 的奶牛场采用投放磁笼的方式来预防奶牛创伤性网胃 / 心包炎发生。

四、奶牛真胃左方变位并发盲肠变位的诊断治疗

奶牛真胃变位是大家较为熟悉的一个疾病，但随着奶牛养殖模式变化、诊治水平的提高及生产性能的进一提升，奶牛真胃变位的发生情况及临床表现趋于复杂化。例如，由于真胃机能严重减退、真胃体位异常变所引起的真胃阻塞、真胃折叠、盲肠变位等疾病也常常在真胃变位诊治过程中遇到。

笔者现将一例奶牛真胃左方变位并发盲肠变位的诊疗过程报告给大家，以供同行在奶牛疾病诊疗过程中参考、分享。

（一）发病经过及临床症状

2010年3月，在北京市大兴区某奶牛场遇到一个病例（胎次为3胎），产后两周内主要临床表现为食欲减退，有时只吃几口青贮饲料，粪便稀、色泽正常；体温、呼吸和心跳均正常；产奶量由每天23kg下降为每天9kg。牛场兽医采用输糖、输液、灌服健胃药、缓泻药等进行治疗不见好转。

现场的临床观察可见，患病牛左肷窝轻度塌陷，右肷窝不塌陷；在左侧腹壁用叩诊锤和听诊器进行叩诊检查，在9~13肋骨中线以下可听到清晰的"钢管音"；在右肷窝处，用叩诊锤叩打右侧第10~13肋骨的中部，用听诊器可听到低沉的"钢管音"；用双手振荡右侧腹壁下方，可听见振水声。

（二）诊断

通过上述临床症状分析，初步诊断为奶牛真胃左方变位。为了进一步确诊本病，对该病牛进行了剖腹探查，从左肷窝处切口打开腹腔后，清楚的在左侧腹壁和瘤胃之间看见了真胃，其中充满多量气体和液体，用带有乳胶管的针头穿刺放气时还可流出少量胃内液体，而且变位程度严重。腹腔内有大量淡红色渗出液。

从右肷窝处切口打开腹腔后，看见盲肠尖游离到右肷窝，其中充满气体，盲肠较松软。结合临床症状和剖腹探查情况，最后确诊为真胃左方变位并发盲肠变位。

（三）治疗

采用柱栏内站立保定、腰旁神经干传导麻醉，从左右肷窝部切口打开腹腔后，先对移至左侧的真胃进行穿刺放气，然后术者和助手相互配合，采用牵拉、按压的方式使真胃复原，并将近幽门处的大网膜缝合于右侧腹壁切口处，以达固定真胃之目的。

用带有乳胶管的针头对盲肠进行穿刺放气，使其充分减压，然后将盲肠矫正复位。

术后护理主要以防止感染和支持治疗为原则。手术后第4d，患病牛各方面的情况明显好转，20d后生产性能基本恢复到正常水平。

（四）分析与讨论

单纯的真胃左方变位发病后，随着病程的延长，其左右肷窝一般会严重塌陷，而该患病牛左肷窝塌陷，右肷窝不塌陷，这是变位臌气的盲肠占据右侧腹腔，并向左侧挤压瘤胃的结果。

叩诊右侧腹壁，在右肷窝处听到的低沉“钢管音”是盲肠变位、臌气所引起的一种临床表现。

该病例的盲肠变位可能是由于真胃严重左移，向左侧过度牵拉肠管所致。此盲肠变位并未表现严重的临床症状，说明该病例盲肠只发生了折叠性变位，并未发生盲肠扭转。

从这一病例的治疗情况来看，对奶牛真胃左方变位并发盲肠变位病例，采用选用手术治疗有很好的治疗效果。如果将此病例确诊为左方变位，并采用一侧切口进行手术治疗，将会耽误治疗，当然也难以取得好的治疗结果。

五、用非手术方法从奶牛膀胱内取出一根导尿管实例

在兽医临床上，用导尿管采取尿液是一件较为常见的工作，使导尿管完全进入奶牛膀胱内的事故十分罕见，用非手术方法将完全进入膀胱内的导尿管取出更是不可思议。现将笔者用非手术方法从奶牛膀胱内取出一根导尿管的实例作以交流、汇报，以供同行在奶牛疾病诊疗过程中参考、分享。

1. 发生经过

北京市大兴区某奶牛养殖场的一头中国荷斯坦奶牛，于产后第7d发病，根据临床症状怀疑为牛醋酮血病。

为了进一步确诊疾病，决定做尿中酮体化验。在用导尿管采集尿样的过程中，由于缺乏必要的保定设施，导尿管插入操作比较困难。当将导尿管的一部分插入到尿道外口内时有尿液排出，此时由于奶牛排粪、操作者的手被排出的粪便污染。在未拔出导尿管的情况下，操作人员去洗手间清洗手臂，等洗手回来后找不见先前部分插入到尿道外口内的导尿管。操作人员用手对奶牛阴道进行了检查，对排出的粪便也进行了认真检查，还进行了直肠检查，均未找到此导尿管，最后怀疑此导尿管可能进到了膀胱内。

在随后的3d中，此头奶牛单独饲养，有专门人员观察此牛的排尿情况，并观察是否有导尿管随排尿排出，临床观察该牛排尿情况正常，奶牛采食及精神等情况均无异常。

2. 非手术法从膀胱中取出导尿管的方法

在导尿管掉进膀胱中的第4d，我们借助器械成功地从这头牛的膀胱内取出了一根导尿管，具体方法如下：

① 用 0.1% 新洁尔灭溶液清洗奶牛外阴周围，并且消毒操作者手及手臂。

② 用 3% 盐酸普鲁卡因 15mL，进行后海穴麻醉。

③ 术者左手伸入奶牛阴道触摸固定尿道外口，右手缓缓将长嘴细柄异物钳通过尿道外口插入膀胱内，使膀胱中的尿液尽量排出。然后用异物钳在膀胱内小心的钳夹导尿管，钳夹住导尿管后轻轻向外牵拉至尿道外口外。

经几次反复操作，终于成功从膀胱内取出了一根红色、软橡胶材质的导尿管，取出的导尿管长 28cm、直径 0.4cm。

3. 分析与讨论

① 本病例由操作失误所致，在导尿管的异常刺激下，输尿管及膀胱会出现异常收缩，这种收缩力产生的吸力将导尿管完全吸入膀胱内。

② 由于导尿管完全进入膀胱内，所以在导尿管进入膀胱后的几天中，临床观察奶牛排尿正常，但仍未将导尿管排出。

③ 本次所用导尿管较短，笔者建议在奶牛导尿时，最好选用较长一些的导尿管或金属导尿管或妇科用的一次性导尿管。

④ 用非手术法钳夹膀胱内导尿管的异物钳，钳嘴把柄应细长，夹取过程要耐心，动作要轻缓。

六、奶牛低血磷性产后瘫痪

奶牛低血磷性产后瘫痪是指由低血磷症所引起的奶牛产后瘫痪，此病属于一种严重的代谢性疾病，常常并发于低血钙性产后瘫痪发病过程之中。随着我国奶牛养殖水平的大幅提升及养殖规模提升，精准化防治奶牛疾病已成为奶牛养殖场迫切关心的一个问题，如何诊断、防治、区分低血钙、低血磷、低血钾、低血镁引起的奶牛产后瘫痪也是奶牛临床兽医十分关心的一个话题。

（一）病因

① 日粮中磷缺乏，或者所用磷酸氢钙中含氟高，而降低了磷的吸收。

② 日粮中维生素 D 缺乏，降低了肠对磷酸盐的吸收。

③ 慢性腹泻、肾脏功能异常导致磷的排出增多。

④ 给奶牛日粮长期添加或大剂量添加氧化镁、氢氧化镁，使之与无机磷结合，生成不溶性磷酸盐，不能被肠道吸收，而使血磷降低。

（二）发病机理

磷是机体组织细胞的重要组成成分，磷具有许多生物活性，在细胞结构代谢、信号传导、离子转运等基本生理过程中都发挥着极其重要的作用。当机体磷缺乏时会导致一系列的病理和生理变化。

低血磷时 ATP 生成减少，每生成 1molATP 就需要 1mol 无机磷，ATP 生成不足。可引起机体全身肌无力、反射降低、惊厥或昏迷。

严重磷缺乏，可导致呼吸衰竭。低血磷影响呼吸肌的功能，磷是红细胞 2，3-二磷酸甘油酸的成分，在血气运输到组织的过程中起重要作用，磷不足时可导致供氧不足，低磷还可导致肺泡表面活性物质分泌不足，引起肺泡塌陷、闭锁，加重呼吸衰竭。

磷是细胞膜、DNA、骨的组成分，磷在能量代谢、信号传导、离子转运等方面有重要功能，低血磷症会导致多种脏器功能障碍。

（三）临床症状

与奶牛低血钙导致全身骨骼肌兴奋性升高、肌肉强力收缩而引发的瘫痪不同，低血磷引起的全身肌无力，是低血磷症导致奶牛产后发生瘫痪的直接原因。

患病奶牛倦怠、软弱，头颈姿势可正常、可抬头，有向前爬行的表现，或可勉强站立。食欲差或废绝，体温正常，心跳正常，四肢有痛感，但敏感性不强。反射性降低、沉郁、或昏迷、惊厥，呼吸低弱。

（四）诊断

根据缺磷性产后瘫痪的特异性临床症状可做出初步诊断，进一步确诊需要化验血磷含量。

（五）治疗

① 10% 磷酸二氢钠注射液 500mL。

② 磷酸二氢钠粉 50g，或磷酸氢钙每日于饲料中混喂，每天 1 次，连用 3d。

配合进行相应的对症治疗及支持治疗。

（六）预防措施

针对本病的具体发病原因进行预防。

当前，奶牛更重视日粮中钙含量的科学与否，相对而言忽视了日粮中磷含量的科学评估。

笔者对产后40d内的尾椎变形牛和尾椎正常奶牛的血磷做了对检测及对比实验。实验结果表明，尾椎变形组（10头）奶牛血清P含量平均值为（5.24 ± 0.22）mg/100mL，尾椎正常组（10头）奶牛血清P含量平均值为（6.09 ± 0.21）mg/100mL，尾椎正常组奶牛的血清磷含量平均值比尾椎变形组高0.85mg/100mL，两组差异显著（$P<0.05$）。

由此可见，在尾椎变形发生率较高的牛群中，缺磷的问题大于缺钙，在日粮调制上要重视磷的补充；如果在尾椎变形发生率较高的牛群中开展奶牛分娩后输液补钙预防产后瘫痪时要避免单纯补钙的做法，应该钙、磷同补，选用钙、磷、镁合剂等钙磷复合制剂开展奶牛产后输液补钙保健工作。

七、奶牛低血钾性产后瘫痪

奶牛低血钾性产后瘫痪是指由低血钾症所引起的奶牛产后瘫痪，此病属于一种严重的代谢性疾病，常常并发于低血钙性产后瘫痪发病过程之中。

（一）病因

钾摄入不足。日粮中钾不足，或钾吸收障碍。

排出或机体丢失较多。例如，奶牛腹泻，或肾功能障碍。

（二）发病机理

低血钾所致的四肢肌肉无力是缺钾导致奶牛发生瘫痪的直接原因。钾离子是体内含量最多的离子，约有98%的钾离子存在细胞内液，只有2%分布在细胞外液。

钾还参与细胞的新陈代谢和酶促反应，一定浓度的钾，对维持细胞内一些酶的活动，特别是在糖代谢过程中糖原的形成有重要生理意义。

缺钾时可引起机体一些不良的变化。血钾过低，增加心肌的兴奋性；在缺钾状态下，钾盐对异位心律紊乱，有显著疗效。

急性严重低血钾可发生昏迷、抽搐，或出现四肢不同程度的弛缓性瘫痪，严重者呼吸肌麻痹，形成“鱼口状呼吸”，可导致死亡。

（三）临床症状

患病牛四肢肌肉软弱无力、瘫痪（图 16–7），心肌兴奋性增强，可出现心悸、心律失常。腱反射迟钝或消失；精神抑郁、倦怠、沉郁淡漠、嗜睡、神志不清、甚至昏迷。肠蠕动减弱，轻者有食欲不振、便秘；严重低血钾可引起腹胀、麻痹性肠梗阻。

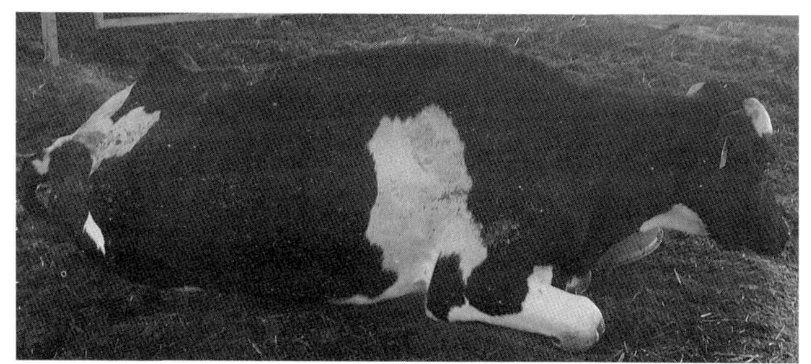

图 16–7　奶牛缺钾性瘫痪

（四）诊断

根据低血钾性瘫痪的特异性临床症状（例如心悸、心率异常等），可做出初步诊断，进一步确诊需要化验血钾含量。

（五）治疗

1. 治疗

一次性静脉注射 10% 氯化钾注射液，20~40mL；配合进行相应的对症治疗及支持治疗。

2. 注射氯化钾制剂治疗注意事项

在给患病牛静脉注射 10% 氯化钾时，要将氯化钾稀释成 0.3%~0.4% 的浓度，输液速度为每分钟 15mg。输液速度过快，会因高血钾症引起心律不齐、心动迟缓、甚至心跳停止。

（六）预防措施

保证日粮不缺钾。

针对机体导致钾吸收不良或排出过多的病因进行防控，例如：预防腹泻，防治肾功能障碍、碱中毒等疾病。

八、奶牛低血镁性产后瘫痪

奶牛低血镁性产后瘫痪是指由低血镁症所引起的奶牛产后瘫痪，属于一种代谢性疾病，常常并发于低血钙性产后瘫痪发病过程之中。

（一）病因

① 腹泻及消化器官疾病引起的吸收不良。
② 日粮中镁缺乏。
③ 肾脏疾病。
④ 甲状腺功能亢进及甲状旁腺功能亢进。
⑤ 酸中毒、糖尿病可导致镁低血症。

（二）发病机理

除钠、钾、钙外，镁离子是动物体内居第 4 位的最丰富的阳离子。低血镁引起的四肢肌肉兴奋性升高，四肢肌肉抽搐是导致奶牛运动机能障碍、站立困难、瘫痪的直接原因。

镁是细胞代谢中许多酶系统的激活剂。缺镁可致贫血、代谢性酸中毒，并常伴有低血钾和低血钙发生，治疗时不纠正缺镁很难获得良好的效果。

镁离子是维持 DNA 螺旋结构和核糖体颗粒结构完整性所必需的离子。

镁离子是维持心肌正常代谢和心肌兴奋性的成分之一，缺镁也可引起心率异常。

（三）临床症状

缺镁可引起患病牛四肢抽搐、震挛（哆嗦），这种哆嗦或颤可以仅出现单个或一小块肌肉，也可出现眼球震颤。病牛反应淡漠、精神沉郁，食欲下降或不食、瘫痪。其所导致的心律紊乱，包括室性心动过速、室性纤颤，甚至心脏停搏等也可发生。低血镁症多与低血钙、低血磷、低血钾伴发。

（四）诊断

根据低血镁性瘫痪的特异性临床症状（例如四肢肌肉抽搐、震挛、哆嗦），心率异常等，可做出初步诊断，进一步确诊需要化验血镁含量。

（五）治疗

25% 硫酸镁注射液，肌肉或静脉注射。

同时，配合注射维生素 A、维生素 E、维生素 D、维生素 B 进行治疗。

九、真胃弛缓

真胃弛缓是由于真胃蠕动能力减弱、收缩能力下降、体积异常扩张、内容物蓄积于真胃之中，排空功能下降而引导地一种消化功能障碍性疾病。随着奶牛生产性能的提高及精料饲喂量的不断增加，此病在奶牛兽医临床上变得较为常见。

（一）病因

① 饲料搭配不科学或精料过多、真胃动力减弱是导致真胃弛缓的一个重要原因。

② 真胃溃疡是引起本病的又一个重要原因。

③ 真胃炎或十二指肠炎症、幽门狭窄增生性狭窄所致也是引发本病的一个常见原因。

④ 随着奶牛产奶性能大幅提升，真胃消化负担不断加重是引导本病的一个生产性原因。

（二）症状及诊断

患病牛食欲不振、后期几近废绝，呈顽固性食欲不振表现。瘤胃、真胃蠕动减弱或消失。体温、心跳、呼吸一般正常，大多数病例病程较长，可达月余，后期病牛卧地不起，排粪量减少，色较深，初期较干，后期腹泻，病程长或移位严重者粪便有黏液及少量血液。发病后产乳量下降显著，个别停止泌乳。

用叩诊锤在左侧腹壁倒数 1~5 肋骨与肩关节水平线上下叩诊，用听诊器可听见“钢管音”；在右肷窝或右侧腹部叩诊也可吸到“钢管音”，但“钢管音”不清朗、感觉遥远。个别病例在患病牛右季肋部可听到振水乐。

如果按真胃左方变位进行手术治疗，左肷窝部切口后，在患病牛左侧腹腔前部可触摸到真胃，因此常将此病误诊为奶牛左方变位，但按真胃左方变位进行手术治疗往往以失败而告终。

因此，在此病的诊断上要注意与奶牛真胃左方变位进行区别。

（三）治疗

此病没有理想的治疗方法，如能在此病的早期进行及时的精准治疗，可获得较好的治疗效果，后期治愈率显著降低。

① 给奶牛灌服一定量的有液体石蜡油水，促进胃内物排出。

② 为减少胃臌气，口服消胀片，一次 20~40 片。

③ 利用兴奋胃肠蠕动的药物促进真胃运动。

④ 灌服助消化药物或添加剂。

⑤ 针对真胃炎、真胃溃疡等原发病因进行治疗，可提高治疗效果。

治疗疗程为 7d。

十、淋巴外渗

淋巴外渗是在钝性外力作用下，导致淋巴管破裂、淋巴液聚集于局部组织内形成的一种非开放性损伤。也是奶牛临床上比较常见的一种外科疾病，大多数淋巴外渗经过适当的治疗均可痊愈，个别严重的淋巴外渗会导致奶牛丧失生产能力而被淘汰。

（一）病因

钝性打击是引起本病的主要原因，如摔、碰撞、顶撞、踢及棍棒打击等。

（二）症状

本病多发生于淋巴管较丰富的皮下结缔组织内，筋膜下及肌间少见。一般于伤后 3~4d 出现肿胀，有明显的波动但皮肤不紧张，穿刺时流出橙黄色液体、不易凝固，有时混有少量纤维絮片和少量血液。肿胀面积因病情程度不同而大小不同，严重者肿胀会窜至更广泛的地方，如臀部、股部，病程较长。如不继发感染，一般均无全身症状。

多发生于肩前淋巴结和膝前淋巴结附近，这是因为此部位比较容易受到碰撞，容易在进出圈舍或挤奶通道时受到碰撞，同时也淋巴管比较丰富的部位。

（三）治疗

1. 穿刺疗法

小的淋巴外渗通过穿刺抽出淋巴液，然后注入 1%~2% 碘酊或 95% 酒精或甲醛酒精液；30min 后，抽出注入的药物，装上压迫绷带。一次无效可如此处理 2~3 次。

治疗淋巴外渗时禁止按摩、热敷及冷敷。

2. 切开疗法

大的淋巴外渗可手术切开进行治疗，切开后清除其中的纤维絮片，充分

排出液体，再用浸有甲醛酒精液的纱布填充创腔，然后皮肤切口做假缝合，两天更换药之一次，当淋巴渗出明显减少或停止后切口做永久性缝合。

十一、奶牛断尾术

奶牛尾椎外伤性损伤也是奶牛场常见的一个外科性疾病，虽然尾椎外伤属于严重的损伤性疾病，但当其感染化脓后也会影响到奶牛的健康状况，靠近尾根处的尾椎损伤发生上行感染还可导致脊髓炎。对于严重的奶牛尾椎化脓性感染（彩图 59），一般的外科性治疗费时、费力，通过断尾手术进行治疗处理是一个行之有效的根治办法。

（一）手术准备

① 将奶牛充分保定于柱栏内。

② 在牛的第一、二尾椎间隙取 2%~5% 的盐酸普鲁卡因 10mL，做硬膜外腔注射麻醉。

③ 以病变上方的第 1 或第 2 尾椎间隙作为手术切断部位。

④ 对术部进行剃毛及消毒处理。

⑤ 在近尾根部进行绞压止血。

（二）手术操作

① 在预定的手术切断部位的稍下方处，尾的背腹面分别做对称的“V”型切口，切开皮肤，并剥离。

② 从选定的尾椎间隙切断。

③ 对背腹面皮肤进行修整后，用结节缝合法缝合皮肤。

④ 在牛尾的断端涂上消炎药，并包扎去掉绞压止血带。

⑤ 术后 7~10d 拆线。

（三）效果

经过正规手术方法完成的断尾术，出血少，操作简单，对化脓性尾椎感染的治愈率可 99%，伤口愈合后断端上下皮肤愈合、可长出正常被毛。手术后也不需要特殊护理。

十二、奶牛腰旁神经干传导麻醉

局部麻醉是指利用某些药物有选择性地暂时阻断神经末梢、神经纤维以及神经干的冲动传导，从而使其分布或支配的相应局部组织暂时丧失痛觉的一种麻醉方法。麻醉也是一种化学保定方法，在奶牛临床疾病治疗上，许多手术（包括腹腔手术）可以在局部麻醉下进行。牛腰旁神经干传导麻醉是局部麻醉方法中的一种，对心、肺、肝、肾功能及全身影响小，是一种良好的麻醉和保定方法。由于传导麻醉在操作上要求有一定的解剖学知识，要求注射部位要精准，这样才能起相应的麻醉作用，所以也限制了本方法在临床上的广泛使用。但从治疗治角度或动物福利保障角度来看来，传导麻醉技术是兽医人员应该熟练掌握的一个技术。

（一）奶牛腰旁神经干传导麻醉的适用情况

奶牛腹腔手术，如真胃变位整复手术、瘤胃切开手术、剖宫产手术、肠扭转手术等。

（二）奶牛腰旁神经干传导麻醉操作步骤

1. 注射部位

此麻醉注射点为体侧 3 点：

第一点，第一腰椎横突游离端前角下方。

第二点，第二腰椎横突游离端后角下方。

第三点，第四腰椎横突游离端前角下方。

注射部位选定好后，对注射点局部进行了剪毛、消毒。

2. 麻醉药物注射

① 所用麻醉药为 2%~5% 盐酸普鲁卡因注射液。

② 先垂直进针达第一腰椎横突游离端前角缘，再将针头向下刺入，感觉针头正好处在第一腰椎横突下面的腹壁组织中。

③ 回抽确定针头未进入腹腔，在此处注入 2%~5% 盐酸普鲁卡因 10mL，再将针头回提到第一腰椎横突游离端上面推入 2%~5% 盐酸普鲁卡因 10mL，然后拔出针头，第一点麻醉操作结束。

④ 第二点和第三点的麻醉操作与第一点相同。

此麻醉一般于注射后 15min 产生麻醉作用。

十三、自家血疗法

自家血疗法是一种刺激性的蛋白疗法，它能增强机体全身和局部的抵抗力，强化机体的生理功能和保护性病理反应，促进疾病恢复。

自体血液注入病畜的皮下或肌肉后，红细胞被破坏。该红细胞将被网状内皮系统的细胞吞噬，从而刺激、增强了网状内皮系统的吞噬作用，提高了机体的抗病能力；同时还刺激、加强了机体的造血能力和机体吸附血液内毒素的能力。

（一）适用情况

可用于治疗风湿病、某些眼病、创伤、淋巴结炎、睾丸炎、恶性溃疡等病。

（二）方法

① 由患病牛自身的静脉中采取血液 60~120mL，也可为了防止血液凝固，在注射器中提前加入一定量的抗凝剂。

② 迅速将采出的血液注射到病灶周围的健康组织中，也可注射到患病牛的颈部或胸部皮下或臀部肌肉中。

③ 隔 2d 注射一次，4~5 次为一个疗程。

参考文献

[1] 黄功俊，侯引绪 . 奶牛繁殖新编 [M]. 北京：中国农业科学技术出版社，2015.

[2] 鲁琳，侯引绪 . 奶牛环境与疾病 [M]. 北京：中国农业大学出版社，2014.

[3] 侯引绪 . 奶牛修蹄工培训教材 [M]. 北京：金盾出版社，2008.

[4] 侯引绪 . 奶牛防疫员培训教材 [M]. 北京：金盾出版社，2008.

[5] 侯引绪 . 奶牛繁殖技术 [M]. 北京：中国农业大学出版社，2007.

[6] 侯引绪，新编奶牛疾病与防治 [M]. 内蒙古：内蒙古科学技术出版社，2004.

[7] 侯引绪 . 牛场疾病防治实训教程 [M]. 北京：中国农业出版社，2010.

[8] 侯引绪 . 奶牛妊娠毒血症临床诊疗研究总结 [J]. 中国奶牛，2016，(7)：38-40.

[9] 侯引绪，李永清 . 一起疑似犊牛传染性鼻气管炎的诊断分析 [J]. 当代畜牧，2016，(6)：17-18.

[10] 侯引绪，郭欣怡，孙健 . 奶牛分娩后注射氟尼辛葡甲胺对产后代谢病的防控效果 [J]. 黑龙江畜牧兽医，2015(11)：82-83.

[11] 侯引绪，郭欣怡，孙健 . 奶牛分娩后注射氟尼辛葡甲胺对其泌乳性能及乳 SCC 的作用效果研究 [J]. 中国奶牛，2015(18)：59-60.

[12] 侯引绪，葛长城，王艳 . 奶牛疾病临床防治用药原则与注意事项解析 [J]. 中国奶牛 2015，12(11)：23-26.

[13] 侯引绪，李永清，姜小平 . 犊牛化脓性隐秘杆菌病临床防控研究 [J]. 中国奶牛，2015(8)：30-32.

[14] 侯引绪，孙健，王炎 . 注射氟尼辛葡甲胺缓解奶牛分娩应激对血液生化指标的影响 [J]. 中国奶牛，2015(7)：33-34.

[15] 侯引绪，段素云，曾光祥 . 奶牛产后灌服丙二醇与钙镁磷合剂对乳品质及 SCC 的影响 [J]. 中国奶牛，2015(2)：19-20.

[16] 侯引绪，葛长城，刘德占 . 奶牛尾椎变形与产后低血钙症临床研究试验 [J]. 中国奶牛，2015(1):35–37.

[17] 侯引绪，葛长城，刘德占 . 利用灌服制剂治疗奶牛隐性酮病的临床试验报告 [J]. 黑龙江畜牧兽医，2014(11)：82–83.

[18] 侯引绪，王海丽，魏朝利 . 一起犊牛坏死性喉炎的诊治与分析 [J]. 中国奶牛，2014(13):56–57.

[19] 侯引绪，魏朝利 . 夏季热应激对牛奶成分的影响与应对措施 [J]. 中国奶牛，2014(4)：10–12.

[20] 侯引绪，王金秋，魏朝利 . 新型奶牛灌药器的研制与临床应用体会 [J]. 中国奶牛，2014(1)：44–45.

[21] 侯引绪，段素云，刘得占 . 利用灌服制剂治疗奶牛隐性酮病的临床试验报告 [J]. 中国奶牛，2014(11)：82–83.

[22] 侯引绪，王艳，魏朝利 . 荷斯坦奶牛分娩过程中产道检查时机及难产判定技术 [J]. 当代畜牧，2013(12 下)：45–47.

[23] 侯引绪，张凡建，魏朝利 . 奶牛干奶期乳房炎精细化防控技术措施 [J]. 中国奶牛，2013(13)：53–54.

[24] 侯引绪，张凡建，魏朝利 . 中度热应激对荷斯坦牛部分血液生化指标的影响 [J]. 中国奶牛，2013(1)：11–12.

[25] 侯引绪，张凡建，魏朝利 . 热应激对泌乳牛呼吸频率、心率及体温的影响 [J]. 中国奶牛，2012(7)：52–53.

[26] 侯引绪，魏朝利 . 一起群发性奶牛支原体肺炎的诊疗总结 [J]. 中国奶牛，2012,(6):35–37.

[27] 侯引绪，张凡建，魏朝利 . 奶牛抗热应激物理性措施应用效果研究 [J]. 中国奶牛，2012(1):42–43.

[28] 侯引绪，张京和，张凡建 . 奶牛热应激量化监测技术 [J]. 中国奶牛，2011(23):31–33.

[29] 侯引绪，李桂伶 . 奶牛乳房葡萄球菌病诊疗报告 [J]. 中国奶牛，2011(21):38–39.

[30] 侯引绪，魏朝利 . 群发性奶牛酒精阳性乳诊疗分析 [J]. 中国奶牛，2011(17):60–61.

[31] 侯引绪 . 奶牛冬季饲养管理技术要点 [J]. 中国奶牛，2011(1):47–50.

[32] 侯引绪，鲁建民 . 奶牛缺水症的诊断与治疗 [J]. 中国奶牛，2010(2):41–42.

[33] 侯引绪，张永东，关文怡．奶牛场寄虫病防控原则 [J]. 当代畜牧，2010(2):23–24.

[34] 侯引绪，郭欣怡，付静涛．奶牛创伤性网胃 – 心包炎临床诊断及防治要点总结 [J]. 中国奶牛，2009(10):64–65.

[35] 侯引绪．手术取出误落奶牛胃内取铁器的体会 [J]. 中国奶牛，2009(2):43–44.

[36] 侯引绪，张玉仙，魏朝利．奶牛真菌性乳房炎研究报告 [J]. 当代畜牧，2008(8)：28–30.

[37] 侯引绪，齐军哲，魏朝利．奶牛骨质疏松症防治分析 [J]. 中国奶牛，2008(7):38–40.

[38] 侯引绪，魏朝利，张浩．犊牛副伤寒防治措施探讨 [J]. 中国奶牛，2007(3):40–41.

[39] 侯引绪，刘艳红．奶牛附红细胞体病的诊疗体会 [J]. 中国奶牛，2006(2):36–37.

[40] 侯引绪，魏朝利．奶牛真胃左方变位并发盲肠变位的诊断治疗 [J]. 当代畜牧，2005(4)：16–17.

[41] 侯引绪．用非手术方法从奶牛膀胱内成功取出一根导尿管 [J]. 中国奶牛，2002(1):44.

[42] 侯引绪．犊牛真胃溃疡临床诊治研究总结 [J]. 奶牛杂志，2016(11)23–50.